普通高等教育"十一五"国家级规划教材

新编高等职业教育电子信息、机电类教材·通信技术专业

计算机网络与通信
（第4版）

廉飞宇　主　编

张　元　主　审

电子工业出版社

Publishing House of Electronics Industry

北京·BEIJING

内 容 简 介

全书分为 9 章。第 1、2、3 章介绍计算机网络的基本概念和作为计算机网络基础的数据通信方面的内容，以及计算机网络的体系结构，这是计算机网络的基本概念部分；第 4、5、6 章介绍局域网、高速局域网以及网络互连问题；第 7 章介绍因特网的 TCP/IP 协议、因特网提供服务和接入因特网的方式；第 8 章介绍了计算机网络的一些基本的相关技术和物联网的概念；第 9 章介绍了当前计算机网络出现的一些新技术，如下一代网络、移动 IP、云计算技术、第四代移动通信技术（4G）等。

本书在编写过程中保持了第 3 版的实用性、技能性和系统性，突出了"重在应用、突出技能"的高职高专教材编写思路，同时兼顾了计算机网络技术的新发展。书中附有大量的插图和实例，使读者能够在掌握计算机网络基本知识的前提下，学习当今计算机网络的组网、使用和维护方法。

本书特别适用于高等职业教育、高等专科的通信技术专业学生，计算机专业和电子信息专业的学生亦可使用，也可供其他专业的学生、教师、网络工程技术人员参考。

图书在版编目（CIP）数据

计算机网络与通信 / 廉飞宇主编. —4 版. —北京：电子工业出版社，2015.6

（新编高等职业教育电子信息、机电类规划教材·通信技术专业）

ISBN 978 7 121 26023 0

Ⅰ. ①计… Ⅱ. ①廉… Ⅲ. ①计算机网络－高等职业教育－教材②计算机通信－高等职业教育－教材
Ⅳ. ①TP393②TN91

中国版本图书馆 CIP 数据核字（2015）第 097813 号

策　　划：陈晓明
责任编辑：郭乃明　　特约编辑：范　丽
印　　刷：三河市华成印务有限公司
装　　订：三河市华成印务有限公司
出版发行：电子工业出版社
　　　　　北京市海淀区万寿路 173 信箱　邮编：100036
开　　本：787×1092　1/16　印张：17　字数：435 千字
版　　次：2004 年 1 月第 1 版
　　　　　2015 年 6 月第 4 版
印　　次：2021 年 8 月第 8 次印刷
定　　价：38.00 元

凡所购买电子工业出版社图书有缺损问题，请向购买书店调换。若书店售缺，请与本社发行部联系，联系及邮购电话：（010）88254888。

质量投诉请发邮件至 zlts@phei.com.cn，盗版侵权举报请发邮件至 dbqq@phei.com.cn。

服务热线：（010）88258888。

前　　言

　　本书是第 3 版的修订版。修订版本仍然按照"突出技能、重在应用" 的原则编写。在保持第 3 版基本框架和特色的基础上，拓展了内容的广度和深度，删去了原书中一些过时的内容，突出了因特网的应用方面的内容，同时为了适应计算机网络和现代通信网络发展的趋势，专门介绍了计算机网络和现代通信网络近年来出现的一些新技术，如下一代网络（NGN）的概念、移动 IP、云计算机技术、第四代移动通信技术（4G）等，使学生能够对目前计算机网络的发展方向有一个大致的了解。考虑到计算机网络专门的实训教材已有很多，各学校可根据学生培养需要和本教材编写内容，选择适合自己的计算机网络实训教材，故本书删去了第 3 版中的实训部分，以使教材精简。本书对原书中的习题做了改进，增加了部分章节的题量，用于加强学生对书中基本概念的掌握。

　　本书由河南工业大学教授张元主审。河南工业大学廉飞宇老师对本书做了大量的编写和修订工作，河南工业大学的研究生孙标瑞、苏庭奕、赵中原在本书的编写和修订过程中查阅并提供了大量的文献资料。本书在编写修订过程中，参考并摘录了大量计算机网络书籍和教材中的精华内容，并从中国期刊网下载了部分文献作为参考资料，摘录修改了其中的部分内容，力求能够反映当今计算机网络的发展趋势，在此作者对所有版权持有人允许使用相关文档、数据、插图和所有参与本书编写、修订的相关人员表示衷心的感谢！

　　由于计算机网络技术发展很快，作者水平有限，加上时间仓促，书中难免有不妥之处，对原书的修改也可能存在错误和疏漏，敬请广大读者批评指正。

编　者

2015 年 2 月于郑州

目　　录

第1章　计算机网络基础 ………………………………………………………………（1）

　1.1　计算机网络概述 …………………………………………………………………（1）

　　1.1.1　计算机网络的定义 ……………………………………………………………（1）

　　1.1.2　计算机网络的产生和发展 ……………………………………………………（1）

　1.2　计算机网络的组成和分类 ………………………………………………………（5）

　　1.2.1　计算机网络系统的逻辑组成 …………………………………………………（5）

　　1.2.2　计算机网络的软件组成 ………………………………………………………（6）

　　1.2.3　计算机网络的分类 ……………………………………………………………（7）

　1.3　计算机网络的功能和应用 ………………………………………………………（7）

　　1.3.1　计算机网络的功能 ……………………………………………………………（7）

　　1.3.2　计算机网络的应用 ……………………………………………………………（8）

　1.4　计算机网络的拓扑结构 …………………………………………………………（11）

　本章小结 ………………………………………………………………………………（14）

　习题1 …………………………………………………………………………………（14）

第2章　数据通信基础 …………………………………………………………………（17）

　2.1　基本概念 …………………………………………………………………………（17）

　　2.1.1　数据通信的基本概念 …………………………………………………………（17）

　　2.1.2　通信方式 ………………………………………………………………………（19）

　　2.1.3　数据通信系统的主要技术指标 ………………………………………………（20）

　2.2　数据传输和编码 …………………………………………………………………（21）

　　2.2.1　数字数据的数字传输 …………………………………………………………（22）

　　2.2.2　模拟数据的数字传输 …………………………………………………………（24）

　2.3　数据同步方式 ……………………………………………………………………（25）

　　2.3.1　位同步 …………………………………………………………………………（25）

　　2.3.2　异步传输 ………………………………………………………………………（26）

　　2.3.3　同步传输 ………………………………………………………………………（27）

　2.4　多路复用技术及数据交换技术 …………………………………………………（27）

　　2.4.1　多路复用技术 …………………………………………………………………（27）

　　2.4.2　数据交换技术 …………………………………………………………………（30）

　　2.4.3　ATM技术 ………………………………………………………………………（33）

　　2.4.4　帧中继 …………………………………………………………………………（35）

　2.5　差错控制和校验码 ………………………………………………………………（36）

　　2.5.1　差错的产生原因及其控制方法 ………………………………………………（36）

　　2.5.2　奇偶校验码 ……………………………………………………………………（37）

　　2.5.3　循环冗余码（CRC）……………………………………………………………（39）

本章小结 ·· (41)

习题 2 ·· (42)

第 3 章　计算机网络体系结构 ·· (44)

　3.1　网络体系结构的概念 ··· (44)

　　3.1.1　网络体系结构的层次化 ·· (44)

　　3.1.2　网络协议与协议的层次性 ·· (45)

　　3.1.3　开放系统互连参考模型 OSI/RM ·· (47)

　3.2　OSI 参考模型 7 层层次结构 ··· (49)

　　3.2.1　物理层 ·· (49)

　　3.2.2　数据链路层 ··· (53)

　　3.2.3　网络层 ·· (56)

　　3.2.4　传输层 ·· (58)

　　3.2.5　会话层 ·· (58)

　　3.2.6　表示层 ·· (60)

　　3.2.7　应用层 ·· (61)

　3.3　TCP/IP 的体系结构 ·· (62)

　　3.3.1　TCP/IP 的发展历史 ·· (62)

　　3.3.2　TCP/IP 的体系结构 ·· (63)

　　3.3.3　TCP/IP 与 OSI/RM 的区别 ·· (64)

　3.4　网络与 Internet 协议标准组织与管理机构 ·· (64)

　　3.4.1　电信标准 ·· (64)

　　3.4.2　国际标准 ·· (65)

　　3.4.3　Internet 标准 ··· (65)

本章小结 ·· (66)

习题 3 ·· (67)

第 4 章　计算机局域网 ··· (69)

　4.1　局域网概述 ·· (69)

　　4.1.1　局域网的主要特点 ·· (69)

　　4.1.2　局域网的关键技术 ·· (69)

　4.2　局域网协议 ·· (70)

　　4.2.1　局域网协议与 IEEE 802 系列标准 ·· (71)

　　4.2.2　介质访问控制方法 ·· (72)

　4.3　以太网与交换式以太网 ··· (76)

　　4.3.1　IEEE 802.3 与以太网 ·· (76)

　　4.3.2　交换式以太网 ··· (78)

　4.4　虚拟局域网 ·· (79)

　　4.4.1　虚拟网络的概念和作用 ··· (80)

　　4.4.2　虚拟局域网的划分方法 ··· (81)

　　4.4.3　虚拟网络的优点 ··· (82)

4.5 无线局域网 ·· (83)

    4.5.1 无线局域网概述 ··· (83)

    4.5.2 无线局域网的网络构成 ·· (84)

    4.5.3 IEEE 802.11 标准 ·· (85)

    4.5.4 无线局域网的其他协议标准 ··· (87)

4.6 局域网操作系统 ·· (88)

    4.6.1 网络操作系统的类型 ··· (89)

    4.6.2 局域网中主要的网络操作系统 ··· (93)

本章小结 ··· (98)

习题 4 ·· (98)

第 5 章 高速局域网技术 ··· (101)

5.1 高速网络概述 ·· (101)

5.2 快速以太网 ··· (102)

    5.2.1 100BASE-T ··· (102)

    5.2.2 100VG-AnyLAN ·· (103)

5.3 交换式快速以太网 ··· (104)

    5.3.1 交换式快速以太网概述 ·· (104)

    5.3.2 交换式快速以太网的特点 ··· (105)

    5.3.3 交换式快速以太网的组网方式 ··· (106)

    5.3.4 交换式快速以太网的实施 ··· (108)

5.4 千兆以太网 ··· (110)

    5.4.1 千兆以太网概述 ··· (110)

    5.4.2 千兆位以太网的体系结构及分类 ·· (110)

    5.4.3 千兆位以太网的组网技术 ··· (111)

    5.4.4 千兆位以太网技术的应用 ··· (111)

5.5 光纤分布式数据接口 ··· (113)

    5.5.1 FDDI 概述 ·· (113)

    5.5.2 FDDI 的层次结构 ·· (114)

    5.5.3 FDDI 网络的性能及技术指标 ·· (114)

    5.5.4 FDDI 的应用环境 ·· (115)

    5.5.5 FDDI 的技术发展 ·· (115)

5.6 ATM 网络 ··· (115)

    5.6.1 ATM 网络概述 ··· (115)

    5.6.2 ATM 的结构 ·· (116)

    5.6.3 ATM 规程 ··· (117)

    5.6.4 ATM 的传输控制 ·· (117)

    5.6.5 ATM 的应用 ·· (118)

    5.6.6 ATM 技术的现状及发展 ·· (119)

本章小结 ··· (120)

习题 5 ·· (120)

第 6 章　组网设备与网络互连 ·· (122)

6.1　网络传输介质 ·· (122)

6.1.1　网络有线传输媒介及连线设备 ··· (122)

6.1.2　网络无线传输媒介 ·· (125)

6.2　局域网组网与互连设备 ·· (126)

6.2.1　网络连接和数据交换设备 ·· (126)

6.2.2　网络数据存储和处理设备 ·· (130)

6.3　以太网组网方式 ·· (130)

6.3.1　细同轴电缆以太网 ·· (130)

6.3.2　粗同轴电缆以太网 ·· (131)

6.3.3　双绞线以太网 ··· (132)

6.4　局域网互连 ·· (133)

6.4.1　网络互连需求 ··· (133)

6.4.2　中继器 ·· (134)

6.4.3　网桥 ··· (135)

6.4.4　路由器 ·· (136)

6.4.5　网关 ··· (136)

6.5　Internet 接入设备 ··· (137)

6.5.1　Internet 接入设备——MODEM ··· (137)

6.5.2　Internet 接入设备——ISDN 设备 ·· (138)

6.5.3　Internet 接入设备——ADSL ·· (140)

6.5.4　Internet 接入设备——Cable MODEM ·· (141)

6.5.5　其他 Internet 接入设备 ··· (142)

6.6　结构化综合布线系统 ·· (143)

6.6.1　综合布线系统概述 ·· (143)

6.6.2　综合布线系统的网络结构和系统组成 ·· (145)

6.6.3　综合布线系统的主要布线部件 ·· (146)

6.6.4　综合布线系统的工程设计 ·· (148)

本章小结 ·· (150)

习题 6 ·· (150)

第 7 章　TCP/IP 协议基础和因特网 ·· (153)

7.1　TCP/IP 协议概述 ··· (153)

7.2　网络访问层 ·· (153)

7.3　互连网络层 ·· (154)

7.3.1　IP 协议 ·· (154)

7.3.2　子网络 ·· (158)

7.3.3　网络控制信息协议（ICMP） ·· (161)

7.3.4　地址解析协议（ARP 协议）和反向地址解析协议（RARP 协议） ························ (161)

　　　7.3.5　DHCP 协议 ·· (163)

　　　7.3.6　PPP 协议 ·· (164)

　7.4　传输层 ··· (167)

　　　7.4.1　传输控制协议（TCP 协议）··· (167)

　　　7.4.2　用户数据报协议 ··· (171)

　7.5　应用层 ··· (172)

　　　7.5.1　WWW 全球信息网与超文本传输协议 HTTP ····················· (172)

　　　7.5.2　DNS 域名系统 ··· (174)

　　　7.5.3　E-mail 电子邮件传输协议 ·· (176)

　　　7.5.4　Telnet 协议 ·· (178)

　　　7.5.5　FTP 文件传输协议 ··· (179)

　　　7.5.6　SNMP 简单网络管理协议 ··· (180)

　　　7.5.7　NFS 网络文件系统 ··· (181)

　　　7.5.8　常用网络检测命令 ··· (181)

　7.6　因特网的基本概念 ··· (185)

　　　7.6.1　什么是因特网 ··· (185)

　　　7.6.2　因特网的发展历史 ··· (185)

　　　7.6.3　因特网的结构特点 ··· (185)

　　　7.6.4　因特网的关键技术 ··· (186)

　　　7.6.5　Internet 的体系结构 ·· (187)

　7.7　因特网的基本服务 ··· (190)

　　　7.7.1　WWW 服务 ··· (190)

　　　7.7.2　电子邮件服务 ··· (192)

　　　7.7.3　文件传输服务 ··· (193)

　　　7.7.4　远程登录服务 ··· (193)

　　　7.7.5　Usenet 网络新闻组服务 ··· (194)

　　　7.7.6　电子公告牌服务 ··· (194)

　　　7.7.7　其他 Internet 服务 ·· (195)

　7.8　因特网的接入 ·· (195)

　　　7.8.1　通过调制解调器（MODEM）经电话交换网接入 Internet ······ (196)

　　　7.8.2　通过 ISDN 接入 Internet ·· (196)

　　　7.8.3　通过 ADSL 接入 Internet ··· (197)

　　　7.8.4　通过有线电视网接入 Internet ··· (198)

　　　7.8.5　因特网的其他接入方式 ·· (199)

　本章小结 ·· (199)

　习题 7 ··· (200)

第 8 章　计算机网络相关技术及物联网 ······································· (204)

　8.1　计算机网络管理技术 ·· (204)

　　　8.1.1　网络管理的基本概念 ··· (204)

8.1.2 网络管理的功能域 ·· (205)

8.1.3 网络管理系统的体系结构 ·· (206)

8.1.4 网络管理协议 ·· (207)

8.1.5 基于 Web 的网络管理模式 ·· (208)

8.1.6 常见的网络管理平台 ·· (208)

8.2 计算机网络安全技术 ··· (208)

8.2.1 网络安全概述 ·· (208)

8.2.2 网络安全的基本问题 ·· (209)

8.2.3 主要的网络安全服务 ·· (211)

8.2.4 网络防火墙技术 ·· (212)

8.3 Intranet 技术 ··· (215)

8.3.1 Intranet 的基本概念 ·· (215)

8.3.2 Intranet 的基本结构 ·· (216)

8.3.3 Intranet 的主要技术 ·· (217)

8.3.4 Intranet 的技术特点 ·· (218)

8.3.5 实际的 Intranet 的基本结构 ··· (218)

8.4 物联网 ··· (219)

8.4.1 物联网概述 ·· (219)

8.4.2 物联网关键技术 ·· (221)

8.4.3 物联网的安全问题 ··· (225)

本章小结 ·· (228)

习题 8 ··· (229)

第9章 计算机网络新技术 ·· (231)

9.1 计算机网络的发展趋势——下一代网络 ··· (231)

9.1.1 NGN 的定义及特点 ·· (231)

9.1.2 NGN 的分层结构 ··· (232)

9.1.3 NGN 的主要技术 ··· (233)

9.1.4 NGN 能提供的新业务 ··· (234)

9.2 NGN 的核心技术——IPv6 ··· (234)

9.2.1 IPv6 的主要特点 ··· (235)

9.2.2 IPv6 的基本格式 ··· (236)

9.2.3 IPv4 向 IPv6 的转换 ·· (236)

9.3 移动 IP 技术 ··· (237)

9.3.1 移动 IP 技术的基本原理 ·· (237)

9.3.2 移动 IP 技术的应用 ··· (239)

9.4 云计算 ··· (239)

9.4.1 云计算概述及特点 ··· (240)

9.4.2 云计算的架构及部署模式 ·· (240)

9.4.3 云计算的关键技术 ··· (242)

9.4.4　云计算的安全 ·· （244）

9.5　第四代移动通信技术（4G） ·· （247）

9.5.1　4G 的概述及特点 ·· （247）

9.5.2　4G 系统的网络结构 ·· （248）

9.5.3　4G 的核心技术——OFDM ··· （248）

9.5.4　4G 的关键技术——MIMO ·· （251）

9.5.5　MIMO-OFDM ·· （253）

9.5.6　4G 中的其他先进技术 ··· （254）

本章小结 ·· （255）

习题 9 ·· （255）

参考文献 ··· （257）

第1章　计算机网络基础

内容提要

本章主要介绍计算机网络的定义、产生和发展，计算机网络的构成和分类，计算机网络的功能和应用，以及计算机网络的拓扑结构等。

随着计算机技术和通信技术的发展，计算机（CompuTer NeTwork）网络已成为当今计算机界的热门话题。那么什么是计算机网络？它的最基本的特征又是什么？我们通过计算机网络的产生、计算机网络的组成和分类、计算机网络功能和应用的论述，将初步回答上述问题。

1.1　计算机网络概述

1.1.1　计算机网络的定义

所谓计算机网络就是将分散的计算机通过通信线路有机地结合在一起，达到相互通信，实现软、硬件资源共享的综合系统。

网络是计算机的一个群体，是由多台计算机组成的，这些计算机是通过一定的通信介质互连在一起的，使得彼此间能够交换信息。计算机互连通常有两种方式：通过双绞线、同轴电缆、电话线、光纤等有线介质连接；通过短波、微波、地球卫星通信信道等无线介质互连。计算机之间的通信是通过通信协议实现的。

由于网络中可能存在不同公司、不同种类的计算机，在其上运行的操作系统也不尽相同，它们在机器字长、信息的表示方法等多方面都存在差异，这就影响了计算机之间的通信，正如使用不同语言的民族难以进行语言交流一样。为了解决这一问题，需要制定一组通信规则，虽然机器不同，但只要遵从相同的规则，就可以实现相互通信。这些规则就称为通信协议。国际标准化组织（ISO）就是制定计算机网络通信协议的最主要的世界组织，其制定的开放系统互连参考模型已成为全世界公认的国际标准。

随着计算机技术的迅速发展，计算机的应用逐渐渗透到各个技术领域和整个社会的各个方面。社会的信息化、数据的分布处理、各种计算机资源的共享等各种应用要求都推动计算机技术朝着群体化方向发展，促使计算机技术与通信技术紧密结合。计算机网络属于多机系统的范畴，是计算机和通信这两大现代技术相结合的产物，它代表着当前计算机体系结构发展的一个重要方向。

1.1.2　计算机网络的产生和发展

计算机网络的产生和发展经历了从简单到复杂、从单机系统到多机系统的发展过程，其演变过程可分为四个阶段。

1. 具有通信功能的单机系统阶段

20 世纪 50 年代初期，计算机网络与通信没有任何联系。当时的计算机体积庞大，价格昂贵，由专门的技术人员在专门的环境下进行操作与管理，一般人接触不到。当时，人们在需要用计算机时，只能亲自携带程序和数据，到机房交给计算机操作人员，等待几个小时甚至几十个小时之后，再去机房取回运行结果。如果程序有错，修改后再次重复这一过程。这种方式即所谓的批处理方式。批处理方式需要用户（特别是远程用户）在时间、精力上付出很大代价。

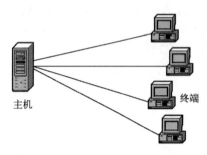

图 1.1　具有通信功能的单机系统

20 世纪 50 年代后期，计算机主机昂贵，而通信线路和通信设备的价格相对便宜，为了共享主机资源（强的处理能力）和进行信息的采集及综合处理，同时随着分时系统的出现，产生了具有通信功能的单机系统，如图 1.1 所示，其基本思想是在计算机上增加一个通信装置，使主机具备通信功能。将远地用户的输入/输出装置通过通信线路与计算机的通信装置相连，这样，用户就可以在远地的终端上输入自己的程序和数据，再由通信线路将结果返回给用户终端。

这种系统称为具有通信功能的单机系统，又可称为终端—计算机网络，是早期计算机网络的主要形式。在这种系统中，终端设备与计算机之间的连接可以采用多种方式。最初采用专线点到点方式，每个终端都独占一条线路，这种方式的缺点是线路利用率很低。随着计算机应用的不断发展，要求与主机系统相连的终端越来越多，这个缺点就越发明显，从而发展到利用电话网实现终端与主机的连接。

2. 具有通信功能的多机系统阶段

单机系统减轻了远程用户来往路途上的时间浪费，在当时来讲，这是一大创举。但随着应用的进一步发展，新的问题又出现了，主要表现在两个方面：第一，主机的负担加重，主机既要进行数据处理，又要完成通信控制，通信控制任务的加重，势必降低处理数据的速度，对昂贵的主机资源来讲显然是一种浪费；第二，线路的利用率比较低，特别是在终端速率比较低时更是如此。

为了克服第一个缺点，出现了通信控制处理机 CCP（CommunicaTion ConTrol Processor）或称前端处理机 FEP（FronT End Processor）。通信控制处理机分工完成全部的通信控制任务，而让主机专门进行数据处理，这样就使主机从通信控制的额外开销中解脱出来，提高了主机进行数据处理的效率。

为了克服第二个缺点，通常在低速终端较集中的地区设置终端集中器（Terminal Concen-TraTor）。低速终端通过低速线路先汇集到终端集中器，再由较高速通信线路将终端集中器连接到通信控制处理机上，如图 1.2 所示。终端集中器的硬件配置相对简单，它主要负责从终端到主机的数据集中以及从主机到终端的数据分发。显然，采用终端集中器可提高远程高速通信线路的利用率。而通信控制处理机由小型机或微型机来承担，通信控制处理机除了具有以上功能外，还可以互相连接，并连接多个主机，具有路由选择功能，它能根据数据包的地址把数据发送到适当的主机。

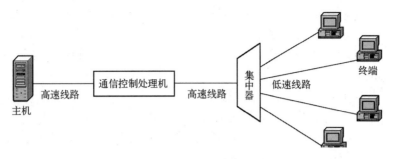

图 1.2 具有通信功能的多机系统

20 世纪 60 年代初期，这种面向终端的计算机通信网（多机互连系统）得到很大发展，有一些至今仍在发挥作用。比较著名的有美国通用电气公司的信息服务网络（GE InformaTion Services），它是世界上最大的商用数据处理分时网络，1968 年投入运行，拥有 16 个集中器、75 个远程集中器，地理范围从美国外延到加拿大、欧洲、澳大利亚和日本。由于该网络地理范围很大，可以利用时差达到资源的充分利用。

3. 计算机网络阶段

随着计算机应用的发展，出现了多台计算机互连的需求。这种需求主要来自军事、科学研究、地区与国家经济信息分析决策、大型企业经营管理。他们希望将分布在不同地点的计算机通过通信线路互连成为计算机——计算机网络。网络用户可以通过计算机使用本地计算机的软件、硬件与数据资源，也可以使用连网的其他地方的计算机软件、硬件与数据资源，以达到计算机资源共享的目的。在这种形势下，美国国防部高级研究计划局（Advanced Re-search ProjecTs Agency,ARPA）的 ARPANeT（通常称为 ARPA 网））的出现成为必然。ARPANeT 的结构如图 1.3 所示。

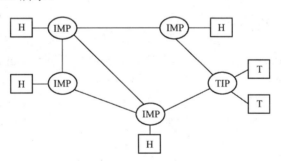

H——主机；T——终端；IMP——接口信息处理机；TCP——终端接口处理机

图 1.3 ARPANeT 的结构

ARPA 网是一个分组交换网，其中：IMP（接口信息处理机）负责通信处理和通信控制（包括报文分组、存储转发、信号发收等功能）；H（HosT,主机）负责数据处理；TIP（终端接口处理机）将终端连入网络。

1969 年，美国国防部高级研究计划局提出将多个大学、公司和研究所的多台计算机互连的课题。1969 年 ARPA 网只有 4 个节点，1973 年发展到 40 个节点，1983 年已经达到 100 多个节点。ARPA 网通过有线、无线与卫星通信线路，使网络覆盖了从美国本土到欧洲与夏威夷的广阔地域。ARPA 网是计算机网络技术发展的一个重要的里程碑，它对发展计算机网络技术的主要贡献表现在以下几个方面：

（1）完成了对计算机网络的定义、分类与子课题研究内容的描述。

（2）提出了资源子网、通信子网的两级网络结构的概念。

（3）研究了报文分组交换的数据交换方法。

（4）采用了层次结构的网络体系结构模型与协议体系。

ARPA 网络研究成果对推动计算机网络发展的意义是深远的。在它的基础之上，20 世纪 70 年代到 80 年代计算机网络发展十分迅速，出现了大量的计算机网络，仅美国国防部就资助建立了多个计算机网络。同时还出现了一些研究试验性网络、公共服务网络、校园网，如美国加利福尼亚大学劳伦斯原子能研究所的 OCTOPUS 网、法国信息与自动化研究所的 CY-CLADES 网、国际气象监测网 WWWN、欧洲情报网 EIN 等。

在这一阶段中，公用数据网 PDN（Public DaTa NeTwork）与局部网络 LN（Local NeTWork）技术发展迅速。

4．网络体系结构的标准化和网络的高速发展

随着网络技术的进步和各种网络产品的不断涌现，亟需解决不同系统互连的问题。1977 年，国际标准化组织（ISO）专门成立了一个委员会，提出了异种机系统互连的标准框架，即开放系统互连参考模型 OSI/RM（Open SysTem InTerconnecTion/ReferenceModel）。作为国际标准，OSI 规定了可以互连的计算机系统之间的通信协议。

1983 年，TCP/IP 协议被批准为美国军方的网络传输协议。同年 ARPANeT 分化为 ARPA-NeT 和 MILNET 两个网络。1984 年，美国国家科学基金会决定将教育科研网 NSFNET 与 ARPA-NeTA、MILNET 合并，运行 TCP/IP 协议，向世界范围扩展。

InTerne 是覆盖全球的信息基础设施之一，对于用户来说，它像是一个庞大的远程计算机网络。用户可以利用 InTerneT 实现全球范围的电子邮件、文件传输、信息查询、语音与图像通信服务功能，实际上 InTerneT 是一个用路由器（RouTer）实现多个远程网和局域网互连的网际信服务功能。InTerneT 的计算机数以亿计。它将对推动世界经济、社会、科学、文化的发展产生不可估量的作用。

20 世纪 90 年代后，计算机网络的发展更加迅速，目前正在向综合化、智能化、高速化方向发展，即人们所说的下一代网络（NGN），其突出特征表现为电信网、移动网与计算机网的"三网融合"。

（1）电信网的下一代网络。NGN（NexT GeneraTion NeTwork）即下一代通信网络，是以软交换为核心，控制、承载和业务三者分离的开放性网络。NGN 网络从功能上可分为 4 个层面：接入层、传送层、控制层和业务层。接入层包括各种接入网关、中继网关、无线接入网关、智能终端以及与处理媒体有关的媒体服务器和多点处理器（MP）。各类网关和智能终端主要实现媒体流格式的转换和媒体流传送，实现语音分组在分组网的承载和传输。终端智能化将使终端越来越多地参与业务提供和处理，业务有以网络为主和以终端为主等不同的提供方式，终端作为业务提供的重要部分，与网络相互配合，共同提供业务，这对终端相关的存储技术、操作系统、显示方式、应用软件等提出了更高的要求。NGN 代表了通信网发展的方向，是一种能够提供包括语音、数据、视频和多媒体等多种业务的基于分组技术的综合开放

的网络架构，随着各种应用的推广实施，带动了电信、信息、消费、娱乐等相关行业的发展，市场份额不断扩大，价值链不断增长。

（2）第三代移动通信技术（3G）将使移动电话成为能通信的掌上电脑。相对于第一代模拟制式手（1G）和第二代GSM、TDMA等数字手机（2G），3G指第三代移动通信技术。国际电联提出的"IMT-2000"（国际移动通信—2000）标准，就是指将无线通信与国际互联网等。多媒体通信相结合的新一代移动通信（即第三代移动通信）标准，它能够处理图像、音乐、视频流等多种媒体形式，提供包括网页浏览、电话会议、电子商务等多种信息，且在不同网络间可无缝提供服务。

（3）有线电视网与计算机网络的连接形成IPTV。有线电视网与计算机网络相连后形成交互电视（IPTV），交互电视在安装了路由器和存储器后即可实现网页浏览和信息下载、视频点播和对等交互等功能。

总之，由于计算机网络方便了人们随时接收信息和传输信息，而电信网、移动网、有线电视网与计算机网络的融合，将促成计算机网络成为信息网络体系的核心。多网融合可以降低总的成本投入，方便人们的使用，提高效率，产生更多的经济效益和社会效益。世界的大型计算机企业，如微软等公司，已经把"三网融合"作为其今后发展的业务重点而加以大力推进。

1.2　计算机网络的组成和分类

计算机网络要完成数据处理与数据通信两大基本功能，那么它的结构必然可以分成两个部分：负责数据处理的计算机和终端；负责数据通信的通信控制处理机CCP（CommunicaTion ConTrol Processor）和通信线路。从计算机网络组成角度来分，典型的计算机网络在逻辑上可以分为两个子网：资源子网和通信子网。

1.2.1　计算机网络系统的逻辑组成

计算机网络系统是由通信子网和资源子网组成的，其结构如图1.4所示。

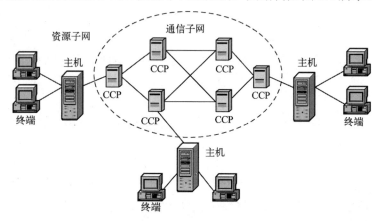

图1.4　计算机网络系统的逻辑组成

1. 资源子网

资源了网由主机、终端、终端控制器、连网外设、各种软件资源与信息资源组成。资源子网负责全网的数据处理业务，向网络用户提供各种网络资源与网络服务。

（1）主机。在计算机网络中，主机可以是大型机、中型机、小型机、工作站或微机。主机是资源子网的主要组成单元，它通过高速通信线路与通信子网的通信控制处理机相连接。普通用户终端通过主机连入网内。主机要为本地用户访问网络的其他主机设备与资源提供服务，同时要为网中远程用户共享本地资源提供服务。

（2）终端/终端控制器。终端控制器连接一组终端，负责这些终端和主计算机的信息通信，或直接作为网络节点。终端是直接面向用户的交互设备，可以是由键盘和显示器组成的简单的终端，也可以是微型计算机系统。

（3）连网外设。连网外设是指网络中的一些共享设备，如大型的硬盘机、高速打印机、大型绘图仪等。

2. 通信子网

通信子网由通信控制处理机、通信线路与其他通信设备组成，完成网络数据传输、转发等通信处理任务。

（1）通信控制处理机。通信控制处理机又被称为网络节点。一方面作为与资源子网的主机、终端连接的接口，将主机和终端连入网内；另一方面它又作为通信子网中的分组存储转发节点，完成分组的接收、校验、存储、转发等功能，实现将源主机报文准确发送到目的主机的功能。

（2）通信线路。计算机网络采用了多种通信线路，如电话线、双绞线、同轴电缆、光纤、无线通信信道、微波与卫星通信信道等。一般大型网络和相距较远的两节点之间的通信链路，都利用现有的公共数据通信线路。

（3）信号变换设备。信号变换设备对信号进行变换以适应不同传输媒体的要求。比如，将计算机输出的数字信号变换为电话线上传送的模拟信号的调制解调器、无线通信接收和发送器、用于光纤通信的编码解码器等。

1.2.2 计算机网络的软件组成

在网络系统中，网络上的每个用户都可享用系统中的各种资源。系统必须对用户进行控制，否则就会造成系统混乱、信息数据的破坏和丢失。为了协调系统资源，系统需要通过软件工具对网络资源进行全面的管理、调度和分配，并采取一系列的安全保密措施，防止用户进行不合理的对数据和信息的访问，以防数据和信息的破坏与丢失。网络软件是实现网络功能不可缺少的软件环境。

通常网络软件包括：

（1）网络协议和协议软件——实现网络协议功能，比如 TCP/IP、IPX/SPX 等。

（2）网络通信软件——用于实现网络中各种设备之间进行通信的软件。

（3）网络操作系统——网络操作系统是用以实现系统资源共享、管理用户对不同资源访问的应用程序，它是最主要的网络软件。

（4）网络管理及网络应用软件——网络管理软件是用来对网络资源进行管理和对网络进

行维护的软件。网络应用软件是为网络用户提供服务并为网络用户解决实际问题的软件。

　　网络软件最重要的特征是：网络软件所研究的重点不是在于网络中互连的各个独立的计算机本身的功能，而是在于如何实现网络特有的功能。

1.2.3　计算机网络的分类

　　计算机网络可按不同的标准进行分类。

　　（1）从网络节点分布来看，可分为局域网（Local Area NeTwork，LAN）广域网（Wide Area，WAN）和城域网（MeTopoliTon Area NeTwork，MAN）。

　　① 局域网是一种在小范围内实现的计算机网络，一般在一个建筑物内，或一个工厂、一个企事业单位内部，为单位独有。局域网地理范围可在十几千米以内，传输速率高（一般在 10Mbps 以上）、延迟小、误码率低且易于管理和控制。

　　② 广域网覆盖的地理范围从数百千米至数千千米，甚至上万千米。可以是一个地区或一个国家，甚至世界几大洲，又称为远程网。在广域网中，通常是利用各种公用交换网，将分布在不同地区的机算机系统互连起来，达到资源共享的目的。广域网使用的主要技术为存储转发技术。

　　③ 城域网通常是一种大型的 LAN，使用与局域网相似的技术它可以覆盖一组邻近的公司或一个城市。城域网一般采用光纤作为传输介质，通常提供固定带宽的服务，可以支持数据和声音传输，并有可能涉及当地的有线电视网。

　　（2）按交换方式可分为线路交换网络（CircuiT SwiTching）、报文交换网络（Message SweiTc-hing）和报文分组交换网络（PackeT SweiTching）。

　　① 线路交换最早出现在电话系统中，早期的计算机网络就是采用此方式来传输数据的，数字信号经过变换成为模拟信号后才能在线路上传输。

　　② 报文交换是一种数字化网络。当通信开始时，源机发出的一个报文被存储在交换机里，交换机根据报文的目的地址选择合适的路径发送报文，这种方式称做存储转发方式。

　　③ 分组交换也采用报文传输，但它不是以不定长的报文做传输的基本单位，而是将一个长的报文划分为许多定长的报文分组，以分组作为传输的基本单位。这不仅大大简化了对计算机存储器的管理，而且也加速了信息在网络中的传播速度。由于分组交换优于线路交换和报文交换，具有许多优点，因此它已成为计算机网络的主流。

　　（3）按网络拓扑结构可分为星型网络、树型网络、总线型网络、环型网络和网型网络。

1.3　计算机网络的功能和应用

1.3.1　计算机网络的功能

　　计算机网络既然是以共享资源为主要目标，那么它应具备下述几个方面的功能。

1．数据通信

　　计算机连网之后，便可以实现计算机与终端、计算机与计算机之间的数据传输，这是计算机网络的基本功能。随着因特网在世界各地的风行，传统的电话、电报、邮递投信方式受到很大冲击，电子邮件已为世人广泛接受，网上电话、视频会议等各种通信方式正在迅速发展。

2．资源共享

网络上的计算机彼此之间可以实现资源共享，包括硬件、软件和数据。信息时代的到来，资源的共享具有重大的意义。首先，从投资考虑，网络上的用户可以共享使用网上的打印机、扫描仪等，这样就节省了资金；其次，现代的信息量越来越大，单一的计算机已经不能将其全部储存，只有分布在不同的计算机上，网络用户可以共享这些信息资源；再次，现在计算机软件层出不穷，在这些浩如烟海的软件中，不少是免费共享的，这是网络上的宝贵财富，任何连入网络的计算机的使用者都有权利使用它们。资源共享为用户使用网络提供了方便。

3．远程传输

计算机应用的发展，已经从科学计算到数据处理，从单机到网络。分布在很远位置的用户可以互相传输数据信息，互相交流，协同工作。

4．集中管理

计算机网络技术的发展和应用，已使得现代的办公手段、经营管理等发生了变化。目前，已经有了许多管理信息系统（MIS）、办公自动化（OA）系统等，通过这些系统可以实现日常工作的集中管理，提高工作效率，增加经济效益。

5．实现分布式处理

网络技术的发展，使得分布式计算成为可能。对于大型的课题，可以分为许许多多的小题目，由不同的计算机分别完成，然后再集中起来，解决问题。

6．负荷均衡

负荷均衡是指工作负荷被均匀地分配给网络上的各台计算机系统。网络控制中心负责分配和检测，当某台计算机负荷过重时，系统会自动转移负荷到负荷较轻的计算机系统去处理。

由此可见，计算机网络可以大大扩展计算机系统的功能，扩大其应用范围，提高可靠性，为用户提供方便，同时也降低了费用，提高了性价比。

综上所述，计算机网络首先是计算机的一个群体，是由多台计算机组成的，每台计算机的工作是独立的，任何一台计算机都不能干预其他计算机的工作，如启动、关机和控制其运行等；其次，这些计算机是通过一定的通信介质互连在一起，计算机间的互连是指它们彼此间能够交换信息。网络上的设备包括微机、小型机、大型机、终端、打印机以及绘图仪、光驱等设备。用户可以通过网络共享设备资源和信息资源。网络处理的电子信息除一般文字信息外，还可以包括声音和视频信息等。

1.3.2　计算机网络的应用

目前，计算机网络的应用可以概括为以下几个方面。

1．信息服务

多年以来，美国数以千计的公司就是通过联机服务公司的网络向用户提供电子商品目录，用户在家里就可以将自己的计算机通过电话线与该网络相连，查阅目录和网络购物。这些联机服务公司还提供电子报纸、电子图书等各种信息资料。此外，用户还可使用磁卡并通过 ATM 银行自动出纳机、收银机与网络访问自己的银行账号，进行查账、取款、付款与投资的管理等。

目前应用最广泛的信息浏览服务系统是 InTerTneT 中的 World Wide Web（万维网），它以网页的形式向用户提供具有超文本特性的文本、图形、动画、图像、音频与视频等多媒体信息，用户通过鼠标点击网页中可选的链接对象，就可以立即访问相应的网页。该系统的信息包括各国综合信息、政府部门、公司企业、商业、科学、计算机、教育、历史、艺术、气象、交通、旅游、运动、健康、烹调、业余爱好以及其他各种信息。此外，InTerTneT 还向广大用户提供 Go-Pher 信息浏览服务、FTP 文件传送服务等信息服务。

2．通信与协作服务

（1）键盘对话、网上聊天、电子邮件、可视电话、可视会议。网络上的用户除了可以进行实时的"键盘对话"和网上聊天外，目前网络上个人之间相互通信最流行的方式是 E-mail（电子邮件），它除了可以传送文字信息外，还可传送图形、图像、音频和视频信息。电子邮件还可以用于个人与单位、单位与单位之间。

随着音频数据和视频图像传输速率的进一步提高，基于 InTerneT 的可视电话必将成为 21 世纪最流行的通信方式。这一技术也将使通过 InTerTneT 的远距离视频会议成为现实，它可以用于分散的大学校园的网络教学，如组织异地的医学专家会诊等。

（2）信息组。20 世纪 70 年代末，信息组最早以社区为主要服务对象，后来发展为 InTerTneT。目前面向公共服务的 BBS 子布告牌系统以及 InTerTneT 上流行的各种电子邮递名单（Mailing LisT）和 UseneT 新闻组等则是当今网络上个人之间、研究组之间相互交流信息和相互协作最流行的方式。现在 InTerTneT 上已有人们可能想像出来的上万种涉及各种主题的电子邮递名单和新闻组，任何一个人都可以向任何一个电子邮递名单或新闻组发布信息，也可以订阅自己感兴趣的电子邮递名单或新闻组，阅读其中的稿件信息，甚至建立新的电子邮递名单和新闻组。由于网络信息组打破了时间、国界与空间的限制，大大加强了人们之间的交流和合作。

3．交易服务与电子商务

由独立的联机服务公司（On-line Services）开始，现已发展到通过 InTerneT 提供的网上交易与电子商务（ElecTronics Commerce）将成为信息社会新的购物方式。目前，网上计算机商店、电器商店、日用百货商店、礼品店、书店、订购飞机票，甚至网上拍卖等网上交易与电子商务发展很快。由于基于 InTerneT 的电子商务卖方不需要租用营业场地和大库房，也不需要雇用大批员工，而只需建立自己的 Web 主页而买方只需在相应 Web 主页上填写有关商品表格和自己的信用卡信息，就可以实现交易。顾客还可以从网上动态了解所订货物的装配和发货日程等信息，以及通过网络获得售后服务等。

电子商务要求相应服务程序具有鉴别顾客身份、向顾客授权、保护顾客隐私等功能，因而对信息加密技术要求高。电子商务不受时间和地域的限制，因而极具发展前途，并受到一些国家政府的倡导和支持，例如，美国政府就对 InTerneT 的电子商务实行免税等优惠政策。

4．休闲娱乐服务

目前，网络已向用户提供了许多交互娱乐服务。例如，用户可在计算机上通过网络欣赏音乐、录像、球赛等，还可与其他用户一起下棋、打牌、玩游戏。在不久的将来，网络还将向用户提供交互式的电影与电视，用户可以按照说明书或根据自己的爱好选择不同的剧情发展。

5．计算服务

计算服务是指提交批处理作业或采用分布式计算方式。该方式是早先计算机网络主要的服务方式，而随着 Web 资源的实现，我们可以获得近乎免费的计算服务以及协作计算服务。

6．分布式控制系统

分布式控制系统广泛应用于工业生产过程和自动控制系统。使用分布式控制系统可以提高生产效率和质量，节省人力和物力，实现安全控制等目标。常见的分布式控制系统，如电厂和电网的监控调度系统，冶金、钢铁和化工生产过程的自动控制系统，交通调度与监控系统。这些系统连网之后，一般可以形成具有反馈的闭环控制系统，从而实现全方位的控制。

7．计算机集成与制造系统

计算机集成与制造系统实际上是企业中的多个分系统在网络上的综合与集成。它根据本单位的业务需求，将企业中各个环节通过网络有机地联系在一起。例如，计算机集成与制造系统可以实现市场分析、产品营销、产品设计、制造加工、物料管理、财务分析、售后服务以及决策支持等一个整体系统。近年来，出现了一些新的网络应用类型，如播客、博客、网络即时通信和网络电视服务等。

8．计算机网络的新应用

近年来出现了一些计算机网络的新应用，如播客、博客、网络即时通信（IM）、IPTV 即交互式网络电视、微博、微信等。

"播客"翻译自英语单词 PodcasTing，它其实是一个合成词，取自苹果公司研发的便携播"ipod"与传统广播（BroadcasTing）的结合。借助于苹果公司的 ipod 便携播放器和相关软件，网友可将音乐或广播等数码声讯文件下载到自己的 ipod、MP3 播放器或其他便携式数码声讯播放器中随时收听，也可将自己制作的声讯或视频文件上传到网络上与他人共享。目前，研究者认为，与汉语里的"播客"一词相对应的英文词汇其实有三个，即 PodcasTor，Podcas-Ting 和 PodcasT 分别指制作播客节目并上网发布的使用者，播客这一独特的传播方式与形态，以及提供上传和下载服务的播客网站和播客接收终端。

"博客"一词是从英文单词 Blog 翻译而来的。Blog 是 WeBlog 的简称，而 WeBlog 则是由 Web 和 Log 两个英文单词组合而成的。WeBlog 就是在网络上发布和阅读的流水记录，通常称为"网络日志"，简称为"网志"。而博客（Blogger）解释为网络出版（WebPublishing）发表和张贴文章，是个急速成长的网络活动。

网络即时通信（IM）是指能够即时发送和接收互联网消息的业务。自 1998 年面世以来，特别是经过近几年的迅速发展，即时通信的功能日益丰富，并逐渐集成了电子邮件、博客、音乐、电视、游戏和搜索等多种功能。目前即时通信不再是一个单纯的聊天工具，它已经发展成集交流、资讯、娱乐、搜索、电子商务、办公协作和企业客户服务等为一体的综合化信息平台。即时通信最初是由 AOL、微软、雅虎、腾讯等独立于电信运营商的即时通信服务商提平台。即时通信最初是由 AOL 供的，但随着其功能日益丰富，应用日益广泛，特别是即时通信增强软件的某些功能如 IP 电话等，已经在分流和替代传统的电信业务，使得电信运营商不得不采取措施应对这种挑战。2006 年 6 月，中国移动已经推出了自己的即时通信工具——FeTion，中国联通也将推出即时通信工具"超信"，但由于进入市场较晚，其用户规模和品牌知名度还比不上原有的即时通信服务提供商。

IPTV 即交互式网络电视，是一种利用宽带有线电视网，集互联网、多媒体、通信等多种技术于一体，向家庭用户提供包括数字电视在内的多种交互式服务的崭新技术。用户在家中可以有两种方式享受 IPTV 服务：计算机和网络机顶盒+普通电视机。IPTV 既不同于传统的模拟式有线电视，也不同于经典的数字电视，因为传统的模拟电视和经典的数字电视都具有频分制、定时、单向广播等特点，尽管经典的数字电视相对于模拟电视有许多技术革新，但只是信号形式的改变，而没有触及媒体内容的传播方式。

微博（Weibo），微型博客（MicroBlog）的简称，即一句话博客，是一种通过关注机制分享简短实时信息的广播式的社交网络平台。微博是一个基于用户关系信息分享、传播以及获取的平台。用户可以通过 WEB、WAP 等各种客户端组建个人社区，以 140 字（包括标点符号）的文字更新信息，并实现即时分享。微博的关注机制分为可单向、可双向两种。微博作为一种分享和交流平台，其更注重时效性和随意性。微博客更能表达出每时每刻的思想和最新动态，而博客则更偏重于梳理自己在一段时间内的所见、所闻、所感。因微博而诞生出微小说这种小说体裁。2014 年 3 月 27 日晚间，在中国微博领域一枝独秀的新浪微博宣布改名为"微博"，并推出了新的 LOGO 标识，新浪色彩逐步淡化

微信是腾讯公司于 2011 年 1 月 21 日推出的一个为智能终端提供即时通信服务的免费应用程序，微信支持跨通信运营商、跨操作系统平台通过网络快速发送免费（需消耗少量网络流量）语音短信、视频、图片和文字，同时，也可以使用通过共享流媒体内容的资料和基于位置的社交插件"摇一摇"、"漂流瓶"、"朋友圈""、公众平台"、"语音记事本"等服务插件。微信提供公众平台、朋友圈、消息推送等功能，用户可以通过"摇一摇"、"搜索号码"、"附近的人"、扫二维码方式添加好友和关注公众平台，同时微信将内容分享给好友以及将用户看到的精彩内容分享到微信朋友圈。截至 2013 年 11 月我国微信的注册用户量已经突破 6 亿。

1.4 计算机网络的拓扑结构

拓扑（Topology）是从图论演变而来的，是一种研究与大小形状无关的点、线、面特点的方法。计算机网络拓扑结构是抛开网络电缆的物理连接来讨论网络系统的连接形式，是指网络电缆构成的几何形状，它能表示出网络服务器、工作站的网络配置和相互之间的连接。

网络拓扑结构按形状可分为六种类型，分别是星型拓扑结构、环型拓扑结构、总线型拓扑结构、树型拓扑结构、总线/星型拓扑结构及网型拓扑结构。网络拓扑结构对整个网络的设计、功能、可靠性、费用等方面有着重要的影响。

1. 星型拓扑结构

星型拓扑结构是以中央节点为中心与各节点连接而组成的，各个节点间不能直接通信，

节点间的通信必须经过中央节点的控制，各节点与中央节点通过点到点方式连接，中央节点执行集中式通信控制策略，因此中央节点相当复杂，负担也重。目前流行的专用分局交换机（PrivaTe Branch Exchange,PBX）就是星型拓扑结构的典型实例，如图 1.5 所示。

以星型拓扑结构组网，中央节点的主要功能包括：

（1）为需要通信的设备建立物理连接。

（2）在两台设备通信过程中维持物理连接。

（3）在完成通信或通信不成功时，拆除物理连接。

在文件服务器/工作站（File Servers/WorksTaTion）局域网模式中，中心节点为文件服务器，存放共享资源。由于这种拓扑结构的中心节点与多台工作站相连，为便于集中连线，目前多采用集线器（Hub）。

星型拓扑结构的特点是：很容易在网络中增加新的站点，数据的安全性和优先级容易控制，易实现网络监控；但是属于集中控制，对中心节点的依赖性大，一旦中心节点有故障就会引起整个网络瘫痪。

2．环型拓扑结构

环型网中各节点通过环路接口连在一条首尾相连的闭合环型通信线路中。环路上任何节点均可以请求发送信息，请求一旦被批准，便可以向环路发送信息。环型网中的数据可以是单向也可以双向传输。由于环线公用，一个节点发出的信息必须穿越环中所有的环路接口，信息流中目的地址与环上某节点地址相符时，信息被该节点的环路接口所接收，而后信息继续流向下一环路接口，一直流回到发送该信息的环路接口节点为止，如图 1.6 所示。

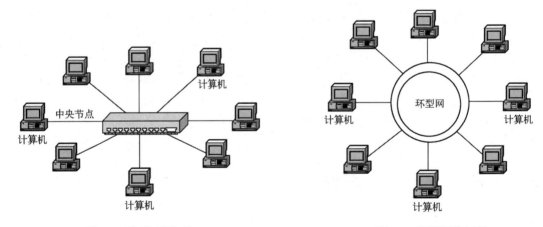

图 1.5　星型网络拓扑　　　　　　　　图 1.6　环型网络拓扑

环型网的特点是：信息在网络中沿固定方向流动，两个节点间仅有唯一的通路，大大简化了路径选择的控制；某个节点发生故障时，可以自动旁路，可靠性较高；由于信息是串行穿过多个节点环路接口，当节点过多时，影响传输效率，使网络响应时间变长，但当网络确定时，其延时固定，实时性强；由于环路封闭，故扩充不方便。

环型网也是微机局域网常用拓扑结构之一，适合信息处理系统和工厂自动化系统。1985年 IBM 公司推出的令牌环型网（IBMTokenRing）是其典范。在 FDDI 光纤分布式数字接口得以应用推广后，这种结构会进一步得到采用。

3．总线型拓扑结构

用一条称为总线的中央主电缆，将相互之间以线性方式连接的工作站连接起来的布局方式，称为总线型拓扑，如图 1.7 所示。

在总线结构中，所有网上微机都通过相应的硬件接口直接连在总线上，任何一个节点的信息都可以沿着总线向两个方向传输扩散，并且能被总线中任何一个节点所接收。由于其信息向四周传播，类似于广播电台，故总线网络也被称为广播式网络。总线有一定的负载能力，因此，总线长度有一定限制，一条总线也只能连接一定数量的节点。

总线布局的特点是：结构简单灵活，非常便于扩充；可靠性高，网络响应速度快；设备量少，价格低，安装使用方

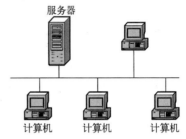

图 1.7　总线型网络拓扑

便；共享资源能力强，极便于广播式工作，即一个节点发送所有节点都可接收。

在总线两端连接的器件称为端接器（末端阻抗匹配器或终止器），主要作用是与总线进行阻抗匹配，最大限度吸收传送到端部的能量，避免信号反射回总线产生不必要的干扰。

总线型网络结构是目前使用最广泛的结构，也是最传统的一种主流网络结构，适合于信息管理系统、办公自动化系统领域的应用。

4．树型拓扑结构

树型结构是总线型结构的扩展，它是在总线网上加上分支形成的，其传输介质可有多条分支，但不形成闭合回路。树型网是一种分层网，如图 1.8 所示，其结构可以对称，联系固定，具有一定容错能力，一般一个分支和节点的故障不影响另一分支节点的工作，任何一个节点送出的信息都可以传遍整个传输介质，也是广播式网络。一般树型网上的链路相对具有一定的专用性，无须对原网做任何改动就可以扩充工作站。

5．总线/星型拓扑结构

总线/星型拓扑结构就是用一条或多条总线把多组设备连接起来，相连的每组设备呈星型分布。采用这种拓扑结构，用户很容易配置和重新配置网络设备。总线采用同轴电缆，星型配置可采用双绞线，如图 1.9 所示。

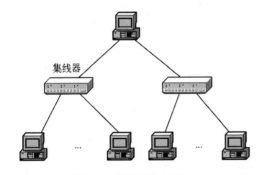

图 1.8　树型网络拓扑

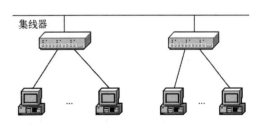

图 1.9　总线/星型网络拓扑

6. 网型拓扑结构

将多个子网或多个局域网连接起来构成网型拓扑结构。在一个子网中，集线器、中继器将多个设备连接起来，而网桥、路由器及网关则将子网连接起来。根据组网硬件不同，主要有三种网型拓扑结构：

（1）网型网。在一个大的区域内，用无线电通信链路连接一个大型网络时，网型网是最好的拓扑结构。通过路由器与路由器相连，可让网络选择一条最快的路径传送数据。

（2）主干网。通过网桥与路由器把不同的子网或 LAN 连接起来形成单个总线或环型拓扑结构，这种网通常采用光纤做主干线。

（3）星型相连网。利用一些叫做超级集线器（如交换机）的设备将网络连接起来，由于星型结构的特点，网络中任一处的故障都可容易查找并修复。

应该指出的是，在实际组网中，拓扑结构不一定是单一的，通常是几种结构的混用。

本 章 小 结

本章对计算机网络做了概括性的描述。

计算机网络就是将分散的计算机，通过通信线路有机地结合在一起，达到相互通信，实现软、硬件资源共享的综合系统。

计算机网络是信息时代的产物。起初与通信毫无相干的计算机经历了具有通信功能的单机系统、多机系统之后，终于发展为与通信紧密结合的计算机网络。

计算机网络从诞生之日起，就向大而广的方向发展，即所谓的广域网（WAN）。依据网络是专用还是公用，最初的 WAN 可区分为专用网和公用数据网。到了 20 世纪 80 年代，随着微处理技术的进步和计算机的用，最初的 WAN 普及，局域网（LAN）得到极大发展。同时，网络的标准化问题也在这一时期进入成熟阶段。20 世纪 90 年代的网络热点则是网络互连和 ISDN（综合业务数字网），进入 21 世纪，各种网络的融合趋势明显并加剧，网络规模进一步扩大，出现了如物联网、云计算、3G、4G 等新的网络技术。

计算机网络的组成是我们讨论的另一个问题，通信子网和资源子网的划分使我们的讨论简单易行。而网络软件系统和网络硬件系统是网络系统赖以存在的基础。计算机网络可按不同的标准进行分类。

本章从资源共享的角度阐述了计算机网络的功能，具有数据通信、资源共享、信息传输、信息的分布式处理等功能，主要应用于信息服务、通信与协作服务、交易服务与电子商务、休闲娱乐服务、计算服务等方面。

组建一个计算机网络需要考虑网络系统的连接形式。研究计算机网络的拓扑结构具有重要意义，它对整个网络的设计、功能、可靠性、费用等方面有着重要的影响。

习 题 1

一、填空题

1.1 所谓计算机网络就是将分散的计算机通过＿＿＿＿＿＿＿有机地结合在一起，达到相互通信，实现＿＿＿＿＿＿＿＿＿的综合系统。

1.2 ＿＿＿＿＿＿＿＿＿＿＿＿＿＿是制定计算机网络通信协议的最主要的世界组织，其制定的已成为全世界公认的国际标准。

1.3 20 世纪 90 年代后，计算机网络的发展更加迅速，目前正在向_____化、_____化和_____化发展，即人们所说的_____。

1.4 从计算机网络组成角度来分，典型的计算机网络在逻辑上可以分为两个子网：_____子网和_____子网。

1.5 从网络节点分布来看，计算机网络可分_____网 NeTwork（LocalAreaNeTwork，LAN）、_____网（WideAreaNeTwork,WAN）和_____网（MeTropoliTanAreaNeTwork，MAN）。

1.6 按交换方式分，计算机网络可分_____网络（CircuiTSwiTching）_____网络（Mes-sageSwiTching）和_____网络（PackeTSwiTching）

二、选择题

1.7 InTerneT 最早起源于（　　　）。

A．ARPAneT　　　　B．以太网　　　　C．NSFneT　　　　D．环状网

1.8 计算机网络系统是由哪两部分构成的（　　　）。

A．网络软件和网络硬件　　　　　　B．通信子网和资源子网

C．节点和通信链路　　　　　　　　D．网络协议和计算机

1.9 计算机网络中可共享的资源包括（　　　）。

A．硬件、软件、数据和通信信道　　B．主机、外设和通信信道

C．硬件、软件和数据　　　　　　　D．主机、外设、数据和通信信道

1.10 通信子网为网络源节点与目的节点之间提供了多条传输路径的可能性，路由选择指的是（　　　）。

A．建立并选择一条物理链路

B．建立并选择一条逻辑链路

C．网络中间节点收到一个分组后，确定转发的路径

D．选择通信介质

1.11 目前人们所使用的计算机网络是根据（　　　）观点来定义的。

A．资源共享　　　B．广义　　　　C．狭义　　　　D．用户透明性

1.12 下面哪一项是描述网络拓扑结构的（　　　）。

A．仅是网络的物理设计　　　　　　B．仅是网络的逻辑设计

C．仅是网络形式上的设计　　　　　D．网络的物理设计和逻辑设计

1.13 计算机网络拓扑结构是通过网络中节点和通信线路之间的几何关系来表示的,它反映的是网络中各实体间的（　　　）。

A．结构关系　　　B．主从关系　　　C．接口关系　　　D．层次关系

1.14 采用一个信道作为传输媒体，所有站点都通过相应的硬件接口直接连到这一公共传输媒体上的拓扑结构为（　　　）。

A．星型拓扑　　　B．总线拓扑　　　C．环型拓扑　　　D．树型拓扑

1.15 一旦中心节点出现故障则整个网络瘫痪的局域网的拓扑结构是（　　　）。

A．星型结构　　　B．树型结构　　　C．总线型结构　　　D．环型结构

1.16 网络拓扑设计的优劣将直接影响网络的性能、可靠性与（　　　）

A．网络协议　　　B．通信费用　　　C．设备种类　　　D．主机类型 A 星型结构

三、判断题（正确的打√，错误的打×）

1.17 从计算机网络的最基本的组成结构来看，一个网络可分为通信子网、网络高层和网上应用三部分。（　　）

1.18 资源子网负责全网的数据处理业务，向网络用户提供各种网络资源与网络服务。（　　）

1.19 资源子网由主计算机系统、终端、终端控制器、连网外设、各种软件资源及数据资源组成。（　　）

1.20 通信线路只能为通信控制处理之间提供通信信道。（　　）

1.21 网络软件是实现网络功能不可缺少的软件环境。（　　）

1.22 分组交换也称为存储转发方式。（　　）

1.23 计算机网络拓扑定义了网络资源在逻辑上或物理上的连接方式。（　　）

1.24 目前流行的专用分局交换机采用了环型拓扑结构。（　　）

1.25 星型网络的瓶颈是中心节点。（　　）

1.26 总线型网络中各计算机发送的信号都有一条专用的线路传播。（　　）

第 2 章 数据通信基础

内容提要

本章主要介绍数据通信的基本概念、数据通信方式及数据通信的主要技术指标，数字数据的传输和模拟数据的传输，位同步、异步传输及同步传输的基本原理，多路复用技术和数据交换技术的原理，ATM 和帧中继的基本技术，以及差错的产生和控制方法，奇偶校验法和循环冗余码等。

2.1 基本概念

2.1.1 数据通信的基本概念

1．数据通信的一般概念

通信的目的是为了在信源与信宿之间传递信息。如果信息的自然形态是模拟的，如语音、图像，经数字化处理后，用数字信号的形式进行传送，称为"数字通信"。如果信息的自然形态是数字的（离散的），如计算机数据，则不管用哪种形式的信号进行传送，都叫"数据通信"。

如今所谓的"数据通信"，更多的是指计算机数据的通信。如图 2.1 所示为数据通信的最基本模型。

图 2.1 数据通信系统模型

该系统包括四类部件：计算机（或终端）、通信控制器、信号变换器和通信线路，其中，计算机（或终端）为信源或信宿；通信控制器负责数据传输控制，以减轻主机负担，在微机一侧，它的功能一般由微机承担；信号变换器完成数据与电信号之间的变换，以匹配通信线路的信道特性，依据通信线路的不同，信号变换器又称为"波形变换器"或"调制解调器"；通信线路泛指各种实用的传输介质，是传输信号的通路。

2．几个术语的解释

（1）数据：定义为有意义的实体。数据可分为模拟数据和数字数据。模拟数据是在某区间内连续变化的值；数字数据是离散的值。

（2）信号：是数据的电子或电磁编码。信号可分为模拟信号和数字信号。模拟信号是随时间连续变化的电流、电压或电磁波；数字信号则是一系列离散的电脉冲。可选择适当的参量来表示要传输的数据。

（3）信息：是数据的内容和解释。

（4）信源：是通信过程中产生和发送信息的设备或计算机。

（5）信宿：是通信过程中接收和处理信息的设备或计算机。

（6）信道：是信源和信宿之间的通信路径。

3．模拟信号和数字信号的表示

模拟信号和数字信号可通过参量（幅度）来表示，如图 2.2 所示。

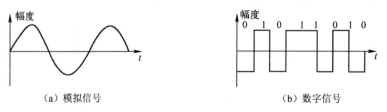

（a）模拟信号 （b）数字信号

图 2.2 模拟信号、数字信号的表示

4．模拟数据和数字数据的表示

模拟数据和数字数据都可以用模拟信号或数字信号来表示，因而无论信源产生的是模拟数据还是数字数据，在传输过程中都可以用适合于信道传输的某种信号形式来传输。

（1）模拟数据可以用模拟信号来表示。模拟数据是时间的函数，并占有一定的频率范围，即频带。这种数据可以直接用占有相同频带的电信号，即对应的模拟信号来表示。模拟电话通信是它的一个应用实例。

（2）数字数据可以用模拟信号来表示。如 MODEM 可以把数字数据调制成模拟信号，也可以把模拟信号解调成数字数据。用 MODEM 拨号上网是它的一个应用实例。

（3）模拟数据也可以用数字信号来表示。对于声音数据来说，完成模拟数据和数字信号转换功能的设备是编码解码器 CODEC。它将直接表示声音数据的模拟信号编码转换成用二进制流近似表示的数字信号；而在线路另一端的 CODEC，则将二进制流码恢复成原来的模拟数据。数字电话通信是它的一个应用实例。

（4）数字数据可以用数字信号来表示。数字数据可直接用二进制数字脉冲信号来表示，但为了改善其传输特性，一般先要对二进制数据进行编码，称为信道编码。数字数据专线网即（DDN 网络）通信是它的一个应用实例。

5．数据通信的长距离传输及信号衰减的克服

（1）模拟信号和数字信号都可以在合适的传输媒体上进行传输，如图 2.3 所示。

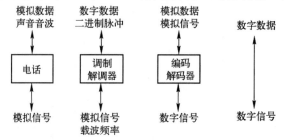

图 2.3 模拟数据、数字数据的模拟信号、数字信号的传输表示

（2）模拟信号无论表示模拟数据还是数字数据，在传输一定距离后都会衰减。克服的办法是用放大器来增强信号的能量，但噪声分量也会增强，以至引起信号畸变。

（3）数字信号长距离传输也会衰减，克服的办法是使用中继器，把数字信号恢复为"0、1"的标准电平后继续传输。

2.1.2 通信方式

1．并行通信方式

并行通信传输中有多个数据位，同时在两个设备之间传输，如图 2.4 所示。发送设备将这些数据位通过对应的数据线传送给接收设备，同时还可附加一位数据校验位。接收设备可同时接收到这些数据，不需要做任何变换就可直接使用。并行方式主要用于近距离通信。计算机内的总线结构就是并行通信的例子。这种方法的优点是传输速度快，处理简单。

2．串行通信方式

串行数据传输时，数据是一位一位地在通信线路上传输的，先由具有几位总线的计算机内的发送设备将几位并行数据经并—串转换硬件转换成串行方式，再逐位经传输线到达接收端的设备中，并在接收端将数据从串行方式重新转换成并行方式，以供接收方使用，如图 2.5 所示。串行数据传输的速度要比并行传输慢得多，但对于覆盖面极其广阔的公用电话系统来说具有更大的现实意义。

3．串行通信的方向性结构

串行数据通信的方向性结构有 3 种，即单工、半双工和全双工，如图 2.6 所示。

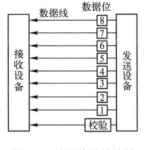

图 2.4　并行数据传输图

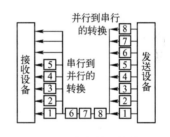

图 2.5　串行数据传输

（1）单工通信：只有一个方向的通信而没有反方向的交互。像无线电广播或者像计算机与打印机、键盘之间的数据传输均属单工通信。单工通信只需要一条单向信道。

（2）半双工通信：通信双方都可以发送（接收）信息，但不能同时双向发送（接收）。这种方式得到广泛应用，因为它具有控制简单、可靠、通信成本低等优点。显然，半双工通信需要一条双向信道。

（3）全双工通信：通信双方可以同时发送和接收信息。这要求通信双方具有同时运作的发送和接收机构，且要求有两条性能对称的传输信道。全双工通信的效率最高，但控制相对复杂一些，系统造价也较高。随着通信技术及大规模集成电路的发展，这种方式正越来越广泛地应用于计算机通信。

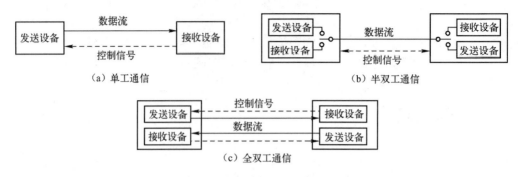

（a）单工通信　　　　　　　　　　　（b）半双工通信

（c）全双工通信

图 2.6　单工、半双工、全双工

2.1.3　数据通信系统的主要技术指标

1．数据传输速率

数据传输速率有两种度量单位：比特率和波特率。

（1）比特率。比特率是指数字信号的传输速率，也叫信息速率，反映一个数据通信系统每秒传输二进制信息的位数。单位为位/秒，记做 bps 或 b/s。计算公式为：

$$S=1/T\times\log_2 N(\text{bps}) \tag{2-1}$$

式中，T 为一个数字脉冲信号的宽度（全宽码）或重复周期（归零码），单位为 s；

N 为一个波形代表的有效状态数，是 2 的整数倍。比如，二进制的一个波形可以表示 0、1 两种状态，故 $N=2$。

$N=2^k$，k 通常为一个波形能表示的二进制信息位数，$k=\log_2 N$。

当 $N=2$ 时，$S=1/T$，表示数据传输速率等于码元脉冲的重复频率。

（2）波特率。波特率是一种调制速率，又称码元速率或波形速率，指单位时间内通过信道传输的码元数，单位为波特，记做 Baud。计算公式为：

$$B=1/T(\text{Baud}) \tag{2-2}$$

式中，T 为信号码元的宽度，单位为 s

由公式（2-1）和公式（2-2）得：

$$S=B\times\log_2 N(\text{bps}) \tag{2-3}$$

或

$$B=S/\log_2 N(\text{Baud}) \tag{2-4}$$

波特率和比特率是两个最容易混淆的概念，但它们在数据通信中却很重要。为了便于理解，给出两者的区别与联系，如图 2.7 所示。

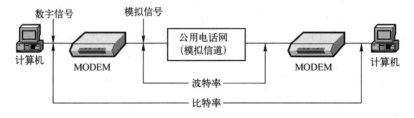

图 2.7　比特率和波特率的区别

【例 2.1】　采用八相调制方式，即 $N=8$，且 $T=8.33\times10^{-4}$s，则，

$$S=1/T \times \log_2 N =1/(8.33 \times 10^{-4}) \times \log_2 8=3600(\text{bps})$$
$$B=1/T=1/(8.33 \times 10^{-4})=1200(\text{Baud})$$

2．信道容量

（1）信道容量。信道容量表示一个信道的最大数据传输速率，单位为位/秒 bps。

信道容量与数据传输速率的区别是，前者表示信道的最大数据传输速率，是信道传输数据能力的极限，而后者是实际的数据传输速率，就像公路上的最大限速与汽车实际速度的关系一样。

（2）离散信道的容量。奈奎斯特（NyquisT）无噪声下的码元速率极限值 B 与信道带宽 H 的关系如下：

$$B=2 \times H(\text{band}) \tag{2-5}$$

离散无噪信道的容量计算公式（即奈奎斯特公式）为：

$$C=2 \times H \times \log_2 N(\text{bps}) \tag{2-6}$$

式中，H 为信道的带宽，即信道传输上、下限频率的差值，单位为 Hz；

N 为一个码元所取的离散值个数；

C 为信道容量。

【例 2.2】 普通电话线路带宽约 3kHz，则码元速率极限值 $B=2 \times H=2 \times 3k=6k\text{Baud}$，若码元的离散值个数 $N=16$，则最大数据传输速率 $C=2 \times 3k \times \log_2 16=24k\text{bps}$。

（3）连续信道的容量。带噪模拟信道容量公式（香农公式）为：

$$C=H \times \log_2(1+S/N)(\text{bps}) \tag{2-7}$$

式中，S 为信号功率；

N 为噪声功率；

S/N 为信噪比，通常把信噪比表示成 $10\lg(S/N)$，单位为分贝（dB）。

【例 2.3】 已知信噪比为 30dB，带宽为 3kHz，求信道的最大数据传输速率。

因为 $10\lg(S/N)=30$，所以 $S/N=10^{10 \times 30}=1000$，$C=3k \times \log_2(1+1000) \approx 30$（Kbps）。

3．误码率

误码率是指二进制数据位传输时出错的概率。它是衡量数据通信系统在正常工作情况下的传输可靠性的指标。在计算机网络中，一般要求误码率低于 10^{-6}。若误码率达不到这个指标，可通过差错控制方法检错和纠错。

计算误码率的公式为：

$$P_e=N_e/N \tag{2-8}$$

式中，N_e 为其中出错的位数；

N 为传输的数据总位数；

P_e 为误码率。

2.2 数据传输和编码

数据与数据传输所采用的信号是两个完全不同的概念。数字数据可采用数字信号传输，也可以采用模拟信号传输；同理，模拟数据也可以采用数字信号传输或模拟信号传输。这样就构成了数据的 4 种传输方式：数字数据的数字传输方式、数字数据的模拟传输方式、模拟数据的数字传输方式和模拟数据的模拟传输方式。

在数据通信系统中，无论用哪种数据传输方式，均应解决如下问题：数据信息的表示，即信息的编码问题；信息的传输，即选用哪种数据传输方式的问题；信息正确无误地传输，即发送和接收的同步问题及差错的发现和纠错问题。

2.2.1 数字数据的数字传输

目前用于传输数字数据的线路有两类：一类是数字通信线路，其上可以直接传输数字数据；另一类是模拟通信线路，这时，要想传输数字数据，必须经过调制。

1．基带传输

数字数据以原来的 0 或 1 的形式原封不动地在信道上传送，称为基带传输。在基带传输中，传输信号的频率可以从零到几兆赫，要求信道有较高的频率特性。一般的电话通信线路满足不了这个要求，需要根据传输信号的特性选择专用的传输线路。

基带传输是一种最简单的传输方式，近距离通信的局域网都采用基带传输。基带传输时，需要解决的问题是数字数据的数字信号表示。

（1）数字数据的数字信号表示。对于传输数字信号来说，最常用的编码方法是用不同的电平来表示两个二进制数字 1 和 0，即数字信号由矩形脉冲组成，如图 2.8 所示。

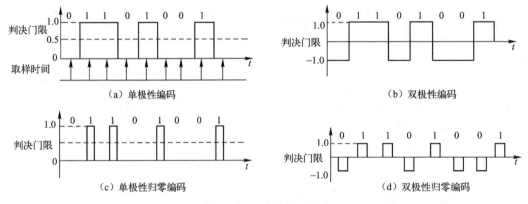

图 2.8　矩形脉冲编码方案

① 单极性不归零码。只使用一个极性的电压脉冲，无电压脉冲表示"0"，另一种有电压脉冲表示"1"，每个码元时间的中间点是采样时间，判决门限为半幅电平。例如，将数字数 01101001 进行单极性编码，结果如图 2.8（a）所示。图中 1 码元由正电压表示，0 码元由零电压表示。它通常用在近距离的传输上，接口电路十分简单。它的缺点是：当出现连续"0"和连续"1"时，不利于接收端同步信号的提取。由于电压不归零和电压的单极性，造成这种编码有直流分量，不利于判决电路的工作。

② 双极性不归零码。采用两种极性的电压脉冲，一种极性的电压脉冲表示"1"另一种极性的电压脉冲表示"0"，正和负的幅度相等，判决门限为零电平。在图 2.8（b）中，用正电压表示"1"，负电压表示"0"。

③ 单极性归零码。也只使用一个极性的电压脉冲，当发"1"码时，发出正电压，但持续时间短于一个码元的时间宽度，即发出一个窄脉冲；当发"0"码时，仍然无电压脉冲。例如，将数字数据 01101001 进行单极性归零编码，结果如图 2.8（c）所示。

④ 双极性归零码。采用两种极性的电压脉冲，其中"1"码发正的窄脉冲，"0"码发负的窄脉冲，两个码元的时间间隔大于每一个窄脉冲的宽度，取样时间是对准脉冲的中心。例如，将数字数据 01101001 进行双极性归零编码，结果如图 2.8（d）所示。

（2）归零码和不归零码、单极性和双极性码的特点。不归零码在传输中难以确定一位的结束和另一位的开始，需要用某种方法使发送端和接收端之间进行定时或同步；归零码的脉冲较窄，根据脉冲宽度与传输频带宽度成反比的关系，因而归零码在信道上占用的频带较宽。单极性码会积累直流分量，这样就不能使变压器在数据通信设备和所处环境之间提供良好绝缘的交流耦合，直流分量还会损坏连接点的表面电镀层；双极性码的直流分量大大减少，这对数据传输是很有利的。

2. 频带传输

为了利用廉价的公共电话交换网实现计算机之间的远程通信，必须将发送端的数字信号变换成能够在公共电话网上传输的音频信号，经传输后再在接收端将音频信号逆变换成对应的数字信号，如图 2.9 所示。实现数字信号与模拟信号相互转换的设备称做调制解调器（MODEM）

图 2.9　远程系统中的调制解调器

数字信号的调制实际上是用基带信号对载波波形的某些参数进行控制，而模拟信号传输的基础是载波。载波具有三大要素：幅度、频率和相位。数字数据可以针对载波的不同要素或它们的组合进行调制。

（1）数字调制的基本形式。根据调制所控制的载波参数的不同，有三种调制方式，如图 2.10 所示。

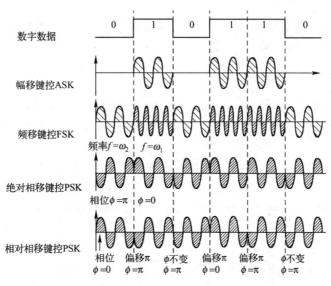

图 2.10　数字调制的三种基本形式

① 幅移键控法（AmpliTude-ShifTKeying,ASK）。载波中三个波形参数中的两个——频率

和相位——固定为常量，幅值定义为数字数据的变量。

在 ASK 方式下，用载波的两种不同幅度来表示二进制的两种状态。ASK 方式容易受增益变化的影响，是一种低效的调制技术。在电话线路上，通常只能达到 1200bps 的速率。

② 频移键控法（Frequency - Shife Keying，FSK）。把幅值和相位固定为常量，号的控制，以频率 ω_1 表示数字信号"1"，频率 ω_2 表示数字信号"0"。

在 FSK 方式下，用载波频率附近的两种不同频率来表示二进制的两种状态。在电话线路上，使用 FSK 可以实现全双工操作，通常可达到 1200bps 的速率。

③ 相移键控法（Phase-Shife Keying，PSK）。把幅值和频率固定为常量，相位受数字信号控制。PSK 包括绝对调相和相对调相两种类型。

绝对调相使用相位的绝对值，相位为 0 表示数字信号"1"，相位为 π 表示数字信号"0"。相对调相使用相位的相对偏移量，当数字信号为"0"时，相位不变化，而数字信号为"1"时，相位要偏移 π。

在 PSK 方式下，用载波信号相位移动来表示数据。PSK 可以使用二相或多于二相的相移，利用这种技术，可以对传输速率起到加倍的作用。由 PSK 和 ASK 结合的相位幅度调制 PAM，是解决相移数已达到上限但还要提高传输速率的有效方法。

（2）公共电话交换网中使用调制解调器的必要性。公共电话交换网是一种频带模拟信道，音频信号频带为 300～3400Hz，而数字信号频宽为零赫兹到几千兆赫兹。若不加任何措施就利用模拟信道来传输数字信号，必定出现极大的失真和差错。所以，要在公共电话网上传输数字数据，必须将数字信号变换成电话网所允许的音频频带范围（300～3400Hz）内的模拟信号，这一变换过程需要调制解调器来完成。

2.2.2　模拟数据的数字传输

1．模拟数据的模拟传输

模拟数据的模拟传输方式最典型的例子是语音在话路系统中的传输。语音是连续变化的模拟量，而话路系统中传输的是模拟量电信号。

2．模拟数据的数字传输

模拟数据的数字传输是利用数字信号传输系统传输模拟信号。这就需要在发送端将模/数（A/D）转换；在接收端再将数字信号转换成模拟信号，即要进数据数字化，即需要进行数/模（D/A）转换。

通常把 A/D 转换器称为编码器，把 D/A 转换器称为解码器。和调制解调器一样，编码器和解码器也常在一个设备中实现，称之为编码解码器 CODEC（Code-DECOde）。

（1）脉码调制 PCM 的概念。脉码调制是以采样定理为基础，对连续变化的模拟信号进行周期性采样，利用大于或等于有效信号最高频率或其带宽 2 倍的采样频率，通过低通滤波器从这些采样中重新构造出原始信号。

采样定理表达公式为：

$$F_s(=1/T_s) \geqslant 2F_{max} \qquad (2\text{-}9)$$

或

$$F_s \geqslant 2B_s \qquad (2\text{-}10)$$

式中，T_s 为采样周期；

F_s 为采样频率；

F_{max} 为原始信号的最高频率；

$B_s(=F_{max}-F_{mix})$ 为原始信号的带宽。

（2）脉码调制 PCM 的步骤。模拟信号数字化的过程包括三个阶段，即采样、电平量化和编码。

① 采样。每隔一段时间对模拟信号取样，取样所得到的数值代表原始信号值。采样频率越高，根据采样值恢复原始信号的精度就越高。以采样频率 F 把模拟信号的值采出。

② 电平量化。把采样所得到的信号幅度按 A/D 转换器的量级分级并取整，使连续模拟信号变为时间上和幅度上都离散的离散值。

③ 编码。用若干位二进制组合表示已取整得到的信号幅值，将离散值变成一定位数的二进制编码。

如图 2.11 所示就是脉码调制的过程，由此图可见 PCM 输出为：

0011011011011111101011101000001

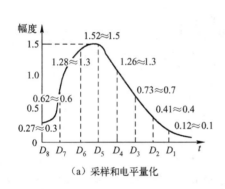

样本	量化级	二进制编码	编码信号
D_1	1	0001	
D_2	4	0100	
D_3	7	0111	
D_4	13	1101	
D_5	15	1111	
D_6	13	1101	
D_7	6	0110	
D_8	3	0011	

（a）采样和电平量化　　　　　　（b）编码

图 2.11　脉码调制（PCM 原理）

2.3　数据同步方式

数据在传输线路上传输时，为了保证发送端发送的信号能够被接收端正确无误地接收，接收端必须与发送端同步。也就是说，接收端不但要知道一组二进制位的开始与结束，还需要知道每位的持续时间，这样才能做到用合适的采样频率对所接收到的数据进行采样。通常接收端在每位的中心进行采样，如果发送端和接收端的时钟不同步，即使只有较小的误差，随着信服务公司还提供电子报纸、电子图书等各种信息资料。此外，用户还可使用磁卡并通过 ATM 号不可能绝对一致，因此必须采取一定的同步手段。实际上，同步技术直接影响着通信质量，质量不好的同步将会使通信系统不能正常工作。

本节介绍几种常用的同步方式。

2.3.1　位同步

位同步是使接收端对每一位数据都要和发送端保持同步。实现位同步的方法可分为外同步法和自同步法两种。

在外同步法中，接收端的同步信号事先由发送端送来，而不是自己产生也不是从信号中提取出来。即在发送数据之前，发送端先向接收端发出一串同步时钟脉冲，接收端按照这一时钟脉冲频率和时序锁定接收端的接收频率，以便在接收数据的过程中始终与发送端保持同步。外同步法中典型的例子是非归零码 NRZ，用正电压表示 1，用负电压表示 0，一个二进制位的宽度的电压保持不变，即每一位中间没有跳变。NRZ 码是最容易实现的，但缺点是接收端和发送端不能保持正确的定时关系，且当信号中包含连续的 1 或 0 时，存在直流分量。

自同步法是指能从数据信号波形中提取同步信号的方法。典型例子就是著名的曼彻斯特编码，常用于局域网传输。在曼彻斯特编码中，每一位的中间有一跳变，位中间的跳变既做时钟信号，又做数据信号；从高到低跳变表示"1"，从低到高跳变表示"0"。还有一种是差分曼彻斯特编码，每位中间的跳变仅提供时钟定时，而用每位开始时有无跳变表示"1"，其中有跳变为"0"，无跳变为"1"。

如图 2.12 所示显示了这几种编码的波形。

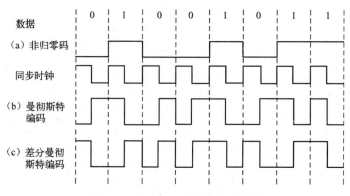

图 2.12　数字信号的同步编码方法

两种曼彻斯特编码是将时钟和数据都包含在数据流中，在传输代码信息的同时，也将时钟同步信号一起传输到对方，每位编码中有一跳变，不存在直流分量，因此具有自同步能力和良好的抗干扰性能。

2.3.2　异步传输

异步传输也叫字符同步，每次传送一个字符。具体做法是，每个字符的首末分别设 1 位起始位和 1 位或 1.5 位或 2 位结束位，分别表示字符的开始和结束。起始位是 0，结束位是 1，字符可以是 5 位或 8 位，一般 5 位字符的结束位是 1.5 位，8 位字符的结束位是 2 位。如图 2.13 所示为异步传输方式。

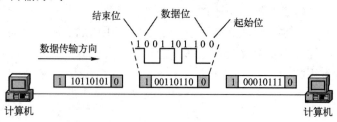

图 2.13　异步传输方式

平时不传输字符时，传输线一直处于停止位状态，即高电平状态。一旦检测到传输线上有 1 到 0 的跳变，说明发送端开始发送字符，接收端立即应用这个电平的变化启动定时机构，按发送端的顺序接收字符。待发送字符结束，发送端又使传输线处于高电平，直至下一个字符。

这种方式接收时钟仍应与发送时钟同步，但由于每次只接收一个字符，对接收时钟的精度要求降低了，除非时钟偏差超过 50%（这是不太可能的），时钟偏差不会引起采样出错。

异步传输简单、易实现，但传输效率低，因为每个字符都要附加起始位和结束位，辅助开销比例很大。因此，一般用于低速线路中，像计算机与终端、计算机与调制解调器、计算机与复用器等通信设备的连接。

2.3.3 同步传输

同步传输也叫帧同步，是以字符块为单位进行传输，一个字符块一般有几千个数据位。为了防止发送端和接收端失步，发送时钟和接收时钟必须同步。目前一般采用自同步法，即从所接收的数据中提取时钟信号。前面提到的曼彻斯特编码和差分曼彻斯特编码具有自同步能力，传输数据中包含着发送时钟信号。接收端从发送数据中提取出与发送时钟一致的时钟信号作为接收时钟信号，接收和发送时钟就自动同步了。

为使接收端和发送端同步，除使双方时钟同步外，还必须使接收端能准确判断出数据的开始和结束，一般的做法是在数据块前加一个一定长度的位模式，一般称为同步信号或前文SYN，数据结束后加上后同步信号（后文），如图 2.14 所示。

图 2.14　同步传输方式

前文、后文加上所传输的数据信息构成了一个完整的同步传输方式下的数据单位，称为帧。帧是数据链路层的数据传输单位。简单说来，帧的传输过程是这样的：接收端检测到前文后，说明发送端已开始发送数据，接收端利用从数据中提取出的时钟信号作为接收时钟，按顺序接收前文之后的数据信息，直到碰上后文为止。

同步传输因为以位块为单位（几千比特），额外开销小，因此传输效率高，在数据通信中得到了广泛应用。但这种方式的缺点是发送端和接收端的控制复杂，且对线路要求也较高。

2.4　多路复用技术及数据交换技术

2.4.1　多路复用技术

多路复用技术就是把许多个单个信号在一个信道上同时传输的技术。多路复用系统可以将来自多个信息源的信息进行合并，然后将这一合成的信息群经单一的线路和传输设备进行传输。在接收端，则设有能将信息群分离成单个信息的设备。因此，只用一套发送装置和接收装置就能替代多个设备，如图 2.15 所示。

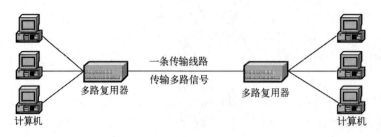

图 2.15　信道的多路复用

常用的多路复用技术主要有 4 种形式：频分多路复用（Frequency Division MulTiplexing，FDM）、时分多路复用（Time Division MulTiplexing，TDM）、波分多路复用（WavelengTh Division MulTiplexing，WDM）和码分多路复用（Code Division MulTiplexing，CDM）。

1．频分多路复用（FDM 技术）

在物理信道的可用带宽超过单个原始信号所需带宽的情况下，可将该物理信道的总带宽分割成若干个与传输单个信号带宽相同（或略宽）的子信道，每个子信道传输一路信号，这就是频分多路复用。

多路原始信号在频分复用前，先要通过频谱搬移技术将各路信号的频谱搬移到物理信道频谱的不同段上，使各信号的带宽不相互重叠，然后用不同的频率调制每一个信号，每个信号需要一个以它的载波频率为中心的一定带宽的通道。为了防止互相干扰，使用保护带来隔离每一个通道。如图 2.16 所示是一个频分多路复用的例子，图 2.16 中包含三路信号，它们分别被调制到频段 f_1、f_2 和 f_3，然后再将调制后的信号复合成一个信号，通过传输介质发送到接收端，由解调器恢复成原来的波形。

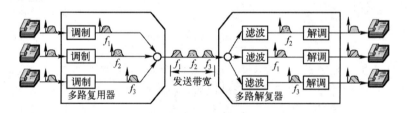

图 2.16　频分多路复用

FDM 技术是公用电话网中传输语音信息时常用的电话线复用技术，它也常用在宽带计算机网络中。例如，载波电话通信系统就是频分多路复用技术应用的典型例子。

2．时分多路复用（TDM 技术）

若媒体能达到的位传输速率超过传输数据所需的数据传输速率，可采用时分多路复用技术，即将一条物理信道按时间分成若干个时间片轮流地分配给多个信号使用，每一时间片由复用的一个信号占用。这样，利用每个信号在时间上的交叉，就可以在一条物理信道上传输多个数字信号。

时分多路复用不仅仅局限于传输数字信号，也可同时交叉传输模拟信号。

TDM 又分为同步时分多路复用（Synchronous Division MulTiplexing，STDM）和异步时分多路复用（Asynchronous Division MulTiplexing，ATDM）。

（1）同步时分多路复用。同步时分多路复用采用固定时间片分配方式，即将传输信号的时间按特定长度连续地划分成特定时间段（一个周期），再将每个时间段划分成等长度的多个时隙，每个时隙以固定的方式分配给各路信号，各路信号在每一时间段都顺序分配到一个时隙，如图 2.17 所示。

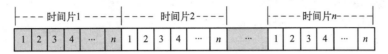

图 2.17　同步时分多路复用

由于在同步时分多路复用方式中，时隙预先分配且固定不变，无论时隙拥有者是否传输数据都有一定时隙，这就造成时隙浪费，其时隙的利用率很低。为了克服 STDM 的缺点，引入了异步时分多路复用技术。

（2）异步时分多路复用。异步时分多路复用又称统计时分多路复用，它能动态地按需分配时隙，以避免每个时间段中出现空闲时隙。ATDM 就是只有当某一路用户有数据要发送时才把时隙分配给它；当用户暂停发送数据时，则不给它分配时隙。电路的空闲可用于其他用户的数据传输，如图 2.18 所示。

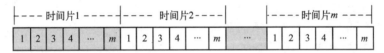

图 2.18　异步时分多路复用

异步时分多路复用采用按需分配时间片的方法，提高了信道的利用率。为此，发送方需在数据中加入用户标记，以便接收方区别信号的来源。

3．波分多路复用（WDM）技术

波分多路复用在概念上与频分多路复用相似，因此也称其为光的频分复用。所不同的是波分多路复用技术应用于全光纤组成的网络中，传输的是光信号，并按照光的波长区分信号。WDM 技术的工作原理如图 2.19 所示。由图 2.19 可见，通过光纤 1 和光纤 2 传输的两束光的频率是不同的，当这两束光进入光栅（或棱镜）后，经处理、合成以后，就可以使用一条共享光纤进行传输；合成光束到达目的地后，经过接收光栅的处理，重新分离为两束光，并通过光纤 3、光纤 4 传送给用户。在如图 2.19 所示的波分多路复用系统中，由光纤 1 进入光波信号传送到光纤 3，而从光纤 2 进入的光波信号被传送到光纤 4。

图 2.19　波分多路复用

最初只能在一根光纤上复用两路光波信号。但随着技术的发展，在一根光纤上复用的光波信号越来越多。现在已能做到在一根光纤复用 80 路或更多的光载波信号，这种复用技术就是密集波分复用（Dense WavelengTh Division MulTiplexing，DWDM）。

4．码分多路复用（CDM 技术）

码分多路复用也是一种共享信道的方法，每个用户可在同一时间使用同样的频带进行通信，但使用的是基于码型的分割信道的方法，即每个用户分配一个地址码，各个码型互不重叠，通信各方之间不会互相干扰，且抗干扰能力强。

码分多路复用技术主要用于无线通信系统，特别是移动通信系统。它不仅可以提高通信的语音质量和数据传输的可靠性以及减少干扰对通信的影响，而且增大了通信系统的容量。笔记本电脑或个人数字助理（Personal DaTa AssisTanT，PDA）以及掌上电脑（Handed Personal CompuTer，HPC）等移动性计算机的连网通信就是使用了这种技术。

2.4.2　数据交换技术

数据经编码后在通信线路上进行传输，按数据传送技术划分，交换网络又可分为电路交换网、报文交换网和报文分组交换网。

1．电路交换

电路交换就像电话系统一样，在通信期间，发送方和接收方之间一直保持一条专用的物理通路，而通路中间经过了若干节点的转接。

电路交换的通信过程包括 3 个阶段：电路建立、数据传输和电路拆除。

（1）电路建立。在传输任何数据之前，要先经过呼叫过程建立一条专用的物理通路。在如图 2.20 所示的网络拓扑结构中，1、2、3、4、5 和 6 为网络的交换节点，而 A、B、C、D、E 和 F 为通信站点，若 A 站要与 D 站传输数据，需要在 A 与 D 之间建立一条物理连接。具体的方法是：站点 A 向节点 1 发出欲与站点 D 连接的请求，由于站点 A 与节点 1 已有直接连接，因此不必再建立连接。需要做的是在节点 1 到节点 4 之间建立一条专用线路。在图 2.20 中我们可以看到，从 1 到 4 的通路有多条，如 1-2-3-4、1-6-5-4、1-6-3-4 和 1-2-5-4 等，这时就需要根据一定的路由选择算法，从中选择一条，如 1-6-3-4。节点 4 再利用直接连接与站点 D 连通。至此就完成了 A 与 D 之间的线路建立。

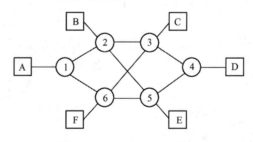

图 2.20　电路交换

（2）数据传输。电路 1-6-3-4 建立以后，数据就可以从站点 A 传输到站点 D。数据既可以是数字数据，也可以是模拟数据，在整个数据传输过程中，所建立的电路必须始终保持连接状态。

（3）电路拆除。数据传输结束后，由某一方（A 或 D）发出拆除请求，然后逐节拆除到对方节点。就像电话系统中，通话双方的任何一方都可以先挂机。

电路交换技术的优、缺点及其特点如下：

① 优点：数据传输可靠、迅速，数据不会丢失且保持原来的顺序。

② 缺点：在某些情况下，电路空闲时的信道容易被浪费，在短时间数据传输时电路建立和拆除所用的时间得不偿失。因此，它适用于系统间要求高质量地传输大量数据的情况。

③ 特点：在数据传送开始之前必须先设置一条专用的通路。在线路释放之前，该通路由一对用户完全占用。对于猝发式的通信，电路交换效率不高。

2．报文交换

当端点间交换的数据具有随机性和突发性时，采用电路交换方法的缺点是信道容量和有效时间的浪费。采用报文交换则不存在这种问题。

（1）报文交换原理。报文交换方式的数据传输单位是报文，报文就是站点一次性要发送的数据块，其长度不限且可变。当一个站点要发送报文时，它将一个目的地址附加到报文上，网络节点根据报文上的目的地址信息，把报文发送到下一个节点，一直逐个节点地转送到目的节点。

每个节点在收到整个报文并检查无误后，就暂存这个报文，然后利用路由信息找出下一个节点的地址，再把整个报文传送给下一个节点。因此，端与端之间无须先通过呼叫建立连接。

一个报文在每个节点的延迟时间，等于接收报文所需的时间加上向下一个节点转发所需的排队延迟时间之和。

（2）报文交换的特点。

① 报文从源点传送到目的地采用存储转发"方式，在传送报文时，一个时刻仅占用一段通道。

② 在交换节点中需要缓冲存储，报文需要排队，故报文交换不能满足实时通信的要求。

（3）报文交换的优点。

① 电路利用率高。由于许多报文可以分时共享两个节点之间的通道，所以对于同样的通信量来说，对电路的传输能力要求较低。

② 在电路交换网络上，当通信量变得很大时，就不能接受新的呼叫。而在报文交换网络上，通信量大时仍然可以接收报文，不过传送延迟会增加。

③ 报文交换系统可以把一个报文发送到多个目的地，而电路交换网络很难做到这一点。

④ 报文交换网络可以进行速度和代码的转换。

（4）报文交换的缺点。

① 不能满足实时或交互式的通信要求，报文经过网络的延迟时间长且不定。

② 有时节点收到过多的数据而无空间存储或不能及时转发时，就不得不丢弃报文，而且发出的报文不按顺序到达目的地。

3．报文分组交换

报文分组交换是报文交换的一种改进，它将报文分成若干个分组，每个分组的长度有一个上限，有限长度的分组使得每个节点所需的存储能力降低了，分组可以存储到内存中，提高了交换速度。它适用于交互式通信，如终端与主机通信。分组交换有虚电路分组交换和数据报分组交换两种。它是计算机网络中使用最广泛的一种交换技术。

（1）虚电路分组交换。在虚电路分组交换中，为了进行数据传输，网络的源节点和目的节点之间要先建一条逻辑通路。每个分组除了包含数据之外还包含一个虚电路标识符。在预先建好的路径上的每个节点都知道把这些分组引导到哪里去，不再需要路由选择判定。最后，由某一个站点用清除请求分组来结束这次连接。它之所以是"虚"的，是因为这条电路不是专用的。如图 2.21 所示显示了虚电路分组交换方式的传输过程。例如，站点 A 要向站点 D 传送一个报文，报文在交换节点 1 被分割成 4 个数据报，数据报 1、2、3 和 4，沿一条逻辑链路 1-6-3-4，按顺序发送。

虚电路分组交换的主要特点是：在数据传送之前必须通过虚呼叫设置一条虚电路。但并不像电路交换那样有一条专用通路，分组在每个节点上仍然需要缓冲，并在线路上进行排队等待输出。

（2）数据报分组交换。在数据报分组交换中，每个分组的传送是被单独处理的。每个分组称为一个数据报，每个数据报自身携带足够的地址信息。一个节点收到一个数据报后，根据数据报中的地址信息和节点所储存的路由信息，找出一个合适的出路，把数据报原样地发送到下一节点。由于各数据报所走的路径不一定相同，因此不能保证各个数据报按顺序到达目的地，有的数据报甚至会中途丢失。整个过程中，没有虚电路建立，但要为每个数据报做路由选择。如图 2.22 所示显示了数据报分组交换方式的传输过程。例如，站点 A 要向站点 D 传送一个报文，报文在交换节点 1 被分割成 4 个数据报，它们分别经过不同的路径到达站点 D，数据报 1 的传送路径是 1-6-3-4，数据报 2 的传送路径是 1-2-3-4，数据报 3 的传送路径是 1-2-6-5，数据报 4 传送的路径是 1-2-5-4。由于 4 个数据报所经的路径不同，从而导致它是们的到达失去了顺序（2、1、4、3）。

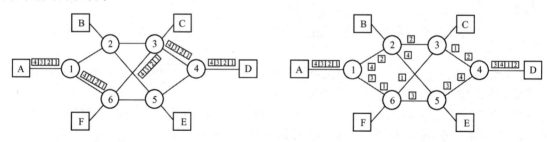

图 2.21　虚电路分组交换方式的传输过程　　　　图 2.22　数据报分组交换方式的传输过程

4．各种数据交换技术的性能比较

（1）电路交换。在数据传输之前必须先设置一条完全的通路。在线路拆除（释放）之前，该通路由一对用户完全占用。电路交换效率不高。

（2）报文交换。报文从源点传送到目的地采用存储转发的方式，报文需要排队。因此，报文交换不适合于交互式通信，不能满足实时通信的要求。

（3）分组交换。分组交换方式和报文交换方式类似，但报文被分成分组传送，并规定了最大长度。在数据网中最广泛使用的一种交换技术是分组交换技术，它适用于中等或大量数据交换的情况。

2.4.3 ATM 技术

1. ATM 的基本概念

（1）同步和异步。为了更好地了解 ATM，有必要先对时分多路复用（TDM）和同步传输（STM）做一简单的回顾。

① TDM 即是在一条通信线路上按一定的周期（如 125ns）将时间分成称为帧的时间块，而在每一帧中又分成若干时隙，每个时隙可携带相应的用户信息。当某一用户通过呼叫建立起通信后，在此期间，其信号将固定地占用各帧中的某一时隙，直至通信结束，如图 2.23 所示。

图 2.23 时分复用技术的通信

② 对于同步传输，其交换是在固定时隙之间进行的。例如，在图 2.24 中，输入帧占用第 2 时隙的某一信号，在输出帧中占用的也是第 2 时隙，这种对应关系是固定不变的，直至相应的通信过程结束。在这种固定时隙的传输及交换模式中，若在通信过程中的某一时刻，用户无数据传递，尽管此刻处于空闲状态，但其固定占用的时隙仍属其所有；相反，若其有大量突发性数据要求传送，尽管这有可能造成信号的延时甚至是信元的丢失，也仍只能借助于固定的时隙来传输和交换。

图 2.24 同步传输的通信

相比之下，在异步传输模式（ATM）中，其信元传输所占用的时隙并不固定，这也是所谓的统计时分复用。另外，在一帧中占用的时隙数也不固定，可以有一至多个时隙，完全根据当时用户通信的情况而定。而且各时隙之间并不要求连续，纯粹是"见缝插针"。在交换时也是类似的，这个过程如图 2.25 所示。

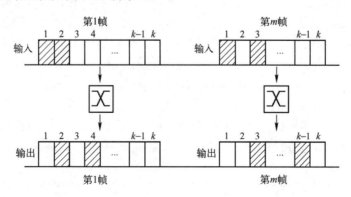

图 2.25 ATM 的通信

由于在 ATM 中具有动态分配带宽的特点，可以充分利用带宽资源，并且能很好地满足传输突发性数据的要求，而不致在 ATM 中出现延时或信元丢失的情况。

以上仅仅是通过与 ATM 的对比，大致介绍了一下 ATM 的基本概念。

（2）ATM 的信元格式。在分组交换体制中，数据往往是被分成一个个的数据分组。而在 ATM 中，所用的数据分组究竟应该是固定长度还是可变长度，其长度究竟以多长为好。对这些问题，CCITT 的研究组在做了深入的研究和协商后，将 ATM 的数据分组取为固定长度，并将其称为 ATM 信元。另外，信元的长度也确定为 53 个字节。采用不长的字节数有的助于提高 ATM 信元的处理速度，因为，传输这样一个信元，在 155Mbps 系统中仅需 2.8μs。从交换的实现来看，采用固定长的信元便于采用硬件来实现。ATM 的信元格式如图 2.26 所示。

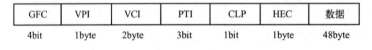

GFC	VPI	VCI	PTI	CLP	HEC	数据
4bit	1byte	2byte	3bit	1bit	1byte	48byte

图 2.26　ATM 信元格式

在图 2.26 中，信头由 5 个字节的内容组成，主要用来标明在异步时分复用上属于同一虚通路的信元，并完成适当的选路功能。具体来说，信头中包括这样一些内容，即一般流量控制（GFC）、虚拟通道标识（VPI）、虚拟通路标识（VCI）、净荷类型标识（PTI）、信元丢失优先（CLP）信头差错控制（HEC）。剩余的 48 个字节的信息段则是净荷的数据。

网络设备通过检查信元头来决定如何处理这个信元及将此信元送往何处。网络设备不检查信元载体，它只被看做是 384biT 的一个单位（48 个字节）。因此载体是由数据、语音或是视频 biT 中的哪一种组成无关重要，biT 就是 biT。因此可在单一的网络上同时支持所有类型的数据的传输，这是 ATM 的突出优点。另一方面，由于信元长度小，网络传输和交换速率快，所以 ATM 可以很好地适应语音、活动图像等对时延敏感的业务。

2．ATM 交换技术

（1）虚信道和虚通路。ATM 的主要特点之一就是携带用户信息的全部信元的传输、复用、交换过程均在虚信道上进行。虚信道（VC）就是两个或多个端点之间运送 ATM 信元的信道，

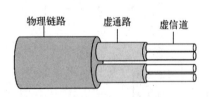

图 2.27　ATM 的虚信道与虚通路

它不同于电路交换系统那样的实电路连接，而是在用户无信息发送时可不占用信道，该信道可为别的用户所用，这与分组交换的虚电路相似。虚信道由信头中的虚信道标识符（VCI）来标识。虚通路（VP）是指链路端点之间虚信道的逻辑联系。在传输过程中，虚通路就是在给定的参考点上具有同一虚通路标识符（VPI）的一群虚信道。虚信道与虚通路的关系如图 2.27 所示。

ATM 交换技术中，虚信道接续是指虚信道的一个或多个连接，以便在网络上提供点到点或一点到多点的信元转移。对交换型业务而言，基本的 ATM 选路实体是虚信道，通过复用器/分路器和交换机对虚信道进行处理。虚信道在虚通路上进行集中，虚通路通过复用器/分路器和虚通路交换机选择路由。

（2）ATM 交换的特点。电信交换采用两种方式：电话业务采用电路交换方式；数据业务采用分组交换方式。ATM 信元中承载的宽带综合业务有电话、数据以及活动图像等业务，因

此，ATM 交换应采取一种既不同于电路交换也不同于分组交换的新交换方式。

电路交换的特点是在通信过程中独占一个信道，当其出线全忙时，就拒绝接受新的呼叫。而在分组交换中，当其出线空闲时输入信息能立即发送出去；当出线较忙时输入信息要在分组交换机中排队等候，即信息传送会出现迟延。排队等候的时间长短取决于出线繁忙程度，因而它不适宜传送实时性要求很高的业务（如语音、电视图像、立体声音乐等）。

宽带 ISDN 传送的 ATM 信元从概念上讲与数据分组相似，但 ATM 交换并不完全是高速的分组交换，它为了满足实时性业务的要求，还使用了电路交换中的一些方法。事实上，可以从改进分组交换出发，来满足实时性业务的要求；也可以从改进电路交换出发，使它能灵活适应不同速率业务的要求，两者可得出同样的结果。所以，ATM 交换可以看做是电路交换和分组交换的一种结合。

总之，ATM 交换兼有电路交换和分组交换的优点，交换时延很小，通路速率灵活，信道利用率高。它既支持恒定比特率（信元周期地出现）的连续型业务，又支持（信元非周期地出现）突发型业务；既支持低速业务，又支持高速业务，还能支持变速（信元出现密度不同）业务；既支持实时性业务，又支持非实时性业务。因此，ATM 交换是实现宽带综合业务数字网（B-ISDN）的一种较好的宽带交换技术。

2.4.4 帧中继

帧中继是 20 世纪 80 年代初发展起来的一种数据通信技术，其英文名为 FrameRelay，简称 FR。它是从 X.25 分组通信技术演变而来的。帧中继（Frame Relay，FR）技术是在 OSI（开放系统互连）数据链路层上用简化的方法传送和交换数据单元的一种技术。帧中继技术是在分组技术充分发展，数字与光纤传输线路逐渐替代已有的模拟线路，用户终端日益智能化的物理层和数据链路层核心层的功能，将流量控条件下产生并发展起来的。帧中继仅完成 OSI 制、纠错等留给智能终端去完成，大大简化了节点机之间的协议。同时，帧中继采用虚电路技术，能充分利用网络资源，因而帧中继具有吞吐量高、时延低、适合突发性业务等特点。帧中继对于基于信元交换的异步转移模式（ATM）网络，是一个重要的接入可选项。作为一种新的承载业务，帧中继具有很大的潜力，主要应用在广域网（WAN）中，支持多种数据型业互连，如局域网（LAN）、计算机辅助设计（CAD）和计算机辅助制造（CAM）、文件传送、图像查询业务、图像监视等。

1. 交换方式的演变过程

数据通信网交换技术历经了电路方式、分组方式、帧方式、信元方式等阶段。

电路方式是从一点到另一点传送信息且固定占用电路带宽资源的方式，如专线 DDN 数据通信。由于预先的固定资源分配，不管在这条电路上实际有无数据传输，电路一直被占着。分组方式是将传送的信息划分为一定长度的包，称为分组，以分组为单位进行存储转发。在分组交换网中，一条实际的电路上能够传输许多对用户终端间的数据而不互相混淆，因为每个分组中含有区分不同起点、终点的编号，称为逻辑信道号。分组方式对电路带宽采用了动态复用技术，效率明显提高。为了保证分组的可靠传输，防止分组在传输和交换过程中的丢失、错发、漏发、出错，分组通信制定了一套严密的较为烦琐的通信协议，例如，在分组网与用户设备间的 X.25 规程就起到了上述作用，因此人们又称分组网为"X.25 网"。帧方式实质上也是分组通信的一种形式，只不过它将 X.25 分组网中分组交换机之间的差错恢复，防止拥塞的处理过程进行了简化。帧方式的典型技术就是帧中继。由于传输技术的发展，数据传输误码率大大降低，分组通信的差错恢复机制显得过于烦琐。帧中继将分组通信的三层协议简化为两层，大大缩短了处理时间，提高了效率。帧中继网内部的纠错功能很大一部分都交由用户终端设备来完成。

2．帧中继技术简介

将帧中继技术归纳为以下几点：

（1）帧中继技术主要用于传递数据业务，它使用一组规程（简称帧中继协议）将数据信息以帧的形式有效地进行传送。它是广域网通信的一种方式。

（2）帧中继所使用的是逻辑连接，而不是物理连接，在一个物理连接上可复用多个逻辑连接（即可建立多条逻辑信道），可实现带宽的复用和动态分配。

（3）帧中继协议是对 X.25 协议的简化，因此处理效率很高，网络吞吐量高，通信时延低，帧中继用户的接入速率为 64Kbps～2Mbps，甚至可达到 34Mbps。

（4）帧中继的帧信息长度远比 X.25 分组长度要长，最大帧长度可达 1600 字节/帧，适合于封装局域网的数据单元，适合传送突发业务（如压缩视频业务、WWW 业务等）。

帧中继网络是由许多帧中继交换机通过中继电路连接组成。目前，加拿大北电、新桥（NEWBRIDGE）系统等公司都能提供各种容量的帧中继交换机。美国朗讯、FORE 系统等公司都能提供各种容量的帧中继交换机。

一般来说，FR 路由器或 FRAD（帧中继拆装设备）是放在离局域网较近的地方，路由器可以通过专线电路接到电信局的交换机。用户只要购买一个带帧中继封装功能的路由器（一般高速数字的路由器都支持），再申请一条接到电信局帧中继交换机的 DDN 专线电路或 ADSL（高速数字用户线）专线电路，就具备开通长途帧中继业务的条件。

需要特别介绍的是帧中继的带宽控制技术，这是帧中继技术的特点和优点之一。在传统的数据通信业务中，特别像 DDN，用户预定了一条 64Kbps 的电路，那么它只能以 64Kbps 的速率来传送数据。而在帧中继技术中，用户向帧中继业务供应商预定的是约定信息速率（简称 CIR），而实际使用过程中用户可以以高于 CIR 的速率发送数据，却不必承担额外的费用。举例来说，一个用户预定了 CIR=64Kbps 的帧中继电路，并且与供应商签定了另外两个指标：B_c（承诺突发量）、B_e（超过的突发量）。当用户以等于或低于 64Kbps 的速率发送数据时，网络将负责地把数据传送到目的地；当用户以大于 64Kbps 的速率发送数据时，只要网络有空（不拥塞），且用户在一定时间（T_c）内的发送的量（突发量）小于 B_c+B_e 时，网络还会传送；当突发量大于 B_c+B_e 时，网络将丢弃帧。所以帧中继用户虽然付了 64Kbps 的信息速费（收费依 CIR 来定），却可以传送高于 64Kbps 的数据，这是帧中继吸引用户的主要原因之一。

2.5 差错控制和校验码

2.5.1 差错的产生原因及其控制方法

差错控制是在数据通信过程中能发现或纠正差错，把差错限制在尽可能小的允许范围内的技术和方法。

信号在物理信道中传输时，线路本身电气特性造成的随机噪声、信号幅度的衰减、频率和相位的畸变、信号在线路上产生反射造成的回音效应、相邻线路间的串扰以及各种外界因素（如大气中的闪电、开关的跳火、外界强磁场的变化、电源的波动等）都会造成信号的失真。在数据通信中，将会使接收端收到的二进制数位和发送端实际发送的二进制数位不一致，从而造成由 0 变成 1 或由 1 变成 0 的差错。

1．热噪声和冲击噪声

传输中的差错都是由噪声引起的。噪声有两大类：一类是信道固有的、持续存在的随机热噪声；另一类是由外界特定的短暂原因所造成的冲击噪声。

热噪声引起的差错称为随机差错，所引起的某位码元的差错是孤立的，与前后码元没有关系。由它导致的随机错码通常较少。

冲击噪声呈突发状，由其引起的差错称为突发错。冲击噪声幅度可能相当大，无法靠提高幅度来避免冲击噪声造成的差错，它是传输中产生差错的主要原因。冲击噪声虽然持续时间较短，但在一定数据速率的条件下，仍然会影响到一串码元。

2．差错的控制方法

最常用的差错控制方法是差错控制编码。数据信息位在向信道发送之前，先按照某种关系附加上一定的冗余位，构成一个码字后再发送，这个过程称为差错控制编码。接收端收到该码字后，检查信息位和附加的冗余位之间的关系，以检查传输过程中是否有差错发生，这个过程称为差错校验。

差错控制编码可分为检错码和纠错码。

（1）检错码：能自动发现差错的编码。

（2）纠错码：不仅能发现差错而且能自动纠正差错的编码。

差错控制方法分为两类：一类是自动请求重发（ARQ）；另一类是前向纠错（FEC）。

在 ARQ 方式中，当接收端发现差错时，就设法通知发送端重发，直到收到正确的码字为止。ARQ 方式只使用检错码。

在 FEC 方式中，接收端不但能发现差错，而且能确定二进制码元发生错误的位置，从而E 加以纠正。FEC 方式必须使用纠错码。

3．编码效率

衡量编码性能好坏的一个重要参数是编码效率 R，它是码字中信息位所占的比例。编码效率越高，即 R 越大，信道中用来传送信息码元的有效利用率就越高。编码效率计算公式为：

$$R=k/n=k/(k+r) \tag{2-11}$$

式中，k 为码字中的信息位位数；

r 为编码时外加冗余位位数；

n 为编码后的码字长度。

2.5.2　奇偶校验码

奇偶校验码是一种通过增加冗余位使得码字中 1 的个数为奇数或偶数的编码方法，它是一种检错码。

1．垂直奇偶校验

在面向字符的数据传输中，在每个字符的 7 位信息码后附加一个校验位 0 或 1，使整个字符中 1 的个数构成奇数个（称为奇校验）或者偶数个（称为偶校验）。接收端收到数据后，检查每个字符中 1 的个数是否为奇数（奇校验）或偶数（偶校验），符合则认为传输正确。

（1）编码规则如下：

$$\text{发送顺序} \uparrow \left. \begin{matrix} I_{11} & I_{12} & \cdots & I_{1q} \\ I_{21} & I_{22} & \cdots & I_{2q} \\ & & \vdots & \\ I_{p1} & I_{p2} & \cdots & I_{pq} \end{matrix} \right\} \text{信息位} \\ \qquad\quad\ \begin{matrix} r_1 & r_2 & \cdots & r_q \end{matrix} \leftarrow \text{冗余位}$$

偶校验：$r_i = I_{1i} \oplus I_{2i} \oplus \cdots I_{pi}$（$i=1$，2，$\cdots$，$q$，$\oplus$ 为异或运算）

奇校验：$r_i = I_{1i} \oplus I_{2i} \oplus \cdots I_{pi} \oplus 1$（$i=1$，2，$\cdots$，$q$，$\oplus$ 为异或运算）

式中，p 为码字的定长位数；

q 为码字的个数。

垂直奇偶校验的编码效率为 $R=P/(P+1)$。

（2）特点：垂直奇偶校验又称纵向奇偶校验，它能检测出每列中所有奇数个错，但检测不出偶数个的错，因而对差错的漏检率接近 1/2。

例如，发送方要发送字符"hello，按照 ASCII 编码，其对应的二进制比特串为：

1101000	1100101	1101100	1101100	1101111
h	e	l	l	o

表 2.1　垂直奇偶校验

位	字　　符				
	h	e	l	l	o
C_1	0	1	0	0	1
C_2	0	0	0	0	1
C_3	0	1	1	1	1
C_4	1	0	1	1	1
C_5	0	0	0	0	0
C_6	1	1	1	1	1
C_7	1	1	1	1	1
偶校验 C_0	1	0	0	0	0

先把数据以适当的长度划分成小组，此处以一个字符的 ASCII 码为一组。然后按照字母顺序一列一列地排列起来，形成一个表。最后在表的列方向上附加一个奇偶校验位，此处以偶校验为例，如表 2.1 所示。传送时发送的二进制序列为：

1101000111001010110110001101100011011110

2．水平奇偶校验

在发送字符块末尾附加一个校验字符，该校验字符的第 i 位是对字符块中所有字符的第 i 位进行奇（或偶）校验的结果。

（1）编码规则如下：

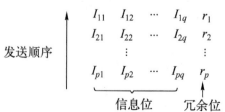

偶校验：$r_i = I_{i1} \oplus I_{i2} \oplus \cdots \oplus I_{iq}$（$i=1$，2，$\cdots$，$p$）

奇校验：$r_i = I_{i1} \oplus I_{i2} \oplus \cdots \oplus I_{iq} \oplus 1$（$i=1$，2，$\cdots$，$p$）

式中，p 为码字的定长位数；

q 为码字的个数。

水平奇偶校验的编码效率为：$R=q/(q+1)$。

（2）特点：水平奇偶校验又称横向奇偶校验，它不但能检测出各段同一位上的奇数个错，而且还能检测出突发长度 $\leq p$ 的所有突发错误。其漏检率要比垂直奇偶校验方法低，但实现水平奇偶校验时，一定要使用数据缓冲器。

例如，使用水平奇偶校验发送字符"hello"，其编码如表 2.2 所示。发送序列为：

1101000110010111011001101100110111111100010

表 2.2 水平奇偶校验

位	字　符					偶校验
	h	e	l	l	o	
C_1	0	1	0	0	1	0
C_2	0	0	0	0	1	1
C_3	0	1	1	1	1	0
C_4	1	0	1	1	1	0
C_5	0	0	0	0	0	0
C_6	1	1	1	1	1	1
C_7	1	1	1	1	1	1

3．垂直水平奇偶校验

垂直水平奇偶校验是垂直奇偶校验和水平奇偶校验的综合，即对字符块中每个字符做垂奇（或偶）校验，再对整个字符块做水平奇（偶）校验。

（1）编码规则如下：

$$\text{发送顺序} \begin{array}{cccc} I_{11} & I_{12} & \cdots & I_{1q} \quad r_{1,q+1} \\ I_{21} & I_{22} & \cdots & I_{2q} \quad r_{2,q+1} \\ & & \vdots & \vdots \\ I_{p1} & I_{p2} & \cdots & I_{pq} \quad r_{p,q+1} \\ r_{p+1,1} & r_{p+1,2} & \cdots & r_{p+1,q} \quad r_{p+1,q+1} \end{array}$$

若垂直水平都用偶校验，则

$$r_{i,q+1}=I_{i1}\oplus I_{i2}\oplus\cdots\oplus I_{iq} \quad (i=1,2,\cdots,p)$$
$$r_{p+1,j}=I_{1j}\oplus I_{2j}\oplus\cdots\oplus I_{pj}(j=1,2,\cdots,q)$$
$$r_{p+1,q+1}=r_{p+1,1}\oplus r_{p+1,2}\oplus\cdots\oplus r_{p+1,q}=r_{1,q+1}\oplus r_{2,q+1}\oplus\cdots\oplus r_{p,q+1}$$

垂直水平奇偶校验的编码效率为：
$$R=pq/[(p+1)(q+1)]$$

（2）特点：垂直水平奇偶校验又称纵横奇偶校验。它能检测出所有 3 位或 3 位以下的错误、奇数个错、大部分偶数个错以及突发长度 $\leq p+1$ 的突发错。可使误码率降至原误码率的百分之一到万分之一，还可以用来纠正部分差错。有部分偶数个错不能测出。适用于中、低速传输系统和反馈重传系统。

例如，使用垂直水平奇偶校验发送字符"hello"，其编码如表 2.3 所示。发送序列可为：

110100011100101011011000110110001101111011000101

表 2.3 垂直水平奇偶校验

位	字　符					偶校验
	h	e	l	l	o	
C_1	0	1	0	0	1	0
C_2	0	0	0	0	1	1
C_3	0	1	1	1	1	0
C_4	1	0	1	1	1	0
C_5	0	0	0	0	0	0
C_6	1	1	1	1	1	1
C_7	1	1	1	1	1	1
偶校验	1	0	0	0	0	1

2.5.3 循环冗余码（CRC）

1．CRC 的工作方法

在数据通信中得到广泛应用的循环冗余码是 CRC（Cycle Redundancy Code）另一种校验

码，它以二进制信息的多项式表示为基础。一个二进制信息可以用系数为 0 或 1 的一个多项式来表示，例如，用一个多项式 $K(X)$ 表示一个 n 位的信息，可以表示为：

$$K(X)=a_{n-1}X^{n-1}+\cdots+a_2X^2+a_1X+a_0 \qquad (2\text{-}12)$$

式中，$a_i(i=0, 1, \cdots, n-1)$ 为二进制信息 1 或 0。比如二进制信息 11011，可用系数为 1、0、0、1、1 的多项式表示为 $K(X)=X^5+X^4+X+1$。

CRC 校验码的基本思想是：给信息报文加上一些检查位，构成一个特定的待传报文，使之所对应的多项式能被一个事先指定的多项式除尽。这个指定的多项式叫做生成多项式 $G(X)$。$G(X)$ 由发送方和接收方共同约定。接收方收到报文后，用 $G(X)$ 来检查收到的报文，如果用 $G(X)$ 去除收到的报文多项式，可以除尽就表示传输无误，否则说明收到的报文不正确。

设 $K(X)$ 表示信息报文的多项式，$G(X)$ 为指定的生成多项式，$T(X)$ 表示附加了检查位以后的实际传输报文的多项式。那么 $T(X)$ 应该被 $G(X)$ 除尽。如何得到 $T(X)$ 呢？步骤如下：

（1）构成多项式 $X^rK(X)$，即在信息报文低位端附加 r 个 0，使它包含 $n+r$ 位。其中 n 是 $K(X)$ 的位数，r 是 $G(X)$ 的最高次数。

（2）求余数 $R(X)=X^rK(X)/G(X)$。求余数的过程是进行异或运算，加法不进位，减法不借位。

（3）构成一个能被 $G(X)$ 除尽的 $T(X)$。显然 $T(X)=X^rK(X)+R(X)$ 一定能被 $G(X)$ 除尽。

2．循环冗余码的产生与码字正确性检验例子

【例 2.4】 已知：信息码 110011，信息多项式 $K(X)=X^5+X^4+X+1$；生成码 11001，生成多项式 $G(X)=X^4+X^3+1(r=4)$。求：循环冗余码和码字。

解：（1）(X^5+X^4+X+1) 的积是 $X^9+X^8+X^5+X^4$，对应的码是 1100110000。

（2）$X^9+X^8+X^5+X^4/G(X)$（按异或运算）。由计算结果知冗余码是 1001，码字就是 1100111001。

$$
\begin{array}{r}
100001 \leftarrow Q(X) \\
G(X) \rightarrow 11001 \overline{)1100110000} \leftarrow K(X) \times X^r \\
11001 \\
\overline{10000} \\
11001 \\
\overline{1001} \leftarrow R(X) \text{ (冗余码)}
\end{array}
$$

【例 2.5】 已知：接收码 1100111001，多项式 $T(X)=X^9+X^8+X^5+X^4+X^3+1$；生成码 11001，生成多项式 $G(X)=X^4+X^3+1(r=4)$。求：码字的正确性。若正确，则指出冗余码和信息码。

解：（1）用接收码除以生成码，余数为 0，所以码字正确。

$$
\begin{array}{r}
100001 \leftarrow Q(X) \\
G(X) \rightarrow 11001 \overline{)1100111001} \leftarrow K(X) \times X^r \times R(X) \\
11001 \\
\overline{11001} \\
11001 \\
\overline{0} \leftarrow S(X) \text{ (冗余码)}
\end{array}
$$

（2）因 $r=4$，所以冗余码是 1001，信息码是 110011。

3．循环冗余码的工作原理

循环冗余码CRC在发送端编码和接收端校验时，都可以利用事先约定的生成多项式 $G(X)$ 来得到，k 位要发送的信息位可对应于一个 $(k-1)$ 次多项式 $K(X)$，r 位冗余位则对应于一个 $(r-1)$

次多项式 $R(X)$，由 r 位冗余位组成的 $n= k+r$ 位码字则对应于一个 $(n-1)$ 次多项式 $T(X)=X^r\times K(X)+R(X)$。

CRC 多项式的国际标准如下：

CRC—CCITT　　$G(X)=X^{16}+X^{12}+X^5+1$

CRC—16 $G(X)=X^{16}+X^{15}+X^2+1$

CRC—12 $G(X)=X^{12}+X^{11}+X^3+X^2+X+1$

CRC—32 $G(X)=X^{32}+X^{26}+X^{23}+X^{22}+X^{16}+X^{12}+X^{11}+X^{10}+X^8+X^7+X^5+X^4+X^2+X+1$

4．循环冗余校验码的特点

循环冗余校验的性能良好，它可以检测奇数个错误、全部的双比特错误以及全部的长度小于或等于生成多项式阶数的错误，而且它还能以很高的概率检测出长度大于生成多项式阶数的错误。

本 章 小 结

本章主要介绍了数据通信方面的基础知识。

数据通信技术是网络技术发展的基础，计算机网络的发展及应用有赖于计算机通信技术和计算机的发展。

数据通信方式有并行通信方式和串行通信方式。串行通信方式的方向性结构有单工、半双工、全双工 3 种，其中半双工和全双工方式在现代通信系统中使用更为广泛。

数据通信系统中另一个常用术语是基带传输和频带传输。基带传输是指二进制信号直接在信道上传输，但要经过一定的编码；频带传输则是将离散的数字信号加载到某个频段上再传输的方法，必须借助于调制解调器才能完成。调制解调器是模拟线路的数据电路终接设备（DCE)，在目前及今后一段时间内模拟线路和数字线路并存的形势下，MODEM 逐渐成为一种大众化的设备。

数字传输系统具有模拟传输系统不可比拟的优点，是以后数据通信的主流。目前的数字传输系统基本上采用的都是 PCM 系统。模拟信号必须经过采样、量化及编码三大步骤后才能转换为数字信号进入数字传输系统。

数据传输系统中必须解决的另一个问题是数据的同步问题，这就是位同步、异步传输和同步传输。异步传输用于低速设备之间的通信。同步传输则大量应用于高速通信系统中，是目前同步方式的主流。

多路复用技术能够把多个单个信号在一个信道上同时传输。频分多路复用 FDM 和时分多路复用 TDM 是两种最常用的多路复用技术。

数据交换技术包括电路交换、报文交换和报文分组交换，它们各有其独道之处。ATM 是一种高速分组交换技术，它以"信元"作为基本的数据传输单位。帧中继技术是在分组技术充分发展，数字与光纤传输线路逐渐替代已有的模拟线路，用户终端日益智能化的条件下诞生并发展起来的，是一种用简化的方法传送和交换数据单元的技术。

信号在物理信道上传输时，由于线路本身的因素和外界因素，不可避免地引起信号在信道上传输的失真，造成发送端和接收端的二进制数据位不一致，因此必须进行差错控制。奇偶校验和循环冗余码是数据纠错的有效办法。

习 题 2

一、填空题

2.1 模拟信号无论表示模拟数据还是数字数据，在传输一定距离后都会_____。克服的办法是用_____来增强信号的能量，但_____也会增强，以至引起信号畸变。

2.2 串行数据通信的方向性结构有 3 种，即_____、_____和_____。

2.3 比特率是指数字信号的_____，也叫信息速率，反映一个数据通信系统每秒传输二进制信息的_____，单位为_____。

2.4 波特率是一种调制速率，又称码元速率或波形速率，指_____，单位为_____。

2.5 信道容量表示一个信道的_____，单位为_____。

2.6 奈奎斯特无噪声下的码元速率极限值 B 与信道带宽 H 的关系为_____。

2.7 _____是衡量数据通信系统在正常工作情况下的传输可靠性的指标。

2.8 根据调制所控制的载波参数的不同，有 3 种调制方式，分别为_____、_____和_____。

2.9 模拟信号数字化的过程包括 3 个阶段，即_____、_____和_____。

2.10 前文、后文加上所传输的数据信息构成了一个完整的同步传输方式下的数据单位，称为_____。它是_____层的数据传输单位。

2.11 电路交换的通信过程包括 3 个阶段：_____、_____和_____。

2.12 分组交换有_____分组交换和_____分组交换两种。它是计算机网络中使用最广泛的一种交换技术。

2.13 ATM 技术具有动态分配_____的特点，可以充分地利用带宽资源，并且能很好地满足传输_____数据的要求。

2.14 帧中继（Frame Relay,FR）技术是从_____技术演变而来的，是在 OSI（开放系统互连）_____层上用简化的方法传送和交换数据单元的一种技术。

2.15 数据信息位在向信道发送之前，先按照某种关系附加上一定的_____位，构成一个码字后再发送，这个过程称为_____。

二、选择题

2.16 误码率是衡量数据传输系统在（ ）状态下传输可靠性的参数。
    A．正常　　　　　B．不正常　　　　　C．测试　　　　　D．出现故障

2.17 数据只能沿一个固定的方向传输的通信方式是（ ）。
    A．单工　　　　　B．半双工　　　　　C．全双工　　　　　D．混合

2.18 利用载波信号频率的不同来实现电路复用的方法有（ ）。
    A．数据报　　　　　　　　　　　B．频分多路复用
    C．时分多路复用　　　　　　　　D．码分多路复用

2.19 下列多路复用技术中，适合于光纤通信的是（ ）。
    A．FDM　　　　　B．TDM　　　　　C．WDM　　　　　D．CDM

2.20 每发送一个字符其开头都带一位起始位，以便在每一个字符开始时接收端和发送端同步一次，这

种传输方式是（   ）。

    A．手动传输   B．同步传输   C．自动传输   D．异步传输

2.21 异步传输模式技术中"异步"的含义是（   ）。

    A．采用的是异步串行通信技术   B．网络接口采用的是异步控制方式

    C．周期性地插入 ATM 信元   D．随时插入 ATM 信元

2.22 在三种常用的数据交换技术中，线路利用率最低的是（   ）。

    A．电路交换   B．报文交换   C．分组交换   D．信元交换

2.23 当通信子网采用（   ）方式时，我们首先要在通信双方之间建立起逻辑连接。

    A．虚电路   B．无线连接   C．线路连接   D．数据报

2.24 在 CRC 码计算中，可以将一个二进制位串与一个只含 0 或 1 两个系数的一元多项式建立对应关系。例如，与位串 101101 对应的多项式为（   ）。

    A．$x_6+x_4+x_3+x$ B．$x_5+x_3+x_2+1$

    C．$x_5+x_3+x_2+x$ D．$x_6+x_5+x_4+1$

2.25 数据在传输过程中所出现差错的主要类型有（   ）。

    A．计算错   B．译码错   C．随机错   D．CRC 校验错

三、判断题（正确的打 √，错误的打 ×）

2.26 模拟数据只能用模拟信号来表示。（   ）

2.27 模拟信号可以转换为数字信号传输，同样数字信号也可以转换为模拟信号传输。（   ）

2.28 数据通信方式只有串行通信/并行通信、单工通信/半双工通信/双工通信。（   ）

2.29 波特率是数字信号的传输速率。（   ）

2.30 利用数字传输系统传输模拟数据必须进行 PCM 过程。（   ）

2.31 同步通信方式中，每传送一个字符都在字符码前加一个起始位，在字符代码和检验码后面加一个停止位。（   ）

2.32 同步传输时字符间不需要间隔。（   ）

2.33 时分复用不仅仅局限于传输数字信号，也可同时交叉传输模拟信号。（   ）

2.34 在电路交换、数据报与虚电路方式中，都需要经过电路建立、数据传输与电路拆除这三个过程。（   ）

2.35 利用 CRC 多项式可对传输差错进行纠正。（   ）

第3章 计算机网络体系结构

内容提要

本章主要介绍计算机网络体系结构的层次化、协议的层次性，开放系统参考模型的若干重要概念，OSI/RM 参考模型 7 层层次结构的功能及基本原理，TCP/IP 协议的体系结构及各层功能等。

3.1 网络体系结构的概念

3.1.1 网络体系结构的层次化

就如一个完整的计算机系统包括硬件系统和软件系统一样，计算机网络只有硬件设备是远远不够的。

计算机网络由许多互连的节点组成，其目的是要在节点之间不断地交换数据，即所谓共享资源。要做到在众多节点之间有条不紊地交换数据，每个节点都必须遵守一些事先约定好的规则。这些规则明确规定交换数据时数据的格式，传输时的时间顺序，纠正错误的方法等。这些为进行网络数据交换而建立的规则、约定被称为计算机网络协议（Protocol）。

由于网络中的计算机分散在不同的地点，往往由不同的厂家制造，各个厂家很可能有自己的一套标准。因此，网络中计算机之间的通信过程极其复杂，要协调的地方极多，如果用一个单一的协议处理这一过程是很困难的。由我们生活、工作的经验可以得知，把一个复杂的大任务分解为若干个相对独立的小任务来实现，往往是解决问题的一个有效方法。因此，计算机网络系统的设计也采用这种分解的方法，把计算机网络系统的功能分解为多个子功能。表现在网络协议上，就是将网络协议分成若干层，每层对某些子功能做出规定。这种分层实现的方法降低了设计的复杂程度。

计算机网络怎么会和层次有关系呢？我们可以举一个例子说明。

寄信是我们大家都做过的事情。假定北京的甲要与上海的乙通信，让我们看看这件事是如何完成的。首先，甲乙双方有一个共同的约定，就是两个人都能看懂中文。于是，甲用中文在信纸上写下自己想说的话；然后，甲把信纸封装在信封里，信封上按中国的邮政规定顺序写上收信人邮政编码、收信人地址、收信人姓名及发信人地址、姓名和邮政编码；然后将这封信投入邮筒。甲的任务至此就完成了。这封信是如何传递到乙手里呢？一般用户不考虑这个问题，而把它交给邮政系统去处理。邮递员把这封信从信筒里取回邮局，邮局工作人员根据信封上的邮政编码把它分捡到送往上海的邮车里，邮车把这些信件送往火车站（如果是航空信件就送往飞机场），火车把邮件带往上海。在上海火车站，上海邮局的车将信件拉回邮局，再根据邮政编码将信件分发到各个分局，分局的邮递员根据信封上的地址将信件送到乙的手里。乙的任务就是打开信，读取内容。

从以上过程可知，整个寄信过程分成4层。最高层是用户层，甲、乙双方按照中文的语法和格式写信、读信。第 2 层是邮递人员层，双方的邮递人员负责从信筒中取出信件送往邮局，从邮局将信件送往用户手里。邮递人员不关心信件的内容，但需要知道收信人地址。地址是用户传递给邮递人员的，可以称为这两层之间的信息。第 3 层是分捡人员层，从众多的信件中根据发往地址分门别类，他们不关心这些邮件从何处来，但必须依靠邮递人员的传递。第 4 层是传输层，由运输工具将信件从一个地方送往另一个地方。整个过程如图 3.1 所示。

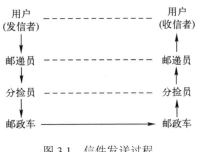

图 3.1 信件发送过程

信件的实际传递是沿着图中实线从发信人手里到达收信人手里的。但从用户的角度看，就好像是直接从发信者手里到了收信者手里（沿图中虚线）。别的层次的相应人员也有这种感觉。这是因为各层都遵循各层的规定，层与层之间通过信封上的信息进行了必要的沟通。

这样分层带来的好处是，每一层实现相对独立的功能，因而可以将一个难以处理的复杂问题分解为若干较为容易处理的小问题。这种方法在我们的日常生活和工作中随处可见，只不过我们在生活中不叫分层而叫分工合作罢了。现实生活中的分工合作是一件事由多人共同完成，而计算机网络的分层则是每层工作任务由计算机中的一些部件（硬件或软件）分别承担。

这种分层的优点是：

（1）各层之间是独立的。某一层并不需要知道它的下层是如何实现的，而只需要知道下层能够提供什么样的服务就可以了。

（2）结构上独立分割。由于各层独立划分，因此，每层都可以选择最为合适的实现技术。

（3）灵活性好。当某一层遵守的规定更改时，只要上下接口（向上层提供的服务和向下层要求的服务）不变，则这层之上或之下的各层都不会受到影响。因此，在分层结构下，每层都可以根据技术的发展不断改进，而用户却浑然不知。

（4）易于实现和维护。这种分层结构使得一个庞大系统功能的实现变得很容易，因为整个系统已经被分解为若干易于处理的小问题了。

（5）有益于标准化的实现。由于每一层都有明确的定义，即功能和所提供的服务都很确切，因此，十分利于标准化的实施。

计算机网络分成若干层来实现，每层都有自己的协议。我们将计算机网络的各层及其协议的集合，称为网络的体系结构。

世界上第一个网络体系结构是 IBM 公司于 1974 年提出的系统网络体系结构 SNA。凡是遵循 SNA 的设备都可以很方便地进行互连。

在此之后，许多公司纷纷建立自己的网络体系结构。这些体系结构都采用分层技术，但各有各的分法，每层采用的实现技术也不尽相同。这些体系结构也都有其各自的名称，如 DEC 公司的数字网络体系结构 DNA，ARPANet 模型 ARM 等。

3.1.2　网络协议与协议的层次性

1．网络协议

网络中的计算机与终端间要想正确地传送信息和数据，必须在数据传输的顺序、数据的格式及内容等方面有一个约定或规则，这种约定或规则称做协议。网络协议主要有 3 个组成部分。

（1）语义：对协议元素的含义进行解释。不同类型的协议元素所规定的语义是不同的。例如，需要发出何种控制信息、完成何种动作及得到的响应等。

（2）语法：将若干个协议元素和数据组合在一起用来表达一个完整的内容所应遵循的格式，也就是对信息的数据结构做一种规定。例如，用户数据与控制信息的结构与格式等。

（3）同步：对事件实现顺序的详细说明。例如，在双方进行通信时，发送点发出一个数据报文，如果目的点正确收到，则回答源点接收正确；若接收到错误的信息，则要求源点重发一次。

由此可以看出，协议（Protocol）实质上是网络通信时所使用的一种语言。

2. 网络体系结构的层次性

网络协议对于计算机网络来说是必不可少的。不同结构的网络，不同厂家的网络产品，所使用的协议也不一样，但都遵循一些协议标准，这样便于不同厂家的网络产品进行互连。一个功能完善的计算机网络需要制定一套复杂的协议集合，对于这种协议集合，最好的组织方式是层次结构模型。我们将计算机网络层次结构模型与各层协议的集合定义为计算机网络体系结构。

在层次结构（如图 3.2 所示）中，每一层协议的基本功能都是实现与另一个层次结构中对等实体（可以理解为进程）间的通信，因此称之为对等层协议。另一方面，每层协议还要提供与一个计算机系统中相邻上层协议的服务接口。

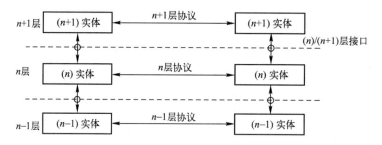

图 3.2　层次结构示意图

层次结构的要点如下：

（1）除了在物理媒体上进行的是实通信之外，其余各对等实体间进行的都是虚通信。

（2）对等层的虚通信必须遵循该层的协议。

（3）n 层的虚通信是通过 $n/(n-1)$ 层间接口处 $n-1$ 层提供的服务以及 $n-1$ 层的通信（通常也是虚通信）来实现的。

层次结构划分的原则如下：

（1）每层的功能应是明确的，并且是相互独立的。当某一层的具体实现方法更新时，只要保持上、下层的接口不变，便不会对邻层产生影响。

（2）层间接口必须清晰，跨越接口的信息量应尽可能少。

（3）层数应适中。若层数太少，则造成每一层的协议太复杂；若层数太多，则体系结构过于复杂，使描述和实现各层功能变得困难。

网络体系结构的特点是：

（1）以功能作为划分层次的基础。

（2）第 n 层的实体在实现自身定义的功能时，只能使用第 $n-1$ 层提供的服务。

（3）第 n 层在向第 $n+1$ 层提供服务时，此服务不仅包含第 n 层本身的功能，还包含由下层服务提供的功能。

（4）仅在相邻层间有接口，且所提供服务的具体实现细节对上一层完全屏蔽。

3.1.3　开放系统互连参考模型 OSI/RM

如前所述，具有一定体系结构的各种计算机网络，在 20 世纪 70 年代中期已经获得了相当规模的发展。但当时使用的各个网络体系结构，其层次的划分、功能的分配与采用的技术均不相同。不同体系结构的计算机网络彼此之间的互连几乎成为不可能。随着信息技术的发展，各种计算机系统连网和各种计算机网络互连成为人们迫切需要解决的问题。

为了使不同体系结构的计算机网络都能互连，国际标准化组织 ISO 于 1977 年成立了专门机构研究这个问题。不久，他们就提出一个试图使各种计算机在世界范围内互连成网的标准框架，即著名的开放系统互连参考模型（Open System Interconnecti/Reference Model，OSI/RM），简称 OSI 参考模型。"开放"是指只要遵循 OSI 标准，一个系统就可以和位于世界上任何地方的、也同样遵循这一标准的其他任何系统进行通信。这一点很像世界范围的电话和邮政系统，这两个系统都是开放系统。"系统"是指在现实的系统中与互连有关的各部分。所以开放系统互连参考模型 OSI/RM 是个抽象的概念。在 1983 年形成了开放系统互连基本参考模型的正式文件，也就是所谓的 7 层协议的体系结构。OSI 参考模型的层次如表 3.1 所示。OSI 参考模型的结构如图 3.3 所示。

表 3.1　参考模型的层次

层　号	层　　名	英文名称
7	应用层	Application Layer
6	表示层	Presentation Layer
5	会话层	Session Layer
4	传输层	Transport Layer
3	网络层	Network Layer
2	数据链路层	Data link Layer
1	物理层	Physical Layer

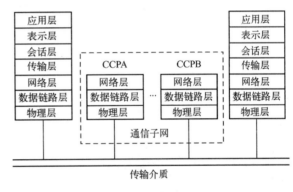

图 3.3　OSI 参考模型结构

在 OSI 参考模型中，主机中要实现 7 层功能，通信子网中的通信处理机只需要实现低 3 层。

1．OSI/RM 各层功能

（1）物理层。物理层是整个 OSI 7 层协议的最底层，利用传输介质，完成在相邻节点之间的物理连接。物理层主要对连接到网络上的设备从 4 个方面进行规定。这 4 个方面是机械方面、电气方面、功能方面及规程方面。机械方面规定连接器的类型、尺寸和插脚的数目及所使用的电缆类型等；电气方面则规定网络上所传输信号的电气范围（如多大的电压表示 1，多大的电压表示 0）以及信号的编码方法等；功能方面则规定每个引脚代表的是什么意义；规程方面规定在相邻两个节点之间传送电气信号时的工作顺序。除此之外，物理层还规定通信信道上信号的传输速率等。

物理层协议的例子有 EIA-232-E,RS-449 以及 CCITT X.25 等。

（2）数据链路层。数据链路层的目的是无论采用什么样的物理层，都能保证向上层提供一条无差错、高可靠性的传输线路，从而保证数据在相邻节点之间正确传输，为计算机网络的正常运行提供畅通无阻的基本条件。

数据链路层的首要任务是管理数据的传输。一方面，它要选取一种数据传送方式，比如是以字符为单位进行传输，还是以数据块（帧）为单位进行传输；另一方面，它要提供一种差错检测和恢复方式，以便在发现数据传输发生错误时能够采取补救措施。除此之外，为保证数据传输时不会丢失，数据链路层还应该提供流量控制措施，做到接收方的接收速度不会低于发送方的发送速度。正是有了数据链路层的这些工作，无论实际采用的是什么样的物理线路，从上层的角度看都是无差错的数据链路。

（3）网络层。网络层的主要任务是通过执行某一种路径选择算法和流量控制算法，完成分组从通信子网的源节点到目的节点的传输。网络层是通信子网的最高层，这一层功能的不同决定了一个通信子网向用户提供服务的不同。

（4）传输层。传输层的目的是向用户提供从发送端（主机）到接收端（主机）报文的无差错传送。由于网络层向上提供的服务有的很强，有的较弱，传输层的任务就是屏蔽这些通信细节，使上层看到的是一个统一的通信环境。

（5）会话层。会话层、表示层和应用层统称为 OSI 的高层，这三层不再关心通信细节，面对的是有一定意义的用户信息。会话层的目的是组织、协调参与通信的两个用户之间的对话，比如向用户分配用户名，规定入网格式等。

（6）表示层。表示层处理两个通信实体之间进行数据交换的语法问题、解决两个通信机器中数据表示格式不一致的问题（比如 IBM 大型机使用 EBCD 编码，而微型机普遍采用 ASCII 编码），规定数据加密/解密、数据的压缩/恢复等采用什么样的方法，等等。

（7）应用层。应用层是 OSI 参考模型中的最高层，直接面向用户。应用层利用应用进程（比如 Internet 中的电子邮件系统、信息查询系统等）为用户提供访问网络的手段。

OSI 参考模型自 1983 年公布以来，得到普遍一致的接受，但它毕竟只是一套参考文献，各个厂商并未放弃他们各自的体系结构，只是尽力向 OSI 靠拢，这一点请大家注意。

2．OSI 参考模型中的数据流

以上简单介绍了 OSI 参考模型各层的功能，那么，按照这样的分层结构，信息传输的过程是如何进行的呢？我们可以通过图 3.4 加以说明。

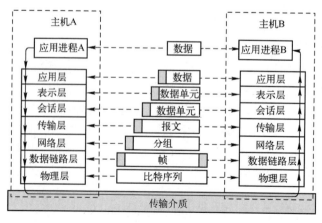

图 3.4　数据在 OSI 网络中的传送

假设主机 A 中的应用进程 A 要与主机 B 中的应用进程 B 进行数据交换,主机 A 与主机 B 分处于两地,彼此通过通信子网连接。其中,主机 A 与通信子网的节点 1 相连,主机 B 与通信子网的节点 n 相连。

应用进程 A 为了与网络中的别的进程通信,首先必须进入网络环境,将待发送的信息(报文)递交给 OSI 的最高层———应用层。

应用层接收数据,加上该层的控制信息递交给表示层做进一步处理。表示层接收到从上层递交来的数据后,加上本层的控制信息组成会话层的数据单元送会话层。依次类推,每一层都接收从上层交来的数据加上该层的控制信息递交给下层。传输层以上的数据单元统称为报文,网络层的数据单元称为分组,数据链路层的数据单元称为帧,物理层则以二进制位为单位进行传输。

数据传送到物理层后,以二进制位流的形式通过传输介质传送到相邻节点。每个通信网中的节点对收到的二进制位流从物理层依次上升到网络层,每一层根据控制信息做相应的操作,然后剥去控制信息,将剩下的数据单元上交给更高一层。处理完毕再逐层加上控制信息递交给通信网的下一个节点,直到传送到目的端。

目的端从传输介质上收到位流后,从物理层依次上升到应用层,每层依据控制信息完成相应操作,然后剥去控制信息,将数据单元上交给更高一层。最终到达应用进程 B。

尽管应用进程 A 在 OSI 环境中经过复杂的处理过程才到达对方的应用进程 B,但对于这两个进程来讲,这一复杂处理过程是感觉不到的。从应用进程的角度看,应用进程 A 的数据好像是"直接"传送给应用进程 B。

同理,任何两个同样层次之间(比如两个系统的表示层之间),也好像如图 3.4 所示的水平虚线所示的那样,可将数据直接传递给对方。为什么能够这样?这是因为同等层遵循相同的协议。所谓各层协议,实际上就是在各个同等层之间传递数据时遵守的各项规定。

3.2 OSI 参考模型 7 层层次结构

OSI 参考模型将整个网络通信的功能划分为 7 个层次,如图 3.3 所示。每层完成一定的功能,每层都直接为其上层提供服务,并且所有层次都互相支持。第 4 层到第 7 层主要负责互操作性,而第 1 层到第 3 层则用于建立两个网络设备间的物理连接。

3.2.1 物理层

1. 物理层的作用和特点

物理层负责在计算机之间传递数据位,它为在物理媒体上传输的位流建立规则,这一层定义电缆如何连接到网卡上,以及需要用何种传送技术在电缆上传送数据;同时还定义了位同步及检查。这一层表示了用户的软件与硬件之间的实际连接。它实际上与任何协议都不相干,但它定义了数据链路层所使用的访问方法。

物理层是 OSI 参考模型的最低层,向下直接与物理传输介质相连接。物理层协议是各种网络设备进行互连时必须遵守的低层协议。设立物理层的目的是实现两个网络物理设备之间的二进制比特流的透明传输,对数据链路层屏蔽物理传输介质的特性,以便对高层协议有最大的透明性。

ISO 对 OSI 参考模型中的物理层做了如下定义：

物理层为建立、维护和释放数据链路实体之间的二进制比特流传输的物理连接提供机械的、电气的、功能的和规程的特性。物理连接可以通过中继系统，允许进行全双工或半双工的二进制比特流的传输。物理层的数据服务单元是比特，它可以通过同步或异步的方式进行传输。

从以上定义中可以看出，物理层主要特点是：

（1）物理层主要负责在物理连接上传输二进制比特流。

（2）物理层提供为建立、维护和释放物理连接所需要的机械、电气、功能与规程的特性。

在几种常用的物理层标准中，通常将具有一定数据处理能力和具有发送、接收数据能力的设备叫做数据终端设备 DTE（Data Terminal Equipment），而把介于 DTE 与传输介质之间的设备称做数据电路端设备 DCE（Data Circuit-terminating Equipment）。DCE 在 DTE 与传输介质之间提供信号变换和编码功能，并负责建立、维护和释放物理连接。

DTE 可以是一台计算机，也可以是一台 I/O 设备。而 DCE 典型的设备是与电话线路连接的调制解调器。DCE 虽然处在通信环境中，但它和 DTE 均属于用户设施。用户环境只包括 DTE。

在物理层通信过程中，DCE 一方面要将 DTE 传送的数据按比特流顺序逐位发往传输介质，同时也需要将从传输介质接收到的比特流顺序传送给 DTE。因此，在 DTE 与 DCE 之间，既有数据信息传输，也应有控制信息传输，这就需要高度协调地工作，需要制定 DTE 与 DCE 接口标准，而这些标准就是我们所说的物理接口标准。

物理层标准与物理接口标准是有区别的。OSI 参考模型中物理层标准化工作要比数据链路层、网络层等高层慢。其原因有两点：一是与物理层涉及具体的物理设备、传输介质与通信手段的复杂性有关；另一个更重要的原因是在 ISO 提出 OSI 参考模型之前，许多属于物理层的模型和协议就已经提出，并在某些领域已形成相当的工业生产规模和广泛的应用。这些模型、协议没有严格遵循分层的方法与原则，也没有像 OSI 那样分为服务定义与协议的规则说明。在现实情况下，要想把已有物理层模型和协议统一到 OSI 物理层服务定义与协议说明的框架之下难度很大。关于物理层标准，目前已经提出了关于物理层服务定义的方案，但仍处于理论研究阶段。物理接口标准定义了物理层与物理传输介质之间的边界与接口。

2．物理层的特性

反映在物理接口协议中的物理接口的 4 个特性是机械特性、电气特性、功能特性与规程特性。

（1）机械特性。物理层的机械特性规定了物理连接时所使用的可接插连接器的形状和尺寸，连接器中引脚的数量与排列情况等。

（2）电气特性。物理层的电气特性规定了在物理连接上传输二进制比特流时线路上信号电平高低、阻抗及阻抗匹配、传输速率与距离限制。早期的标准定义了物理连接边界点上的电气特性，而较新的标准定义了发送和接收器的电气特性，同时给出了互连电缆的有关规定。新的标准更有利于发送和接收电路的集成化工作。

（3）功能特性。物理层的功能特性规定了物理接口上各条信号线的功能分配和确切定义。

物理接口信号线一般分为数据线、控制线、定时线和地线。

（4）规程特性。物理层的规程特性定义了在信号线上进行二进制比特流传输的一组操作过程，包括各信号线的工作规则和时序。

不同物理接口标准在以上 4 个重要特性上都不尽相同。实际网络中比较广泛使用的物理接口标准有 EIA-232-E、EIA RS-449 和 CCITT 的 X.21 建议。

3. EIA-232-E/RS-232 标准

EIA-232-E 是美国电子工业协会 EIA（Electronic Idustries Association）制定的物理接口标准，也是目前数据通信与网络中应用最广泛的一种标准。它的前身是 EIA 在 1969 年制定的 RS-232-C 标准。RS 表示是 EIA 的一种"推荐标准"，232 是标准号。RS-232-C 是 RS-232 标准的第三版。RS-23-C 是一种应用十分广泛的物理接口标准，经 1987 年 1 月修改后，定名为 EIA-232-D，1991 年又修订为 EIA-232-E。由于标准修改得并不多，因此 EIA-232-E 与 EIA RS-232-C 在物理接口标准中基本成为等同的标准，人们经常简称它们为"RS-232 标准"。

（1）EIA-232-E 物理特性。在机械特性方面，EIA-232-E 规定使用一个 25 根插针（DB-25）的标准连接器（结构如图 3.5 所示），引脚分为上、下两排，分别有 13 根和 12 根引脚，这一点与 ISO 2110 标准是一致的。EIA-232-E 对 DB-25 连接器的机械尺寸及每根针排列的位置均做了明确的规定，从而保证符合 EIA-232-E 标准的接口在国际上是通用的。

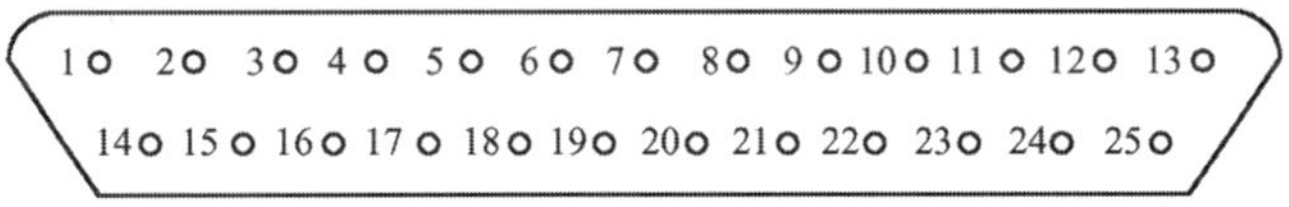

图 3.5　EIA-232-E 25 根引脚编号图

（2）EIA-232-E 电气特性。在电气特性方面，EIA-232-E 与 CCITTV.28 建议书是一致的。EIA-232-E 采用负逻辑，即逻辑 0 用+5～+15V 表示，逻辑 1 用-5～-15V 表示。由于 EIA-232-E 电平与 TTL 电平是不一致的，目前是采用专用的电平转换器实现 TTL 电平与 EIA-232-E 电平的转换。EIA-232-E 的发送器和接收器均采用非平衡电路，这就决定了 DTE 与 DCE 之间的 EIA-232-E 连接电缆的长度、数据传输速率与抗干扰能力。非平衡的 EIA-232-E 的 DTE 与 DCE 电缆长度为 15m 时，数据传输速率最大为 20Kbps。

（3）EIA-232-E 功能特性。在功能特性方面，EIA-232-E 与 CCITT v.24 建议书一致。EIA-232-E 定义了 DB-25 连接器中 20 条连接线的功能，其中最常用的 10 条连接线其功能如表 3.2 所示。

在以上常用的连线中，可以根据其传递信号的功能分为以下 3 类。

① 数据线：TxD,RxD。

② 控制线：RTS,CTS,DSR,DCD,DTR,RI。

③ 地线：PG,SG。

标准的 DTE 与 DCE 按 EIA-232-E 接口标准全连接方式，如图 3.6 所示。

图 3.6 画的是最常用的 10 根引脚信号线的作用，其余一些引脚可以空着不用。在某些情况下，可以只用图 3.6 中的 9 根引脚（振铃指示 RI 信号线不用），这就是常见的 9 针 COM 串行鼠标接口。

表 3.2　EIA-232-E 最常用的 10 条连接线功能表

针号	功　　能
1	保护地（Protective Ground）
2	发送数据（TxD，Transmit Data）
3	接收数据（RxD，Received Data）
4	请求发送（RTS，Request To Send）
5	清除发送（CTS，Clear To Send）
6	数据设备准备好（DSR，Data Set Ready）
7	信号地（SG，Signal Ground）
8	载波检测（DCD，Data Carrier Detect）
20	数据终端准备好（DTR，Data Terminal Ready）
22	振铃指示（RI，Ring Indication）

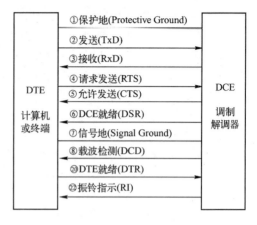

图 3.6　EIA-232-E 中 DTE 与 DCE 的连线

（4）EIA-232-E 规程特性。在规程特性方面，EIA-232-E 与 CCITT v.24 建议书一致。EIA-232-E 的规程特性比较复杂。EIA-232-E 规程特性规定了 DTE 与 DCE 之间控制信号与数据信号的发送时序、应答关系与操作规程。

两台计算机通过 MODEM 进行通信，采用电话交换互连的结构，如果它们采用 EIA-232-E 协议，那么 EIA-232-E 规程特性规定了作为 DTE 的计算机与作为 DCE 的 MODEM，通过 EIA-232-E 接口，按以下规则与时序工作：

① 物理连接建立阶段。

② 比特流传输阶段。

③ 物理连接释放阶段。

4．RS-499 接口标准

EIA-232-E 接口标准中 DTE 与 DCE 之间连接电缆长度与最高传输速率都受到限制，这就促使人们研究性能更好的接口标准。EIA 在 232 标准的基础上制定了一个新的标准 RS-499。RS-499 由以下 3 个标准组成。

（1）RS-499 标准：规定了接口的机械、电气、功能与规程特性。其中机械特性相当于 CCITT v.35 建议书，它采用了标准的 37 针连接器。

（2）RS-423-A 标准：规定了 DTE 与 DCE 连接中采用非平衡输出（即所有的电路共用一个公共地）与平衡输入时的电气特性。当 DTE 与 DCE 连接电缆长度不超过 10m 时，数据传输速率可达 300Kbps。

（3）RS-422-A 标准：规定了 DTE 与 DCE 连接中采用平衡输出（即所有的电路没有公共地）与平衡输入时的电气特性。在这种情况下，当 DTE 与 DCE 连接电缆长度为 10m 时，数据传输速率可达 10Mbps；当连接电缆长度为 1000m 时，数据传输速率仍可达 100Kbps。

5．DTE 与 DTE 的连接方式

物理接口标准一般是用于 DTE 与 DCE 之间的连接，典型的是用于计算机与 MODEM 连接。但是还有一种情况是将两台计算机通过 EIA-232-E 直接连接，或者是一台终端与一台主

机通过 EIA-232-E 的直接连接。这种连接中，一台 DTE 的发送数据 TxD 输出端应与另一台 DTE 的接收数据 RxD 输入端直接连接，而其他控制信号线连接方法可以按引脚功能线定义连接。

6. CCITT X.21 建议书

EIA-232-E 与 RS-499 是为在模拟信道上传输数据而制定的一种物理接口标准。CCITT 从 1969 年就开始意识到数字信道传输数据的物理接口制定的重要性，于 1976 年通过了用于数字信道的物理接口标准，即 X.21 建议书。

CCITT 的 X.21 建议的规程实际上由两部分组成：一部分属于物理层，它描述了在公共数据网上进行同步操作的 DTE 与 DCE 之间的通用接口；另一部分涉及许多数据链路层与网络层内容，它用于线路交换网的呼叫控制规程，适用于线路交换网中 DTE 之间的连接。

X.21 的机械特性采用 15 针连接器。

X.21 的电气特性设计目标是 DTE 与 DCE 的长距离、高速传输。同步数据传输速率为 600bps、2400bps、4800bps、9600bps 与 48000bps。

X.21 在功能特性方面的设计目标是减少信号线数目，它定义了 8 条信号线的名称与功能。

X.21 在规程特性方面将 DTE 与 DCE 接口的工作定义为 4 个阶段：空闲、呼叫控制、数据传送和清除。

当数字信道一直到达用户端时，用户的 DTE 可以通过 X.21 接口进行远程通信。但是目前多数用户端还是模拟信道，并且多数计算机或终端只有 RS-232 接口。为了有利于从模拟接口向数字接口的过渡，CCITT 制定了相应的 X.21bis 建议，它是 X.21 的一个暂时过渡版本，是对 X.21 的补充并保持了 V.24 的物理接口。目前广泛应用的 CCITT X.25 建议书的物理层使用的就是 X.21 标准。

3.2.2 数据链路层

1. 数据链路层的作用

这是 OSI 模型中极其重要的一层，它把从物理层传来的原始数据打包成帧。帧是放置数据的、逻辑的、结构化的包。数据链路层负责帧在相邻计算机之间的无差错传递。数据链路层还支持工作站的网络接口卡所用的软件驱动程序。网桥的功能也在这一层。

数据链路层是 OSI 参考模型的第二层，它介于物理层与网络层之间。设立数据链路层的主要目的是将一条原始的、有差错的物理线路变为对网络层无差错的数据链路。为了实现这个目的，数据链路层必须执行链路管理、帧传输、流量控制、差错控制等功能。

在 OSI 参考模型中，数据链路层向网络层提供以下基本的服务：

（1）数据链路建立、维护与释放的链路管理工作。

（2）数据链路层服务数据单元———帧的传输。

（3）差错检测与控制。

（4）数据流量控制。

（5）在多点连接或多条数据链路连接的情况下，提供数据链路端口标识的识别，支持网络层实体建立网络连接。

（6）帧接收顺序控制。

2．数据链路协议

在 ISO 标准协议集中，数据链路层采用了高级数据链路控制 HDLC（High-level Data Link Control）协议。数据链路服务定义了连接和无连接两种运行方式。当把 HDLC 协议看成数据链路协议的超集时，可从中衍生出许多有影响的子集，如 CCITT 采用它的一个子集 SDLC（同步数据链路控制）协议的 LAPB（链路访问过程平衡）用做 X.25 的数据链路层协议，而 LAPB 的一个子集 HDLC LAPD（D 信道的 ISDN 数据链路层协议）又作为综合业务数据网 ISDN 的数据链路层协议。

IEEE802 委员会为局域网定义了物理信号层、介质访问控制（MAC）层、逻辑链路控制（LLC）层。其中介质访问控制层与逻辑链路控制层是属于 OSI 参考模型中数据链路层的两个子层。

数据链路层协议分为两类：面向字符型与面向比特型。

早期的数据链路层协议多为面向字符型，典型的协议标准有 ANSI X3.28、ISO 1745 和 IBM 的 BSC（二进制同步通信）协议。面向字符型数据链路层协议的主要特点是利用已定义好的一组控制字符完成数据链路控制功能。随着计算机通信的发展，面向字符型数据链路层协议逐渐暴露出其弱点，这主要表现在以下几点：通信线路利用率低，只适于停止等待协议与半双工方式，数据传输不透明，系统通信效率低。

1974 年 IBM 公司推出了面向比特型的数据链路规程 SDLC；美国国家标准化协会 ANSI 将 SDLC 修改为 ADCCP（高级数据通信控制协议）作为国家标准；ISO 将修改后的 SDLC 称为高级数据链路控制 HDLC，并将它作为国际标准。

HDLC 可适用于链路的两种基本配置，即非平衡配置与平衡配置。非平衡配置的特点是由一个主站（Primary Station）控制链路的工作，主站发出的帧叫做命令（Command），受控制的各站叫做次站或从站（Secondary Station），次站发出的帧叫做响应（Response）；在多点链路中，主站与每一个次站之间都有一个分开的逻辑链路。平衡配置的特点是：链路两端的两个站都是复合站（Combined Station），复合站同时具有主站与次站的功能，因此每个复合站都可以发出命令和响应。

对于非平衡配置，只有主站才能发起向次站的数据传输，而次站只有在主站向它发送命令帧进行探询（Polling，也常称为轮询），才能以相应帧的形式回答主站。主站还负责链路的初始化、链路的建立和释放以及差错恢复等。平衡配置的特点是每个复合站都可以平等地发起数据传输，而不需要得到对方复合站的允许。

3．HDLC 的帧格式

数据链路层的数据传输是以帧为单位的。在 OSI 中，帧被称为数据链路协议数据单元。HDLC 帧结构如图 3.7 所示。

F	A	C	I	FCS	F
标志	地址	控制	数据	帧校验序列	标志
8	8/16	8	可变长	16	8

图 3.7　HDLC 帧结构

帧由以下字段组成：

（1）标志字段 F。帧首尾均有一个由固定比特序列 01111110 组成的帧标志字段 F，其作用主要有两个：帧起始与终止定界符和帧比特同步。

为确保帧标志字段 F 在帧内的唯一性，在帧地址字段、控制字段、信息字段、帧检验字段中采用零比特填充技术。发送时，发送站监测标志之间的比特序列，当发现有 5 个连续的 1 时，就插入一个 0，从而保证了帧内数据传输的透明性；接收时，接收方对标志之后的比特序列进行检测，如果发现 5 个连续的 1，其后如果为 0，则将之删除以还原为原来的比特流。其过程如图 3.8 所示。

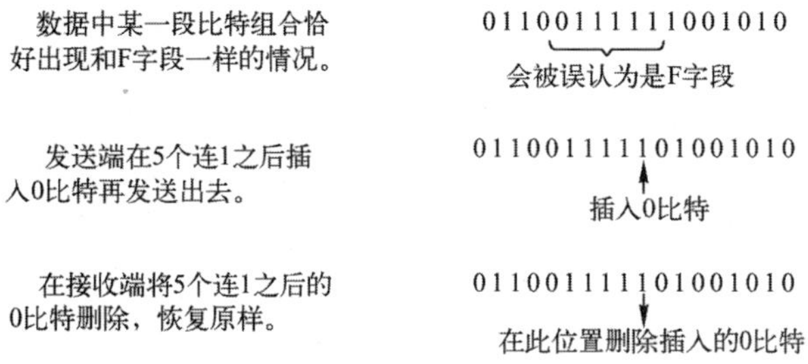

数据中某一段比特组合恰好出现和F字段一样的情况。　　01100111111001010

会被误认为是F字段

发送端在5个连1之后插入0比特再发送出去。　　01100111101001010

插入0比特

在接收端将5个连1之后的0比特删除，恢复原样。　　01100111101001010

在此位置删除插入的0比特

图 3.8　0 比特的插入与填充

采用零比特填充法就可以传送任意组合的比特流，或者说，就可以实现数据链路层的透明传输。

当连续传输两个帧时，前一个帧的结束标志字段 F 可以兼做后一帧的起始标志字段。当暂时没有信息传输时，可以连续发送标志字段，使接收端可以一直和发送端保持同步。

（2）地址字段 A。在非平衡结构中，帧地址字段总是填入从站地址；在平衡结构中，帧地址字段填入应答站地址。

全 1 地址是广播地址，而全 0 地址是无效地址，因此有效地址共有 254 个。这对一般的多点链路是足够的。但考虑在某些情况下，例如，使用分组无线电，用户可能很多，所以地址字段就做成可扩展的。这时用地址字段的比特 1 表示扩展比特，其余 7 个比特为地址比特。当某个地址字段的第 1 比特为 0 时，表示下一个地址字段的后 7 个比特也是地址比特。当此地址字段的第 1 比特为 1，即表示这已是最后一个地址字段了。但按照协议规定，地址字段可以按 8bit 的整数倍扩展。

（3）控制字段 C。控制字段是 8 位，用来发送状态信息或发送命令。它的内容取决于帧的类型。HDLC 定义了 3 种类型的帧，分别为信息帧（I 帧）、监控帧（S 帧）和无编号帧（U 帧）。如图 3.9 所示显示了每种帧的格式。

比特序号	1	2	3	4	5	6	7	8
信息帧 I	0		N(S)		P/F		N(R)	
监控帧 S	1	0	S		P/F		N(R)	
无编号帧 U	1	1	M		P/F		M	

图 3.9　HDLC 控制字段格式

（4）信息字段 I。信息字段可以是任意的比特序列组合，即保证这一点必须执行 0 比特插入和删除操作。

（5）帧校验字段。FCS 字段为帧校验序列，HDLC 采用 CRC 循成多项式为 $G(X)$ $=X^{16}+X^{12}+X^5+1$，校验范围为 A、C、I 字段。

4．HDLC 的帧类型

HDLC3 种不同类型帧的主要区别在于控制字段的内容和帧是否真正包含数据。

控制字段中的第 1 位或第 1、2 位表示传送帧的类型。第 5 位是 P/F 位，即轮询/终止（Poll/Final）位。当 P/F 位用于命令帧（由主站发出）时，起轮询的作用，即当该位为"1"时，要求被轮询的从站给出响应，所以此时 P/F 位可称轮询位（或 P）；当 P/F 位用于响应帧（由从站发出）时，称为终止位（或 F 位），当其"1"时，表示接收方确认的结束。为了进行连续传输，需要对帧进行编号，所以控制字段中包括了帧的编号。

（1）信息帧（I 帧）。信息帧用于传送有效信息或数据，通常简称 I 帧。I 帧以控制字段第 1 位为"0"来标志。信息帧控制字段的 N（S）用于存放发送帧序号，以使发送方不必等待确认而连续发送多帧。N（R）用于存放接收方下一个预期要接收的帧的序号，如 N（R）=5，即表示接收方下一帧要接收 5 号帧，换言之，5 号帧前的各帧接收方都已正确接收到。N（S）和 N（R）均为 3 位二进制编码，可取值 0～7。

（2）监控帧（S 帧）。监控帧用于差错控制和流量控制，通常简称 S 帧。S 帧以控制字段第 1、2 位为"10"来标志。S 帧不带信息字段，帧长只有 6 个字节即 48 个比特。S 帧的控制字段的第 3、4 位为 S 帧类型编码，共有 4 种不同组合，分别表示如下：

① RR（ReceiveReady）：接收就绪（S=00）。主站可以使用 RR 型 S 帧来轮询从站，即希望从站传输编号为 N(R)的 I 帧，若存在这样的帧，便进行传输；从站也可用 RR 型 S 帧来做响应，表示从站期望接收的下一帧的编号是 N(S)。

② REJ（Reject）：拒绝（S=01）。由主站或从站发送，用以要求发送方从编号为 N(R)开始的帧及其以后所有的帧进行重发，这也暗示 N(R)以前的 I 帧已被正确接收。

③ RNR（Receive Not Ready）：接收未就绪（S=10）。表示编号小于 N(R)的 I 帧已被收到，但目前正处于忙状态，尚未准备好接收编号为 N(R)的 I 帧，这可用来对链路流量进行控制。

④ SREJ（Selective Reject）：选择拒绝（S=11）。它要求发送方发送编号为 N(R)的单个 I 帧，并暗示其他编号的 I 帧已全部确认。

（3）无编号帧（U 帧）。无编号帧因其控制字段中不包含编号 N(S)和 N(R)而得名，简称 U 帧。U 帧用于提供对链路的建立、拆除以及多种控制功能，这些控制功能由 M 的两个字段（共 5 位）表示，目前已定义了 15 种无编号帧。

3.2.3 网络层

1．网络层的作用

网络层定义网络操作系统通信用的协议，为信息确定地址，把逻辑地址和名字翻译成物理的地址。它也确定从源机沿着网络到目的机的路由选择，并处理交通问题，例如，交换、路由和对数据包阻塞的控制。路由器的功能在这一层。路由器可以将子网连接在一起，它依赖于网络层将子网之间的流量进行路由。

数据链路层协议是相邻两直接连接节点间的通信协议，它不能解决数据经过通信子网中多个转接节点的通信问题。设置网络层的主要目的就是要为报文分组以最佳路径通过通信子网到达目的主机提供服务，而网络用户不必关心网络的拓扑结构与所使用的通信介质。

网络层也许是 OSI 参考模型中最复杂的一层，部分原因在于现有的各种通信子网事实上并不遵循 OSI 网络层的服务定义。同时，网络互连问题也为网络层协议的制定增加了很大的难度。

OSI 参考模型规定网络层的主要功能有以下 3 点：

（1）路径选择与中继。在点到点连接的通信子网中，信息从源节点出发，要经过若干个中继节点的存储转发后，才能到达目的节点。通信子网中的路径是指从源节点到目的节点之间的一条通路，它可以表示为从源节点到目的节点之间的相邻节点及其链路的有序集合。一般在两个节点之间都会有多条路径。路径选择是指在通信子网中，源节点和中间节点为将报文分组传送到目的节点而对其后继节点的选择，这是网络层所要完成的主要功能之一。

（2）流量控制。网络中多个层次都存在流量控制问题，网络层的流量控制则对进入分组交换网的通信量加以一定的控制，以防因通信量过大而造成通信子网性能下降。

（3）网络连接建立与管理。在面向连接服务中，网络连接是传输实体之间传送数据的逻辑的、贯穿通信子网的端到端通信通道。

2．网络服务

从 OSI 参考模型的角度看，网络层所提供的服务可分为两类：面向连接的网络服务（CONS，Connection Oriented Network Service）和无连接网络服务（CLNS，Connectionless Net-Work Servece）。

面向连接的网络服务又称为虚电路（Virtual Circuit）服务，它具有网络连接建立、数据传输和网络连接释放 3 个阶段，是可靠的报文分组按顺序传输的方式，适用于定对象、长报文、会话型传输要求。

无连接网络服务的两实体之间的通信不需要事先建立好一个连接。无连接网络服务有 3 种类型：数据报（datagram）、确认交付（confirmed delivery）与请求回答（request reply）。数据报服务不要求接收端应答。这种方法尽管额外开销较小，但可靠性无法保证。确认交付和请求回答服务要求接收端用户每收到一个报文均给发送端用户发送回一个应答报文。确认交付类似于挂号的电子邮件，而请求回答类似于一次事务处理中用户的"一问一答"。

从网络互连角度讲，面向连接的网络服务应满足以下要求：

（1）网络互连操作的细节与子网功能对网络服务用户应是透明的。

（2）网络服务应允许两个通信的网络用户能在连接建立时就其服务质量和其他选项进行协商。

（3）网络服务用户应使用统一的网络编址方案。

作为网络层协议的一个例子，下面介绍 X.25 协议。

美国的 TELNET、加拿大的 DATAPAC、法国的 TRANSPAC 等公用分组交换网络对分组交换网的发展产生了重要的影响。CCITT 在 DATAPAC 有关标准的基础上提出了 X.25 建议。X.25 建议只讨论了一个 DTE 如何连接到有关的分组交换网，它只是一个对公用交换网的接口规范，并不涉及通信子网的内部结构。因此，人们常说的"X.25 网"只是说 DTE 与通信子网的接口遵循 X.25 标准，并不涉及通信子网的内部结构。不同厂家的 X.25 网可能存在着很大的差异。X.25 最初的版本里，分组交换网既提供数据报服务，也提供虚电路服务。在 1984 年版本中已取消了数据报服务，因此 X.25 讨论的都是以虚电路服务为基础的。

由于 X.25 建议是在 OSI 参考模型之前制定的，因此它所采用的术语与 OSI 参考模型不同。X.25 建议由 3 层组成，分别对应 OSI 参考模型的低 3 层。在物理层，X.25 采用"X.21"建议作为它的"物理级"接口标准；在数据链路层，X.25 采用 HDLC 的子集 LAPB 作为它的"数据链路级"接口标准；在网络层，X.25 采用了它的 X.25"分组级"标准。

3.2.4 传输层

传输层负责错误的确认和恢复，以确保信息的可靠传递。在必要时，它也对信息重新打包，把过长信息分成小包发送；而在接收端，把这些小包重构成初始的信息。在这一层中最常用的协议就是 TCP/IP 的传输控制协议 TCP、Novell 的顺序包交换 SPX 以及 Microsoft Net-BIOS/NetBEUI。

传输层是 OSI 参考模型的 7 层中比较特殊的一层，同时也是整个网络体系结构中十分关键的一层。设置传输层的主要目的是在源主机与目的主机的进程之间提供可靠的端到端通信服务。

在 OSI 参考模型中，人们经常将 7 层分为高层和低层。如果从面向通信和面向信息处理角度进行分类，传输层一般划在低层；如果从用户功能与网络功能角度进行分类，传输层又被划在高层。这种差异正好反映出传输层在 OSI 参考模型中的特殊地位和作用。

传输层只存在于通信子网之外的主机中。如果主机 A 与主机 B 通过通信子网进行通信，物理层可以通过物理传输介质完成比特流的发送和接收；数据链路层可以将有差错的数据传输变成无差错的数据链路；网络层可以使用报文分组以合适的路径通过通信子网。网络通信的实质是实现互连的主机进程之间的通信。互连主机进程通信面临着以下几下问题：

（1）如何在一个网络连接上复用多对进程的通信？

（2）如何解决多个互连的通信子网的通信协议的差异和提供的服务功能的不同？

（3）如何解决网络层及下两层自身不能解决的传输错误？

设立传输层的目的是在使用通信子网提供服务的基础上，使用传输层协议和增加的功能，使得通信子网对于端—端用户是透明的。高层用户不需要知道它们的物理层采用何种物理线路。对高层用户来说，两个传输层实体之间存在着一条端—端可靠的通信连接。传输层向高层用户屏蔽了通信子网的细节。

对于传输层来说，高层用户对传输服务质量要求是确定的，传输层协议内容取决于网络层所提供的服务。网络层提供面向连接的虚电路服务和无连接的数据报服务。如果网络层提供虚电路服务，它可以保证报文分组无差错、不丢失、不重复和顺序传输。在这种情况下，传输层协议相对要简单。即使对虚电路服务，传输层也是必不可少的，因为虚电路仍不能保证通信子网传输百分之百正确。例如，在 X.25 虚电路服务中，当网络发出中断分组和恢复请求分组时，主机无法获得通信子网中报文分组的状态，而虚电路两端的发送、接收报文分组的序号均置零，因此，虚电路恢复的工作必须由高层（传输层）来完成。如果网络层使用数据报方式，则传输层的协议将要变得复杂。

3.2.5 会话层

会话层允许在不同机器上的两个应用建立、使用和结束会话，这一层在会话的两台机器间建立对话控制，管理哪边发送、何时发送、占用多长时间等。

会话层是建立在传输层之上，由于利用了传输层提供的服务，使得两个会话实体可以不考虑它们之间相隔多远、使用了什么样的通信子网等网络通信细节，而进行透明的、可靠的数据传输。当两个应用进程进行相互通信时，希望有个作为第三者的进程能组织它们的通话，协调它们之间的数据流，以便使应用进程专注于信息交互。设立会话层就是为了达到这个目的。从 OSI 参考模型看，会话层之上各层是面向应用的，会话层之下各层是面向网络通信的，会话层在两者之间起到连接的作用。会话层的主要功能是向会话的应用进程之间提供会话组织和同步服务，对数据的传送提供控制和管理，以达到协调会话过程、为表示层实体提供更好的服务的目的。

会话层与传输层有明显的区别。传输层协议负责建立和维护端—端之间的逻辑连接。传输服务比较简单，目的是提供一个可靠的传输服务。但是由于传输层所使用的通信子网类型很多，并且网络通信质量差异很大，这就造成传输协议的复杂性。而会话层在发出一个会话协议数据单元时，传输层可以保证将它正确地传送到对等的会话实体，从这点看会话协议得到了简化。但是为了达到为各种进程服务的目的，会话层定义的为数据交换用的各种服务是非常丰富和复杂的。

会话层定义了多种服务可选择，它将相关的服务组成了功能单元。目前定义了 12 个功能单元，每个功能单元提供一种可选择的工作类型，在会话建立时可以就这些功能单位进行协商。最重要的功能单元提供会话连接、正常数据传送、有序释放、用户放弃与提供者放弃等 5 种服务。为了方便用户选择使用合适的功能单元，会话服务定义了 3 个子集，它们是：

（1）基本组合子集（BCS，Basic Combined Subset）。它为用户提供会话连接建立，正常数据传送，令牌（TOKEN）的处理及连接释放等基本服务。

（2）基本同步子集（BSS，Basic Synchronous Subset）。它在 BCS 的基础上增加为用户的通信过程同步的功能，能在出错时从双方确认的同步点重新开始同步。

（3）基本活动子集（BAS，Basic Activity Subset）。它在 BCS 的基础上加入了活动的管理。

会话服务可分为两个部分：会话连接管理和会话数据交换。

会话连接管理服务使得一个应用进程在一个完整的活动或事务处理中，通过会话连接与另一个对等应用进程建立和维持一条会话通道。会话数据交换服务为两个进行通信的应用进程在信道上交换会话服务数据单元提供手段。

在以上基本服务的基础上，会话层还提供了可供选择的服务，如交互管理、会话连接同步及异常报告（exception reporting）。

在已经建立会话连接上的正常数据交换方式是全双工方式。会话层同时允许用户定义另外两种工作方式：单工方式与半双工方式。

会话连接同步服务允许两个相互通信的用户有选择地定义和标明一些同步点和检查点。当会话连接的两端失去同步时，可以将此连接恢复到一个已定义的状态。异常报告服务使用户得知一些不可恢复事件的发生。

会话的同步是会话服务的重要内容。会话服务提供者允许会话用户在传送数据中设置同步点，并赋予同步序号，以识别和使用同步点。会话同步服务的目的是两个用户会话过程采取的预防措施，当传输连接出现故障时，整个会话活动不需要全部重复一遍。会话同步服务是在一个会话连接中定义若干个同步点，同步点分为次同步点和主同步点，主同步点用于将一个会话单元分隔开来。

活动管理功能是主同步点概念的一种扩展，它将整个会话分解成若干个离散的活动。一个活动代表一个逻辑工作段，它包括多个会话单元。对于应用层来说，一个活动相当于一次应用协议数据单元的交换。一个会话连接可以分为几个活动，而每个活动又可以由几个会话单元组成。以用户应用进程的文件传送服务为例，一个完整的会话过程包括多个文件的传送。一个活动相当于某一特定用户的几个文件的传送，而每一个文件传送相当于一个会话单位。为分隔每一个文件传送，用户可以设置主同步点，而一个会话单位中的次同步点相当于文件中的每一个记录。用户可以在全部文件传送过程中设置多个检测点。如果用户检测出一个故障，用户可以使用会话同步服务。两个用户中任一个用户都可以发出再同步请求，并以所需的同步点序号为参数。这一请求到达对方后成为再同步指示。对方发出再同步响应信息，发起方收到再同步确认信息后，双方已经确定了合适的再同步点，通信就可以重新进行下去。

会话层通过会话服务管理达到协调进程之间的会话过程，确保分布式进程通信的顺利进行。

3.2.6　表示层

表示层包含了关于网络应用程序数据格式的协议。表示层位于应用层的下面和会话层的上面，它从应用层获得数据并把它们格式化以供网络通信使用。该层将应用程序数据排序成一个有含义的格式并提供给会话层。这一层也通过提供诸如数据加密的服务来负责安全问题，并压缩数据以使得网络上需要传送的数据尽可能少。许多常见的协议都将这一层集成到了应用层中。例如，NetWare 的 IPX/SPX 就为这两个层次使用一个 NetWare 核心协议，TCP/IP 也为这两个层次使用一个网络文件系统协议。

表示层位于 OSI 参考模型的第 6 层。它的低 5 层用于将数据从源主机传送到目的主机，而表示层则要保证所传输的数据经传送后其意义不改变。表示层要解决的问题是：如何描述数据结构并使之与机器无关。在计算机网络中，互相通信的应用进程需要传输的是信息的语义，它对通信过程中信息的传送语法并不关心。表示层的主要功能是通过一些编码规则定义在通信中传送这些信息所需要的传送语法。从 OSI 开展工作以来，表示层取得了一定的进展，ISO/IEC（国际电工委员会）的 8882 与 8883 标准分别对面向连接的表示层服务和表示层协议规范进行了定义。表示层提供两类服务：相互通信的应用进程间交换信息的表示方法与表示连接服务。

表示服务的 3 个重要概念是：语法转换、表示上下文与表示服务原语。我们将主要讨论语法转换与表示上下文这两个概念。

1. 语法转换

人们在利用计算机进行信息处理时要将客观世界中的对象表示成计算机中的数据，为此引入数据类型的概念。任何数据都具有两个重要特性，即值（Value）与类型（Type）。程序设计人员可利用某一类型上所定义的操作对该类型中的数据对象进行操作。例如，对于整数类型的数据可以进行加、减、乘、除操作，对于集合类型的数据可以进行与、或、非等操作。但是从较低层次看，任何类型的数据最终都将被表示成计算机的比特序列。一个比特序列本身并不能说明它自己所表示的是哪种类型的数据。对比特序列的解释会因计算机体系结构、程序设计语言甚至于程序的不同而有所不同。这种不同归结为它们所使用的"语法"的不同。在计算机网络中，相互通信的计算机常常是不同类型的计算机。不同类型的计算机所采用的"语法"是不同的，对某一种具体计算机所采用的语法称之为"局部语法"（Local Syntax）。局部语法的差异决定了同一数据对象在不同计算机中被表示为不同的比特序列。为保证同一数据对象在不同计算机中语义的正确性，必须对比特序列格式进行变换，把符合发送方局部语法的比特序列转换成符合接收方局部语法的比特序列，这一工作称之为语法变换。OSI 设置表示层就是要提供这方面的标准。表示层采用两次语法变换的方法，即由发、收双方表示层实体协作完成语法变换，为此它定义了一种标准语法，即传送语法（Transfer Syntax）。发送方将符合自己局部语法的比特序列转换成符合传送语法的比特序列；接收方再将符合传送语法的比特序列转换成符合自己局部语法的比特序列。

2. 表示上下文

两台计算机在通信开始之前要先协商这次通信中需要传送哪种类型的数据，通过这一协商过程，可以使通信双方的表示层实体准备好进行语法变换所需要的编码与解码子程序。由协商过程所确定的那些数据类型的集合称之为"表示上下文"（Presentation Context）。表示上下文用于描述抽象语法与传送语法之间的映像关系。同时，对同样的数据结构，在不同的时间，可以使用不同的传送语法，如使用加密算法、数据压缩算法等。因此，在一个表示连接上可以有多个表示上下文，但是只能有一个表示上下文处于活动状态。应用层实体可以选择哪种表示上下文处于活动状态，表示层应负责使接收端知道因应用层工作环境变化而引起的表示上下文的改变。在任何时刻可以通过传送语法的协商定义多个表示上下文，这些表示上下文构成了定义的上下文集 DCS（Defined Context Set）。

3.2.7 应用层

应用层是最终用户应用程序访问网络服务的地方，它负责整个网络应用程序一起很好地工作。这里也正是最有含义的信息传过的地方。应用程序如电子邮件、数据库等都利用应用层传送信息。

应用层是 OSI 参考模型的最高层，它为用户的应用进程（程序）访问 OSI 环境提供服务。OSI 关心的主要是进程之间的通信行为，因而对应用进程所进行的抽象只保留了应用进程与应用进程间交互行为的有关部分。这种现象实际上是对应用进程某种程度上的简化。经过抽象后的应用进程就是应用实体 AE（Application Entity）。对等到应用实体间的通信使用应用协议。应用协议的复杂性差别很大，有的涉及两个实体，有的涉及多个实体，而有的应用协议则涉及两个或多个系统。与其他六层不同，所有的应用协议都使用了一个或多个信息模型（Information Model）来描述信息结构的组织。低层协议实际上没有信息模型，因为低层没涉及表示数据结构的数据流。应用层要提供许多低层不支持的功能，这就使得应用层变成 OSI 参考模型中最复杂的层次之一。ISO/IEC 9545 用应用层结构 ALS（Application Layer Structure）和面向对象的方法来研究应用实体的通信能力。

在 OSI 应用层体系结构概念的支持下，目前已有 OSI 标准的应用层协议有：

（1）文件传送、访问与管理 FTAM（File Transfer、Access and Management）协议。

（2）公共管理信息协议 CMIP（Common Management Information Protocol）。

（3）虚拟终端协议 VTP（Virtual Terminal Protocol）。

（4）事务处理 TP（Transaction Processing）协议。

（5）远程数据库访问 RDA（Remote Database Access）协议。

（6）制造业报文规范 MMS（Manufacturing Message Specification）协议。

（7）目录服务 DS（Directory Service）协议。

（8）报文处理系统 MHS（Message Handling System）协议。

当两台计算机通过网络通信时，一台机器上的任何一层的软件都假定是在和另一机器上的同一层进行通信。例如，一台机器上的传输层和另一台的传输层通信。第一台机器上的传输层并不关心实际上是如何通过该机器的较低层，然后通过物理媒体，最后通过第二台机器的较低层来实现通信的。

OSI 参考模型是网络的理想模型，很少有系统完全遵循它。

3.3 TCP/IP 的体系结构

计算机网络体系结构中普遍采用分层的方法，OSI 参考模型是严格遵循分层模式的典范。OSI 参考模型自推出之日起，就以网络体系结构蓝本的面目出现，而且在短短的时间内也确实起到了它应起的作用。但除了 OSI 参考模型外，市场上还流行着一些其他著名的体系结构。特别是早在 ARPANet 中就使用的 TCP/IP 体系，虽然不是国际标准，但由于它的简捷、高效，更由于 Internet 的流行，使遵循 TCP/IP 协议的产品大量涌入市场，TCP/IP 成为事实上的国际标准，也有人称它为工业标准。

3.3.1 TCP/IP 的发展历史

TCP/IP 的历史要追溯到 20 世纪 70 年代中期。当时 arpa（DARPA—Defense Advanced Research Project Agency 的前身）为了实现异种网之间的互连，大力资助互联网技术的开发，于 1977 年到 1979 年间推出目前形式的 TCP/IP 体系结构和协议。

到了 1979 年，越来越多的研究开发人员投入 TCP/IP 的研究开发之中，DARPA 于是组织 "Internet 控制与配置委员会" 以协调各方面的工作。

1980 年左右，DARPA 开始将 ARPANet 上的所有机器转向 TCP/IP 协议，并以 ARPANet 为主干建立 Internet。1983 年 1 月，ARPANet 向 TCP/IP 的转换全部结束。

为推广 TCP/IP 协议，DARPA 以低价格出售 TCP/IP 的使用权，并通过资助加州大学伯克利分校将 TCP/IP 融入当时最为流行的 UNIX 操作系统中。

从 1985 年开始，美国国家科学基金会 NSF 开始涉足 TCP/IP 的研究与开发，并于 1986 年资助建成基于 TCP/IP 的主干网 NSFNET。目前 NSFNET 已替代 ARPANet 成为 Internet 的主干。

由以上发展过程可以看出，TCP/IP 同 ARPANet 一样，与 Internet 是紧密联系在一起的。TCP/IP 的成功推动了 Internet 的发展，而 Internet 的日益壮大又确立了 TCP/IP 的牢固地位。Internet 已成为世界上最大的互联网，其上运行的 TCP/IP 协议随之成为热门话题。另外，OSI 体系结构的推广缓慢也是造成 TCP/IP 比较流行的一个原因。尽管 OSI 的体系结构从理论上讲比较完整，其各层协议也考虑得很周到，但由于种种原因，完全符合 OSI 各层协议的商用产品却很少进入市场。在这种情况下，有众多用户基础的 TCP/IP 就得到了较大发展。

3.3.2 TCP/IP 的体系结构

图 3.10TCP/IP 体系结构和 OSI/RM 的关系与 OSI/RM 不同，TCP/IP 从推出之时就把考虑问题的重点放在了异种网互连上。所谓异种网，即遵从不同网络体系结构的网络。TCP/IP 的目的不是要求大家都遵循一种标准，而是在承认有不同标准的情况下，解决这些不同。因此，网络互连是 TCP/IP 技术的核心。TCP/IP 体系结构和 OSI/RM 的关系，如图 3.10 所示。由于 TCP/IP 在设计时重点不放在具体的通信网实现上，而且 TCP/IP 并没有定义具体的网络接口协议，所以 TCP/IP 允许任何类型的通信子网参与通信。

图 3.10 TCP/IP 体系结构和 OSI/RM 的关系

1．网络接口层

这是 TCP/IP 的最底层，包括能使用 TCP/IP 与物理网络进行通信的协议，且对应着 OSI 的物理层和数据链路层。TCP/IP 标准并没有定义具体的网络接口协议，而是旨在提供灵活性，以适应各种网络类型，如 LAM、MAN 和 WAN。这也说明了 TCP/IP 协议可以运行在任何网络之上。

2．网际层

网际层所执行的主要功能是处理来自传输层的分组，将分组形成数据包（IP 数据包），并为该数据包进行路径选择，最终将数据包从源主机发送到目的主机，其地位类似于 OSI 参考模型的网络层，向上提供不可靠的数据报传输服务。在网际层中，最常用的协议是网际协议 IP，其他一些协议用来协助 IP 的操作。

3．传输层

传输层提供应用程序之间（即端到端）的通信。这一层可以使用两种不同的协议：一种是传输控制协议 TCP（Transmission Control Protocol），提供端到端之间的可靠传输服务，数据传送单位是报文段；另一种是用户数据报协议 UDP（User Datagram Protocol），在端与端之间提供不可靠服务，但传输效率比 TCP 协议高，数据传送单位是数据报（Datagram），实际上就是以前提到的分组。

除了在端与端之间传送数据外，传输层还要解决不同程序的识别问题，因为在一台计算机中，常常是多个应用程序可以同时访问网络。传输层要能够区别出一台机器中的多个应用程序。

4．应用层

TCP/IP 模型的应用层是最高层，但与 OSI 的应用层有较大区别。实际上，TCP/IP 模型的应用层的功能相当于 OSI 参考模型的会话层、表示层和应用层 3 层的功能。

在 TCP/IP 的应用层中，定义了大量的 TCP/IP 应用协议，其中最常用的协议包括文件传输协议（FTP）、远程登录（Telnet）、域名服务（DNS）、简单邮件传输协议（SMTP）和超文本传输协议（HTTP）等。

用户可以利用应用程序编程接口（Application Program Interface，API）开发与网络进行通信的应用程序，例如，Microsoft 的 Windows Sockets 就是一种常用的符合 TCP/IP 协议的网络 API。

3.3.3 TCP/IP 与 OSI/RM 的区别

从以上的叙述可以看出，TCP/IP 与 OSI/RM 有许多不同，主要表现在以下几个方面：

（1）TCP/IP 虽然也分层，但其层次之间的调用关系不像 OSI 那样严格。在 OSI 参考模型中，两个 N 层实体之间的通信必须经过（N−1）层。但 TCP/IP 可以越级调用更低层提供的服务。这样做可以减少一些不必要的开销，提高了数据传输的效率。

（2）TCP/IP 一开始就考虑到了异种网的互连问题，并将互联网协议作为 TCP/IP 的重要组成部分。而 ISO 只考虑到用一种统一标准的公用数据网将各种不同的系统互连在一起，根本未想到异种网的存在，这是 OSI/RM 的一大缺点。

（3）TCP/IP 一开始就向用户同时提供可靠服务和不可靠服务，而 OSI 在开始时只考虑到向用户提供可靠服务。相对说来，TCP/IP 更侧重于考虑提高网络传输的效率，而 OSI 参考模型更侧重于考虑网络传输的可靠性。

（4）系统中体现智能的位置不同。OSI 认为，通信子网是提供传输服务的设施，因此，智能性问题如监视数据流量、控制网络访问、记账收费，甚至路径选择、流量控制等都由通信子网解决，这样留给末端主机的事情就不多了。相反，TCP/IP 则要求主机参与几乎所有的智能性活动。

因此，OSI 网络可以连接较简单的主机。运行 TCP/IP 的互联网则是一个相对简单的通信子网，对入网主机的要求较高。

3.4 网络与 Internet 协议标准组织与管理机构

3.4.1 电信标准

当电话开始在世界范围普及时，人们就开始认识到标准化的重要性。1865 年，欧洲许多国家的代表聚会组成了今天的国际电信联盟 ITU（International Telecommunication Union）的前身。ITU 的工作是标准化国际电信，那时就是电报。1947 年 ITU 成为联合国的一个组织，它由以下三部分组成。

1．ITU-R

ITU-R 是国际电信联盟的一个重要的常设机构，其主要职责是研究无线电通信技术和业务问题，从无线电资源的最佳配置角度出发，规划和协调各会员国的无线电频率，并就这类问题通过技术标准和建议书。下设 11 个研究组，人员由各成员国的代表组成。

2．ITU-T

ITU-T 是国际电信联盟的一个重要的常设机构。其主要职责是完成电联有关电信标准化方面的目标，即研究电信技术、网络运营、电信资费和国际结算等问题，并就这些问题通过建议，使全世界的电信标准化。下设 14 个研究组，人员由各成员国的代表组成。

3．ITU-D

ITU-D 是国际电信联盟的电信发展部门。其职责是鼓励发展中国家参与电联的研究工作，组织召开技术研讨会，使发展中国家了解电联的工作，尽快应用电联的研究成果；鼓励国际合作，向发展中国家提供技术援助，在发展中国家建设和完善通信网。

3.4.2　国际标准

1946 年成立的国际标准化组织 ISO 是一个自愿的、非条约的组织，负责制定各种国际标准，ISO 有 89 个成员国，85 个其他成员。ISO 有 200 多个技术委员会（TC），每个技术委员会下设若干分委员会（SC），每个分委员会由若干工作组（WG）组成。例如，

TC97——计算机和信息处理。

TC97/SC21/WG1——OSI 体系结构、概念性方案和形式描述。

其他标准化组织有：

ANSI：美国国家标准研究所，ISO 的美国代表。

NIST：美国国家标准和技术研究所，美国商业部的标准化机构。

IEEE：电气行业标准。例如 IEEE 802，后成为 ISO8 802。

ATM Forum：ATM 论坛。

OIF（Optical Ineternetworking Forum）。

值得注意的是，ITU-T 和 ISO 之间有很好的合作和协调。

3.4.3　Internet 标准

Internet 的标准特点是自发而非政府干预的，称为 RFC（Request For Comments——请求评价）。实际上没有任何组织、企业或政府能够拥有 Internet，但是它也被一些独立的管理机构管理的，每个机构都有自己特定的职责。

1．国家科学基金会（NSF）

它是美国一个为科学研究提供资金等资助的独立的政府机构，曾因为构建以前的 Internet 骨干网 NSFNET 而著名。尽管 NSF 并不是一个官方的 Internet 组织，并且也不能参与 Internet 的管理，但对 Internet 的过去和未来都有非常重要的作用，创建于 1950 年。

2．Internet 协会

Internet 协会（Internet Society——ISOC）创建于 1992 年，是一个最权威的 "Internet 全球协调与使用的国际化组织"。由 Internet 专业人员和专家组成，它的重要任务是与其他组织合作，共同完成 Internet 标准与协议的制定。

3．Internet 体系结构委员会

Internet 体系结构委员会（Internet Architecture Board，IAB）创建于 1992 年 6 月，是 ISOC 的技术咨询机构。IAB 监督 Internet 协议体系结构的发展，提供创建 Internet 标准的步骤，管

理 Internet 标准化（草案）RFC 文档系列，管理各种已分配的 Internet 地址号码。IAB 下属有两个机构：

（1）Internet 工程任务组——IETF。

（2）Internet 工程指导委员会——IRTF。

4. Internet 工程任务组和 Internet 工程指导委员会

Internet 工程任务组的任务是为 Internet 工作和发展提供技术及其他支持。它的任务之一是简化现在的标准并开发一些新的标准，并向 Internet 工程指导小组推荐标准。

IETF 主要工作领域：应用程序、Internet 服务、网络管理、运行要求、路由、安全性、传输、用户服务与服务应用程序。

工作组的目标是创建信息文档、创建协议细则，解决 Internet 与工程和标准制订有关的各种问题等。

5. Internet 研究部（Internet Rsceach Force，IRTF）

IRTF 是 ISOC 的执行机构。它致力于与 Internet 有关的长期项目的研究，主要在 Internet 协议、体系结构、应用程序及相关技术领域开展工作。

6. Internet 网络信息中心（Internet Network Information Center，Internet）

Internet 网络信息中心负责 Internet 域名注册和域名数据库的管理。

7. Internet 账号管理局（Internet AASSIGNED Numbers Authority，IANA）

Internet 账号管理局的工作是按照 IP 协议，组织监督 IP 地址的分配，确保每一个域都是唯一的。

8. WWW 联盟

WWW 联盟是独立于其他 Internet 组织而存在的，是一个国际性的工业联盟，致力于与 Web 有关的协议的制定。它由以下组织联合组成：

（1）美国麻省理工学院计算机科学实验室。

（2）欧洲国家信息与自动化学院。

（3）日本的 Keio university shonan fujisawa。

本 章 小 结

一个完备的计算机网络系统不能不考虑它的体系结构。计算机网络体系结构采用分层的方法，分层的好处是既隐藏了低层细节又简化了协议与实现。

最流行的网络体系结构是 OSI 参考模型和 TCP/IP 体系，本章分别对二者做了介绍，并对它们做了一些比较，指出了彼此的一些优缺点。结论是：虽然 ISO/OSI 的推广普及势在必行，但 TCP/IP 将长期存在并得到发展。

计算机网络由通信子网和资源子网两级子网构成。从 OSI 参考模型的 7 层的角度来看，通信子网只需具备低 3 层。

物理层是分层协议中的最低层，它的作用是在相邻节点之间提供二进制比特流的透明传输。实际上，物理层协议是 DTE 与 DCE 的接口标准。有了这层协议，DTE 与具体通信网在信号一级的差异就可以被屏蔽。物理接口协议中 4 个特性是机械特性、电气特性、功能特性与规程特性。实际网络中比较广泛使用的物理接口标准有 EIA-232-E、EIA RS-449 和 CCITT 建议的 X.21。

数据链路层是紧跟其后的一层，它的作用是保证一条数据链路上一帧（Frame）信息的正确传送。数据链路层具有链路管理、帧传输、流量控制、差错控制等功能。高级数据链路控制 HDLC，是国际标准的面向比特的数据链路协议。

网络层是通信子网的最高层。网络层的主要功能有路径选择与中继、流量控制和网络连接建立与管理。它可以向用户提供面向连接服务和面向无连接服务。

传输层是网络体系结构中最重要的一层，它的作用是屏蔽具体通信网的通信细节，在发送者和接收者之间实现高质量、高效率的数据传输。有了传输层，高层才能专心进行信息的处理。

高层协议又称面向应用的协议，包括会话层、表示层和应用层。它们共同为用户提供网络服务。

TCP/IP 的体系结构从下到上依次分为网络接口层、网际层、传输层和应用层。

习 题 3

一、填空题

3.1 将计算机的_____与各层协议的_____定义为计算机网络体系结构。

3.2 在 OSI 参考模型中，主机中要实现_____层功能，通信子网中的通信处理机只需要实现低层功能。

3.3 传输层以上的数据单元统称为_____，网络层的数据单元称为_____，数据链路层的数据单元称为_____，物理层则以_____为单位进行传输。

3.4 反映在物理接口协议的物理接口的 4 个特性是_____特性、_____特性、特性与_____特性。

3.5 IEEE 802 委员会为局域网定义了_____层、介质访问控制（MAC）层、逻辑链路控制（LLC）层，其中_____层与_____层是属于 OSI 参考模型中数据链路层的两个子层。

3.6 从 OSI 参考模型的角度看，网络层所提供的服务可分为两类：_____的网络服务和_____网络服务。

3.7 X.25 建议由 3 层组成，分别对应 OSI 参考模型的低 3 层。在物理层，X.25 采用_____建议作为它的"物理级"接口标准；在数据链路层，X.25 采用 HDLC 的子集_____作为它的"数据链路级"接口标准；在网络层，X.25 采用了它的_____标准。

3.8 传输层提供端到端的通信。这一层可以使用两种不同的协议：一种是_____协议，提供_____服务，数据传送单位是报文段；另一种是_____协议，在端与端之间提供服务。

二、选择题

3.9 网络体系结构可以定义成（   ）。

 A．计算机网络的实现

 B．执行计算机数据处理的软件模块

C. 建立和使用通信硬件和软件的一套规则和规范

D. 由 ISO 制定的一个标准

3.10 网络中进行数据交换必须遵守网络协议，一个网络协议主要由（ ）三个部分组成。

A. 语法、语义、时序　　　　　　　B. 语义、软件、数据

C. 服务、原语、数据　　　　　　　D. 软件、原语、数据

3.11 OSI 网络结构模型共分为七层，其中最底层是物理层，最高层是（ ）

A. 会话层　　　　B. 应用层　　　　C. 传输层　　　　D. 网络层

3.12 数据链路层的主要功能中不包括（ ）。

A. 差错控制　　　B. 流量控制　　　C. 路由选择　　　D. MAC 地址的定义

3.13 在 ISO/OSI 参考模型中，实现端到端的通信功能的层是（ ）。

A. 物理层　　　　B. 数据链路层　　C. 传输层　　　　D. 网络层

3.14 网络层的主要功能中不包括（ ）。

A. 路径选择　　　　　　　　　　　B. 数据包交换

C. 实现端到端的连接　　　　　　　D. 网络连接的建立与拆除

3.15 ISO 制定了顺序式的 OSI/RM，以下正确的是（ ）。

A. 数据链路层，网络层，会话层，传输层

B. 物理层，数据链路层，传输层，网络层

C. 应用层，表示层，会话层，传输层

D. 传输层，网络层，会话层，应用层

3.16 ISO 七层模型中负责路由选择的是（ ）。

A. 物理层　　　　B. 数据链路层　　C. 网络层　　　　D. 传输层

3.17 在 OSI/RM 中，与具体的物理设备、传输媒体及通信手段有关的层次是（ ）。

A. 网络　　　　　B. 传输　　　　　C. 链路　　　　　D. 物理

3.18 在 OSI 参考模型中，负责使分组以适当的路径通过通信子网的是（ ）。

A. 表示层　　　　B. 传输层　　　　C. 网络层　　　　D. 数据链路层

三、判断题（正确的打 √，错误的打 ×）

3.19 网络系统互连的协议 OSI 具有六层。（ ）

3.20 TCP/IP 协议共有四层。（ ）

3.21 数据链路不等同于链路，它在链路上加了控制数据传输的规程。（ ）

3.22 网络层的任务是选择合适的路由，使分组能够准确地按照地址找到目的地。（ ）

3.23 在 OSI 参考模型中，物理层处于参考模型的最底层，而网络传输介质属于物理层的设备。（ ）

3.24 在 OSI/RM 分层结构中，物理层可以为网络层提供无差错的透明传输。（ ）

3.25 HDLC 帧划分为三大类：信息帧、监控帧和同步帧。（ ）

3.26 在 OSI 参考模型中，应用层包含了关于网络应用程序数据格式的协议。（ ）

3.27 TCP/IP 协议可以运行在任何网络之上。（ ）

3.28 高层协议又称面向应用的协议，它包括会话层、表示层和应用层。（ ）

第4章 计算机局域网

内容提要

本章主要介绍局域网的一些关键技术，局域网协议及 IEEE 802 标准，3 种介质访问控制方法，以太网与交换式以太网的基本工作原理，虚拟局域网的基本概念，高速局域网技术，无线局域网，点对点协议及局域网操作系统的类型及常用的局域网操作系统等。

4.1 局域网概述

局域网 LAN（Local Area Network）是一种在有限的地理范围内将大量 PC 及各种设备互连在一起，实现数据传输和资源共享的计算机网络。社会对信息资源的广泛需求及计算机技术的广泛普及，促进了局域网技术的迅猛发展。在当今的计算机网络技术中，局域网技术已经占据了十分重要的地位。

4.1.1 局域网的主要特点

与广域网（Wide Area Network, WAN）相比，局域网具有以下特点：

（1）网络所覆盖的地理范围比较小。仅用于办公室、机关、学校等内部连网，其范围没有严格的定义，通常不超过几十千米，甚至只在一幢建筑或一个房间内。而广域网的分布是一个地区、一个国家乃至全球范围。

（2）高传输速率和低误码率。局域网传输速率一般为 0.1～100Mbps，目前已出现速率高达 10 000Mbps 的局域网，可交换各类数字和非数字（如语音、图像、视频等）信息，而误码率一般在 10^{-11}～10^{-8} 之间。这是因为局域网通常采用短距离基带传输，可以使用高质量的传输媒体，从而提高了数据传输质量。

（3）局域网一般为一个单位所建，网络的经营权和管理权属于某个单位，而广域网往往是面向一个行业或全社会服务。局域网一般是采用同轴电缆、双绞线、光纤等建立单位内部专用网络，而广域网则较多租用公用线路或专用线路，如公用电话线、光纤、卫星等。

（4）局域网与广域网侧重点不完全一样，局域网侧重共享信息的处理，而广域网一般侧重共享位置准确无误及传输的安全性。

在 LAN 和 WAN 之间的是城市区域网 MAN（Metropolitan Area Network），简称城域网。MAN 是一个覆盖整个城市的网络，但它使用 LAN 的技术。

4.1.2 局域网的关键技术

决定局域网的主要技术涉及拓扑结构、传输媒体和介质访问控制（Medium Access

Control, MAC）3 项技术，其中最重要的是介质访问控制方法。这 3 项技术在很大程度上决定了传输数据的类型、网络的响应时间、吞吐量以及网络应用等各种网络特性。

1．拓扑结构

局域网具有几种典型的拓扑结构：星型、环型、总线型和树型。星型拓扑结构中集中控制方式较少采用，而分布式星型结构在现代的局域网中采用较多，交换技术的发展使星型结构被广泛采用。环型拓扑结构是一种有效结构形式，也是一种分布式控制，它控制简便，结构对称性好，传输速率高，应用较为广泛，IBM 令牌环网和剑桥环网均为环型拓扑结构。总线型拓扑结构可以实行集中控制，但较多的是采用分布控制。总线拓扑的重要特性是可采用广播式多路访问方法，它的典型代表是著名的以太网（Ethernet）。总线结构曾经是局域网中采用最多的一种拓扑形式，其优点是可靠性高，扩充方便。树型结构在分布式局域网系统中较流行的是完全二叉树，这种结构的扩充性能好，寻址方便，较适用于多监测点的实时控制和管理系统。典型的树型结构局域网是王安宽带局域网。将星型、环型、总线型各种基本拓扑结构交互布置构成混合形拓扑结构，其系统实例有 Data Point 公司提供的一种包括树型的 PBX 的混合局部网络和称为簇形的 ARCnet网络。

2．传输形式

局域网的传输形式有两种：基带传输与宽带传输。典型的传输介质有双绞线、基带同轴电缆、宽带同轴电缆和光导纤维、电磁波等。双绞线是一种廉价介质，非屏蔽五类线的传输速率已达 100Mbps，在局域网上被广泛应用。同轴电缆是一种较好的传输介质，它既可用于基带系统又可用于宽带系统，具有吞吐量大、可链接设备多、性能价格比比较高、安装和维护较方便等优点。光导纤维（简称光纤）是局域网中最有前途的一种传输介质，具有高达几百兆位/秒的传输速率，误码率较低（可达 10^{-9} 以下），传输延迟可忽略不计。光纤具有良好的抗干扰性，不受任何强电磁的影响。此外，在某些特殊的应用场合，由于机动性要求，不便采用上述有线介质，而需采用微波、无线电、卫星等通信媒体传输信号。

3．介质访问控制方法

介质访问控制方法即信道访问控制方法主要有 5 类：固定分配、需要分配、适应分配、探询访问和随机访问。设计一个好的介质访问控制协议有 3 个基本目标：协议要简单，获得有效的通道利用率，对网上各站点的用户公平合理。

4.2 局域网协议

前面介绍的几种网络标准，如 OSI/RM、TCP/IP 等，均是在局域网出现之前制定的，都是针对广域网的。局域网出现之后，其发展迅速，类型繁多，用户为了能实现不同类型局域网之间的通信，迫切希望尽快产生局域网标准。1980 年 2 月，美国电气和电子工程师学会（即IEEE）成立了 802 课题组，研究并制定了局域网标准 IEEE 802。后来，国际标准化组织（ISO）经过讨论，建议将 802 标准确定为局域网标准。

4.2.1 局域网协议与 IEEE 802 系列标准

1. 局域网体系结构

在 OSI 参考模型中，通信子网必须包括低 3 层，即物理层、数据链路层和网络层。局域网作为一种计算机通信网理应包括 OSI 的低 3 层，但由于局域网的拓扑非常简单，不需要进行路由选择，局域网不存在网络层。因此，局域网的通信子网只包括物理层和数据链路层。局域网的物理层实际上由两个子层组成，其中，较低的子层描述与传输介质有关的特性，较高的子层集中描述与介质无关的物理层特性。

局域网的数据链路层由两个子层组成：介质访问控制（MAC）子层和逻辑链路控制（LLC）子层。不同的局域网采用不同的 MAC 子层，而所有局域网的 LLC 子层均是一致的，有了统一的 LLC 子层。虽然局域网的种类五花八门，但高层可以通用。局域网的低两层一般由硬件实现，就是平常所说的网络适配器（简称网卡）。高层由软件实现，网络操作系统是高层的具体实现。

OSI 参考模型与局域网体系结构的比较 如图 4.1 所示。

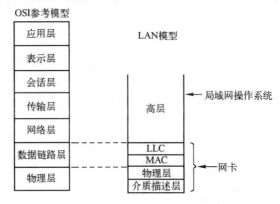

图 4.1　OSI 参考模型与局域网体系结构的比较

2. IEEE 802 标准

IEEE 是通信领域的一个国际标准化组织，这个标准化组织有一个 802 委员会，专门研究和制定有关局域网的各种标准，目前已经制定 12 个标准，如图 4.2 所示。

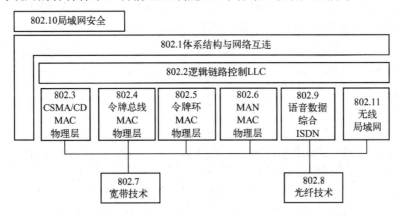

图 4.2　局域网 IEEE802 标准

（1）IEEE 802.1：包括局域网体系结构、网络互连以及网络管理。

（2）IEEE 802.2：逻辑链路控制 LLC 子层的功能与服务。

（3）IEEE 802.3：描述 CSMA/CD 总线介质访问控制方法与物理层规范。

（4）IEEE 802.4：定义令牌总线（TokenBus）介质访问控制方法与物理层规范。

（5）IEEE 802.5：定义令牌环（TokenRing）介质访问控制方法与物理层规范。

（6）IEEE 802.6：定义城市网介质访问控制方法与物理层规范。

（7）IEEE 802.7：定义了宽带技术。

（8）IEEE 802.8：定义了光纤技术。

（9）IEEE 802.9：定义了语音与综合业务数字网（ISDN）技术。

（10）IEEE 802.10：定义了局域网的安全机制。

（11）IEEE 802.11：定义了无线局域网技术。

（12）IEEE 802.12：定义了按需优先的介质访问方法，用于快速以太网。

随着计算机网络技术的不断发展，IEEE 802 标准也将会进一步完善。

4.2.2 介质访问控制方法

在计算机局域网中，各个工作站点都处于平等地位，通过公共传输信道互相通信。任何一部分物理信道一个时间段内只能被一个站点占用并用来传输信息，这就产生了一个信道的合理分配问题。各工作站点由谁占用信道，如何有效地避免冲突，使网络达到最好的工作效率以及最高的可靠性，是网络研究人员要解决的首要课题。

介质访问方法与局域网的拓扑结构、工作过程有密切关系。目前，计算机局域网常用的访问控制方式有 3 种，分别用于不同的拓扑结构。

1. 带有碰撞检测的载波侦听多点访问法（CSMA/CD）

CSMA/CD 是英文 Carrier Sense Multiple Access with Collision Detection 的缩写，含有两方面的内容，即载波侦听（CSMA）和碰撞检测（CD）。CSMA/CD 访问控制方式主要用于总线型和树型网络拓扑结构的基带传输系统。信息传输是以"包"为单位，简称信包，发展为 IEEE 802.3 基带 CSMA/CD 局域网标准。

CSMA/CD 的设计思想如下：

（1）侦听（监听）总线。查看信道上是否有信号是 CSMA 系统的首要任务，各个站点都有一个"侦听器"，用来测试总线上有无其他工作站正在发送信息（也称为载波识别）。如果信道已被占用，则此工作站等待一段时间然后再争取发送权；如果侦听总线是空闲的，没有其他工作站发送的信息就立即抢占总线进行信息发送。查看信号的有无称为载波侦听，而多点访问是指多个工作站共同使用一条线路。

CSMA 技术中要解决的另一个问题是侦听信道已被占用时，等待的一段时间如何确定。通常有两种方法：

① 当某工作站检测到信道被占用后，继续侦听下去，一直等到发现信道空闲后，立即发送，这种方法称为持续的载波侦听多点访问。

② 当某工作站检测到信道被占用后，就延迟一个随机时间，然后再检测，不断重复上述过程，直到发现信道空闲后开始发送信息，这称为非持续的载波侦听多点访问。

（2）冲突检测（碰撞检测）。当信道处于空闲时，某一个瞬间，如果总线上两个或两个以上的工作站同时都想发送信息，那么该瞬间它们都可能检测到信道是空闲的，同时都认为可以发送信息，从而一起发送，这就产生了冲突（碰撞）；另一种情况是某站点侦听到信道是空闲的，而这种空闲可能是较远站点已经发送了信包，但由于在传输介质上信号传送的延时，信包还未传送到此站点的缘故，如果此站点又发送信息，则也将产生冲突，因此，消除冲突是一个重要问题。

首先可以确认，冲突只有在发送信包以后的一段短时间内才可能发生，因为超过这段时间后，总线上各站点都可能听到是否有载波信号在占用信道，这一小段时间称为碰撞窗口或碰撞时间间隔。如果线路上最远两个站点间信包传送延迟时间为 d，碰撞窗口时间一般取为 $2d$。CSMA/CD 的发送流程可简单地概括成 4 点：先听后发，边发边听，冲突停止，随机延迟后重发。

采用 CSMA/CD 介质访问控制方法的总线型局域网中，每一个节点在利用总线发送数据时，首先要侦听总线的忙、闲状态。如总线上已经有数据信号传输，则为总线忙；如总线上没有数据信号传输，则为总线空闲。由于 Ethernet 的数据信号是按差分曼彻斯特方法编码，因此如总线上存在电平跳变，则判断为总线忙；否则判断为总线空。如果一个节点准备好发送的数据帧，并且此时总线空闲，它就可以启动发送。同时也存在着这种可能，那就是在几乎相同的时刻，有两个或两个以上节点发送了数据帧，那么就会产生冲突。所以节点在发送数据的同时应该进行冲突检测。冲突检测的方法有两种：比较法和编码违例判决法。

所谓比较法是发送节点在发送数据的同时，将其发送信号波形与从总线上接收到的信号波形进行比较。如果总线上同时出现两个或两个以上的发送信号，它们叠加后的信号波形将不等于任何节点发送的信号波形。当发送节点发现自己发送的信号波形与从总线上接收到的信号波形不一致时，表示总线上有多个节点同时发送数据，冲突已经产生。

所谓编码违例判决法是只检测从总线上接收的信号波形。如果总线只有一个节点发送数据，则从总线上接收到的信号波形一定符合差分曼彻斯特编码规律。因此，判断总线上接收信号电平跳变规律同样也可以检测是否出现了冲突。

如果在发送数据帧的过程中没有检测出冲突，在数据帧发送结束后，进入结束状态。

如果在发送数据帧的过程中检测出冲突，在 CSMA/CD 介质存取方法中，首先进入发送"冲突加强信号（Jamming Signal）"阶段。CSMA/CD 采用冲突加强措施的目的是确保有足够的冲突持续时间，以使网络中所有节点都能检测出冲突存在，废弃冲突帧，减少因冲突浪费的时间，提高信道利用率。冲突加强中发送的阻塞（JAM）信号一般为 4B 的任意数据。

完成"冲突加强"过程后，节点停止当前帧发送，进入重发状态。进入重发状态的第一步是计算重发次数。Ethernet 协议规定一个帧最大重发次数为 16 次。如果重发次数超过 16 次，则认为线路故障，系统进入"冲突过多"结束状态。如重发次数 $N \leqslant 16$，则允许节点随机延迟后再重发。

在计算后退延迟时间并且等待后退延迟时间到之后，节点将重新判断总线忙、闲状态，重复发送流程。

从以上讲解中可以看出，任何一个节点发送数据都要通过 CSMA/CD 方法去争取总线使用权，从它准备发送到成功发送的发送等待延迟时间是不确定的。因此，人们将 Ethernet 所使用的 CSMA/CD 方法定义为一种随机争用型介质访问控制方法。

CSMA/CD 方式的主要特点是：原理比较简单，技术上较易实现，网络中各工作站处于同等地位，不要集中控制，网络负载轻时效率较高。但这种方式不能提供优先级控制，各节点争用总线，不能满足远程控制所需要的确定延时和绝对可靠性的要求。此方式效率高，但当负载增大时，发送信息的等待时间较长。为了克服以上缺点，产生了 CSMA/CD 的改进方式，如带优先权的 CSMA/CD 访问方式、带回答包的 CSMA/CD 访问方式、避免冲突的 CSMA/CD 访问方式等。

2. 令牌环访问控制法（Token Ring）

Token Ring 是令牌通行环（Token Passing Ring）的简写，其主要技术指标是：网络拓扑为环型布局，基带网，采用单个令牌（或双令牌）的令牌传递方法。环型网络的主要特点是：只有一条环路，信息单向沿环流动，无路径选择问题；网络中的节点只有获得令牌才可以发送数据。因此，在令牌环网中不会发生冲突。

令牌（Token）也叫通行证，它具有特殊的格式和标记，是一个 1 位或几位二进制数组成的代码。举例来说，如果令牌是一个字节的二进制数"11111111"，该令牌沿环型网依次向每个节点传递，只有获得令牌的节点才有权发送信包。令牌有"忙"和"空"两个状态。"11111111"为空令牌状态。当一个工作站准备发送报文信息时，首先要等待令牌的到来，当检测到一个经过它的令牌为空令牌时，即以"帧"为单位发送信息，并将空令牌置为"忙"（"00000000"）标志附在信息尾部向下一站发送。下一站用按位转发的方式转发经过本站但又不属于由本站接收的信息。由于环中已没有空闲令牌，因此其他希望发送的工作站必须等待。

接收过程为：每一站随时检测经过本站的信包，当检测到信包指定的地址与本站地址相符时，则一面复制全部信息，一面继续转发该信息包。环上的帧信息绕网一周，由源发送站点予以收回。按这种方式工作，发送权一直在源站点控制之下，只有发送信包的源站点放弃发送权，把 Token 置"空"后，其他站点得到令牌才有机会发送自己的信息。令牌环的工作过程如图 4.3 所示。

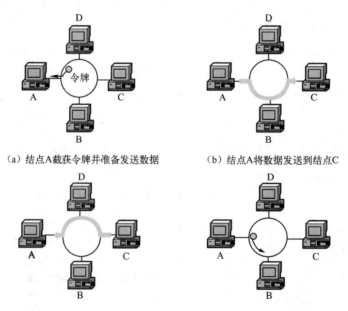

（a）结点A截获令牌并准备发送数据　　　（b）结点A将数据发送到结点C

（c）数据循环一周后，结点A将其收回　　　（d）产生新的令牌发送到环路中

图 4.3　令牌环工作原理

令牌方式在轻负载时，由于发送信息之前必须等待令牌，加上规定由源站收回信息，大约有 50%的环路在传送无用信息，所以效率较低。然而在重负载环路中，令牌以"循环"方式工作，故效率较高，各站机会均等。令牌环的主要优点在于它提供的访问方式的可调整性，它可提供优先权服务，具有很强的实时性；其主要缺点是需有令牌维护要求，避免令牌丢失或令牌重复，故这种方式控制电路较复杂。

3. 令牌总线访问控制法（Token Bus）

Token Bus 是令牌通行总线（Token Passing Bus）的简写。这种方式主要用于总线型或树型网络结构中。1976 年美国 Data Point 公司研制成功的 ARCnet（Attached Resource Computer）网络，综合了令牌传递方式和总线网络的优点，在物理总线结构中实现令牌传递控制方法，从而构成一个逻辑环路。此方式也是目前微机局域网中的主流介质访问控制方式。ARCnet 网络把总线或树型传输介质上的各工作站形成一个逻辑上的环，即将各工作站置于一个顺序的序列内（例如可按照接口地址的大小排列）。方法可以是在每个站点中设一个网络节点标识寄存器 NID，初始地址为本站点地址。网络工作前，要对系统初始化，以形成逻辑环路，其过程主要是：网中最大站号 n 开始向其后继站发送"令牌"信包，目的站号为 $n+1$，若在规定时间内收到肯定的信号 ACK，则 $n+1$ 站连入环路，否则 $n+1$ 再继续向下询问（设网中最大站号为 $N=255$，$n+1$ 后变为 0，然后 1、2、3 递增），凡是给予肯定回答的站都可连入环路并将给予肯定回答的后继站号放入本站的 NID 中，从而形成了一个封闭逻辑环路。经过一遍轮询过程，网络各站标识寄存器 NID 中存放的都是其相邻的下游站地址。

逻辑环形成后，令牌的控制方法类似于 Token Ring。在 Token Bus 中，信息是双向传送的，每个站点都可以"听到"其他站点发出的信息，所以令牌传递时都要加上目的地址，明确指出下一个将到的站点。这种方式与 CSMA/CD 方式的不同在于除了当时得到令牌的工作站之外，所有的工作站只收不发，只有收到令牌后才能开始发送，所以拓扑结构虽是总线型但可以避免冲突。令牌总线结构如图 4.4 所示。

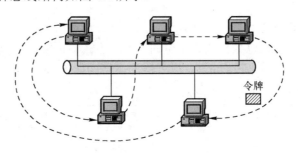

图 4.4　令牌总线结构示意图

Token Bus 方式的最大优点是具有极好的吞吐能力，且吞吐量随数据传输速率的增高而增加，并随介质的饱和而稳定下来但并不下降；各工作站不需要检测冲突，故信号电压容许较大的动态范围，连网距离较远；有一定实时性，在工业控制中得到了广泛应用，如 MAP 网就是用的宽带令牌总线。MAP 网是目前应用非常广泛的工业网，它是以开放式系统和 ISO 七层参考模型为基础的宽带系统通信网络。令牌总线网的主要缺点在于其复杂性和时间开销较大，工作站可能必须等待多次无效的令牌传送后才能获得令牌。

应该指出，ARCnet 网实际上采用称为集中器的 Hub 硬件连网，物理拓扑上有星型和总线型两种连接方式。

上述 3 种访问控制法已得到国际认可，并形成 IEEE 802 计算机局域网标准。

4.3　以太网与交换式以太网

4.3.1　IEEE 802.3 与以太网

目前应用最广泛的一类局域网是以太网 Ethernet，它是由美国施乐（Xerox）公司于 1975 年研制成功并获得专利。此后，Xerox 公司与 DEC 公司、Intel 公司合作，提出了 Ethernet 规范，成为第一个局域网产品规范，这个规范后来成为 IEEE 802.3 标准的基础。

Ethernet 是典型的总线型局域网，其连接情况如图 4.5 所示，它的传输速率为 10Mbps。

Ethernet 的核心技术是它的随机争用型介质访问控制方法，即带有冲突检测的载波侦听多路访问（Carrier Sense Multiple Access with Collision Detection）方法。

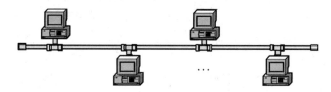

图 4.5　Ethernet 连接图

Ethernet 是总线型网，网中没有控制节点，任何节点发送数据的时间都是随机的，网中节点都只能平等地争用发送时间，因此，其介质访问控制方法属于随机争用型。

以太网的介质访问控制方法 CSMA/CD 的基本工作原理可以从 MAC 帧结构、发送流程及接收流程三个方面结合进行讨论。

1．MAC 帧结构

连网的通信双方要发送数据，第 2 章讲通信的同步问题时已经提到，收、发双方必须同步。局域网中普遍采用的是以数据块为单位的自同步方式，待发送的数据加上一定的控制类信息构成的数据块称为"帧（Frame）"。以太网的帧结构如图 4.6 所示。

7B	1B	2/6B	2/6B	2B	nB	4B
前导码	帧定界符	目的地址DA	源地址SA	长度	数据	校验位

图 4.6　以太网的帧格式

前导码：前导码由 7B 的"10101010"比特串组成，其作用是使发送方和接收方同步。

帧定界符：帧定界符包括一个字节，其位组合是 10101011，其作用是标志着一帧的开始。

目的地址：为发送帧的目的接收站地址，由 2 或 6B（48 位）组成，对 10Mbps 的标准规定为 6B。如果目的地址是全 1，目的站为网络上的所有站，即为广播地址。

源地址：标志发送站的地址，也由 2 或 6B 组成。

长度：长度字段由 2B 组成，用来指示数据有多少个字节。

数据：真正在收、发两站之间要传递的数据块。标准规定数据块最多只能包括 1500B，最少也不能少于 46B。如果实际数据长度小于 46B，则必须加以填充。

校验位：帧校验采用 32 位 CRC 校验，校验范围是目的地址、源地址、长度及数据块。

2．帧的发送流程

以太网中，如果一个节点要发送数据，它将以"广播"方式把数据通过公共传输介质发送出去，连接到总线上的所有节点都可以"收听"到发送节点发送的数据信号。由于网中所有节点都可以利用总线发送数据，并且网中又不存在中心节点，因此有可能出现多个节点争抢总线的情况。为了尽量减少争抢现象，争抢发生后又能尽快解决，CSMA/CD 采用了如下策略。

每一个节点在利用总线发送数据时，首先要监听总线的忙、闲状态。如果总线上已经有数据在流动，说明总线忙；如果总线上没有数据信号在传输，说明总线空闲。由于以太网的数据信号是按差分曼彻斯特码编码的，所以如果总线上存在电平跳变，则说明总线忙，否则说明总线空闲。如果一个节点在发送数据前监听到总线空闲，它就可以启动它的发送装置，将数据发送出去；如果节点在发送数据前监听到总线忙，它就一直监听下去，直到发现总线空闲。

请大家考虑下面这种情况：

如果有两个节点在几乎相同的时刻都要发送数据，它们就会在总线空闲时几乎同时将数据发送出去。这时总线上就会出现两套信号，那么就会产生冲突。所以节点在发送数据的过程中还应该进行冲突检测。

如果在发送数据的过程中发生了冲突，则马上进入"冲突加强"阶段，即发现冲突的站点进一步发送信号使冲突持续时间足够长，以使网中所有节点都能检测出冲突存在，避免使有用数据再进入总线。完成冲突加强后，站点停止当前的发送，进入重发状态。进入重发状态的第一件事是计算重发次数。以太网规定，一个帧最多可以重发 16 次。重发 16 次还未发送出去就认为发生了线路故障，系统出错结束。

如果数据发送过程中没有发生冲突，则数据发送完毕后正常结束。

帧的发送流程如图 4.7 所示。

3．帧的接收流程

在以太网中，节点要发送数据，需要通过竞争才能取得总线的使用权。不发送数据的节点应该一直处于接收状态。一个节点收完一帧后，首先检查帧长度，如果帧长度小于规定的最小长度，说明一定是发生冲突后废弃的帧，接收节点丢弃已收到的帧，重新进入等待接收状态。如果帧长度正常，则

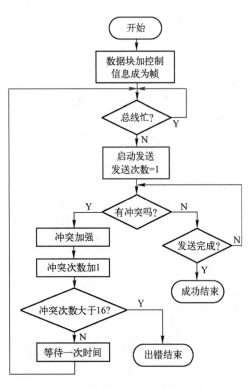

图 4.7　以太网帧的发送流程图

接收节点接着检查帧的目的地址。如果目的地址是本节点地址，则接收该帧；如果目的地址不是本节点地址，则丢弃该帧。

4.3.2　交换式以太网

1．共享式以太网

随着个人计算机的普及和广泛应用，无论是单位还是居民小区，上网用户越来越多，网络规模越来越大，网上信息交通拥挤现象越来越严重。对于低速局域网而言，它是建立在"共享介质"的基础上，所有网络用户共享固定的带宽。网络用户的增加和网络中信息流量的增大，意味着每个网络用户所分得的数据传输时间的减少和传输带宽的减小。更严重的是，由于以太网的竞争总线机制，当用户过多时，可能导致网络冲突严重，使网络性能急剧下降。

传统的局域网是建立在"共享介质"的基础上，即网上所有站点共享一条公共传输通道，各站对公共信道的访问由介质访问控制（MAC）协议来处理。采用 CSMA/CD 介质访问控制的以太网是典型的共享式局域网，如图 4.8 所示。

以如图 4.8 所示的共享式以太网为例，该以太网有 1 个服务器、4 个工作站，数据传输速率为 10Mbps。既然是共享传输介质，那么同一时间内只能有一个站点发送信息，也就是说所有工作站点（包括工作站和服务器）抢占同一个带宽，在任一给定时刻只能有一个站点捕获到总线。如果有好几个站点需要发送数据，那么由 MAC 协议来解决这一冲突，只让一个站点获取访问权限，而其他站点只能等待。从这个意义上讲，图 4.8 中每个站点其实只有 10Mbps/5=2Mbps 的带宽。在负载严重的情况下，由于带宽限制将产生性能急剧下降。

一个解决带宽限制的常用方法是通过增加额外的集线器和服务器连接，将现有网络分段。如图 4.9 所示的就是这一情况，它有两个独立的碰撞域（A 和 B 在一个域，C 和 D 在另一个域中）。但这一解决方案有多个限制。第一个限制来自服务器，服务器必须有多余的槽能够安装两个以上的网卡；另一个限制是必须慎重考虑工作站的位置，尽量把有通信关系的站点放在一个域。以如图 4.9 所示的共享以太网为例，在 A 站和 C 站与服务器通信期间，其他站点之间不能相互通信。实际上，由于有两条 10Mbps 链路连接到服务器，因而图 4.9 中的整体网络带宽是 20Mbps。也就是说，A 和 B 代表的站抢占 10Mbps，而 C 和 D 代表的站抢占另一个 10Mbps。而在 A 和 C 通信时，实际上整体带宽又回到了 10Mbps。

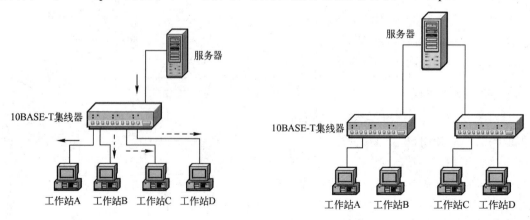

图 4.8　共享式以太网　　　　　　图 4.9　带双卡服务器的共享式以太网

2．交换式以太网

传统以太网采用的是共享媒体技术，形成的是一种广播式网络，物理结构上的星型结构在逻辑上还是总线型结构。多个用户共享一条信道，一个用户传送数据时，其他所有用户都必须等待，因而用户的实际使用速率比较低。

使用交换技术形成的交换式以太网可以使网络带宽问题得到根本解决。

使用交换技术的以太网的核心设备是交换机（Switch）。交换机系统摆脱了 CSMA/CD 媒体访问控制方式的约束，在交换机的各端口之间可以同时存在多个数据通道，如图 4.10 所示。例如，一个 8 端口的交换机可提供 80Mbps 的带宽。交换式以太网相当于把整个网络划分成一个个单用户的网络，在每个网段上只有一个用户，因而不存在冲突，使用户可以充分利用带宽。

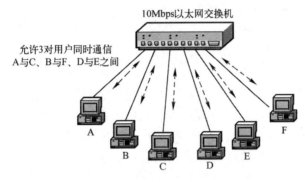

图 4.10　交换式以太网

实际上，并不是所有的站点都需要专用带宽。只有少数实时性要求比较高的站点和服务器才需专用带宽。一般站点往往通过集线器共享一个端口的带宽，如图 4.11 所示。

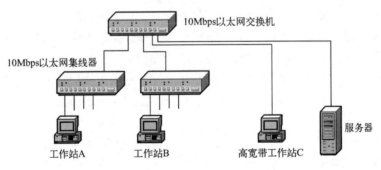

图 4.11　共享式交换以太网

在本例中，A 组站点共享 10Mbps 带宽，B 组站点共享另一个 10Mbps 带宽，而 C 站点和服务器分别独占 10Mbps 的带宽。这样各取所需，既提高了网络性能，又降低了组网费用。

4.4　虚拟局域网

从 20 世纪 80 年代早期第一代局域网出现以来，个人计算机的广泛应用使得计算机网络技术获得了突飞猛进的发展。人们对网络化的应用需求不断得到拓展，对网络的带宽及传输速率提出了更高的要求。另一方面，现代企业如何把分布在世界各地的制造工厂、销售网点、办事处等连接成为一个整体，使它能够在任何地点、任何时间与任何一个顾客打交道，实现各要素的最佳配置和组合，应付瞬息万变的市场需求，成为企业成功的关键因素。这促使其对企业内外信息的需求产生了强烈的欲望，对企业网络中信息传输和事务处理提出了更高的要求，传统的网络技术已不能满足企业需要。于是人们不约而同地将注意力转向一种能够按照应用和事务需求而为用户动态配置资源的新的网络技术——虚拟网络（Virtual Network）技术。

4.4.1 虚拟网络的概念和作用

虚拟网络（Virtual Network）的概念是由工作组（Workgroup）的需要而产生，伴随高速网络的发展而实现的。它将逻辑的网络拓扑与物理的网络设施相分离，将网络上的节点按照工作性质与需要划分为若干个"逻辑工作组"，一个逻辑工作组就被称为一个虚拟局域网（VLAN, Virtual LAN）。

在传统的局域网中，信息传输是建立在"共享介质"基础上的，网中所有节点共享一条公共通信传输介质，典型的介质访问控制方法是 CSMA/CD、Token Ring（令牌环）、Token Bus（令牌总线）。通常一个工作组是在同一个网段上，每个网段可以是一个工作组或子网。多个逻辑工作组之间通过互连不同网段的网桥（Bridge）或路由器（Router）来交换数据。如果一个逻辑工作组的节点要转移到另一个逻辑工作组时，就需要将节点计算机从一个网段撤出，连接到另一个网段，甚至需要重新布线，因此逻辑工作组的组成就要受到节点所在网段物理位置的限制。

虚拟网络是建立在局域网交换机或 ATM 交换机之上的，局域网交换机可以在它的多个端口之间建立多个并发连接。虚拟局域网对带宽资源采用独占方式，以软件方式来实现逻辑工作组的划分和管理，逻辑工作组的节点组成不受物理位置的限制。当一个节点从一个逻辑工作组转移到另一个逻辑工作组时，只需要通过软件设定，而不需要改变它在网络中的物理位置。同一个逻辑工作组的节点可以分布在不同的物理网段上，但它们之间的通信就像在同一个物理网段上一样。虚拟局域网可以跟踪节点位置的变化，当节点物理位置改变时，无须人工重新配置。

如图 4.12 所示是一个 VLAN 使用的实例。连接在 1 楼交换机上的 1 台计算机和连接在 2 楼交换机上的 2 台计算机划分到同一个 VLAN1 中，作为财务专用网络；连接在 1 楼交换机上的另 3 台计算机和连接在 2 楼交换机上的 1 台计算机划分到同一个 VLAN2 中，作为销售专用网络。财务网络和销售网络的计算机物理上可能在同一间房间，但不能互相直接访问，而不在同一楼层的财务网络和销售网络的计算机因为在同一 VLAN 中，所以可以直接访问。如果出现某个业务办公室搬迁的情况，不用进行网络设备或布线的更改，只要修改相应的VLAN 划分方法即可。

在大型局域网和校园、企业网的建设过程中，VLAN 的规划和划分是网络是否可以安全、方便地管理和运行的重要保证条件。

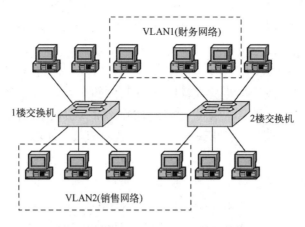

图 4.12 划分为不同 VLAN 的计算机

4.4.2 虚拟局域网的划分方法

由于交换技术涉及网络的多个层次，因此虚拟网络也可以在网络的不同层次上实现。根据虚拟局域网的成员定义，虚拟局域网通常可划分为 4 种：基于交换机端口号的 VLAN、基于 MAC 地址的 VLAN、基于网络层的 VLAN 和 IP 广播组 VLAN。

1. 基于交换机端口的虚拟局域网

早期的虚拟局域网都是根据局域网交换机的端口来定义虚拟局域网成员的。这种方式从逻辑上把局域网交换机的端口划分为不同的虚拟子网，各虚拟子网相对独立，其结构如图 4.13 所示。

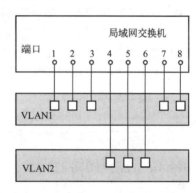

图 4.13 用局域网交换机端口号定义虚拟局域网

用局域网交换机端口划分虚拟局域网成员是最通用的方法。但纯粹用端口定义虚拟局域网时，不允许不同的虚拟局域网包含相同的物理网段或交换端口。例如，交换机的 1 端口属于 VLAN1 后，就不能再属于 VLAN2。当用户从一个端口移动到另一个端口时，网络管理者必须对虚拟局域网成员进行重新配置。

2. 基于 MAC 地址的虚拟局域网

MAC 地址是连接在网络中的每个设备网卡的物理地址，由 IEEE 控制，全球找不到两张具有相同 MAC 地址的网卡。由于 MAC 地址属于数据链路层，以此作为划分 VLAN 的依据能很好地独立于网络层上的各种应用。当某一用户节点从一物理网段移动到虚拟网络的其他物理网段时，由于它的 MAC 地址不变，所以该节点将自动保持原来的 VLAN 成员的地位，对用户端无须做任何改动，真正做到了基于用户的虚拟局域网。但是，这种方法建立虚拟网络的过程比较复杂，要求所有的用户在初始阶段必须配置到至少一个虚拟局域网中，初始配置由人工完成，随后就可以自动跟踪用户。但在大规模网络中，初始化时把上千个用户配置到某个虚拟局域网中显然是很麻烦的。

3．基于网络层的虚拟局域网

基于网络层的虚拟局域网也称为隐性标志（Implicitly Tagged）的方法，主要通过第3层的协议信息来区别不同的虚拟局域网。划分的依据则主要是协议类型或地址信息等，这非常有利于组成基于具体应用或服务的虚拟局域网。同时，用户成员可以随意移动工作站而无须重新配置网络地址。由于这类方法倾向于用逻辑的而非物理的方法来划分虚拟网，因此比较容易理解，方法本身也不复杂，但其实现牵涉了比较多的软件处理，故其处理速度不及前面两类基于硬件的方法。

4．IP广播组虚拟局域网

这种虚拟局域网的建立是动态的，它代表一组IP地址。由虚拟局域网中叫做代理的设备对虚拟局域网中的成员进行管理。当IP广播包要送达多个目的节点时，就动态建立虚拟局域网代理，这个代理和多个IP节点组成IP广播组虚拟局域网。网络用广播信息通知各IP站，表明网络中存在IP广播组，节点如果响应信息，就可以加入IP广播组，成为虚拟局域网中的一员，与虚拟局域网中的其他成员通信。IP广播中的所有节点属于同一个虚拟局域网，但它们只是特定时间段内特定IP广播组的成员，IP广播组虚拟局域网的动态特性提供了很高的灵活性，可以根据服务灵活地组建，而且它可以跨越路由器形成与广域网的互连。

目前，许多网络厂商对虚拟局域网技术前景非常乐观，正在大力研究和开发产品，在网络产品中融合了多种划分VLAN的方法。同时，随着管理软件的发展，VLAN的划分逐渐趋于动态化，用户在实际应用中可以选择最佳的方法。

为了实现整个网络采用统一的管理，在组建VLAN网络时，应遵循以下原则：要尽量使用同一厂家的交换机；要层次化地将交换机与交换机相连，要避免使用传统的路由器，以保持整个网络的连通性；要根据应用的需要，使用软件划分出若干个VLAN，而每个VLAN上的计算机不论其所在的物理位置如何，都处在一个逻辑网中，以便今后的网络管理和维护。

4.4.3 虚拟网络的优点

使用VLAN技术，通过合理地划分VLAN来管理网络具有许多优点。

1．控制网络广播风暴

控制网络上的广播风暴最有效的方法是采用网络分段的方法。这样，当某一网段出现过量的广播风暴后，不会影响其他网段的应用程序。网络分段可以保证有效地使用网络带宽，最小化过量的广播风暴，提高应用程序的吞吐量。

2．增加网络的安全性

VLAN提供的安全性有两个方面：对于保密要求高的用户，可以分在一个VLAN中，尽管其他人在同一个物理网段内，也不能透过虚拟局域网的保护访问保密信息。因为VLAN是一个逻辑分组，与物理位置无关。VLAN间的通信需要经过路由器或网桥，当经过路由器通信时，可以利用传统路由器提供的保密、过滤等OSI三层的功能对通信进行控制管理。当经过网桥通信时，利用传统网桥提供的OSI二层过滤功能进行包过滤。

3．提高了网络的性能

VLAN可以提高网络中各个逻辑组中用户的传输流量，比如，某个组中的用户使用流量很大的 CAD/CAM 工作站，或使用广播信息量很大的应用软件，但它只影响到本 VLAN 内的用户，其他逻辑工作组中的用户则不会受它的影响，仍然可以以很高的速率传输，所以提高了使用性能。

4．易于网络管理

因为 VLAN 是一个逻辑工作组，与地理位置无关，所以易于网络管理。如果一个用户移动到另一个新的地点，不必像以前重新布线，只要在网管上把它拖到另一个虚拟网络中即可。这样既节省了时间，又十分便于网络结构的增改、扩展，非常灵活。

4.5　无线局域网

伴随着有线网络的广泛应用，以快捷高效、组网灵活为优势的无线网络技术也在飞速发展。无线局域网能够提供传统有线局域网的所有功能。由于网络所需的基础设施能够随需要移动或变化，使得无线局域网络能够利用简单的存取构架让用户达到"信息随身化，便利走天下"的理想境界。在互联网高速发展的今天，可以认为无线局域网将是未来局域网发展的趋势，必将最终代替传统的有线网络。

4.5.1　无线局域网概述

无线局域网是指以无线信道作为传输媒介的计算机局域网（Wireless Local Area Network，WLAN），它是无线通信与计算机网络技术相结合的产物。随着局域网的应用领域不断拓宽和现代通信方式的不断变化，尤其是移动和便携式通信的发展，无线局域网逐渐成为计算机网络中一个至关重要的组成部分。

1．无线局域网的特点

（1）安装便捷。无线局域网免去了大量的布线工作，只需安装一个或多个无线访问点（Access Point，AP）就可覆盖整个区域，而且便于管理、维护。

（2）高移动性。在无线局域网中，各节点可随意移动，不受地理位置的限制。目前，AP 可覆盖 10～100m。在无线信号覆盖的范围内，均可以接入网络，而且无线局域网能够在不同运营商、不同国家的网络间漫游。

（3）易扩展性。无线局域网有多种配置方式，每个 AP 可支持 100 多个用户的接入，只需在现有无线局域网的基础上增加 AP，就可以将几个用户的小型网络扩展为几千用户的大型网络。

（4）兼容性。采用载波侦听多路访问/冲突避免（CSMA/CA）介质访问协议，遵从 IEEE802.3 以太网协议。与标准以太网及目前的几种主流网络操作系统（NOS）完全兼容，用户已有的网络软件可以不做任何修改在无线局域网上运行。

（5）安全性。有线局域网的线缆不但容易遭到破坏，而且容易遭搭线窃听，而无线局域网采用的无线扩频通信技术本身就起源于军事上的防窃听技术，因此安全性高。

（6）可靠性。有线局域网的电缆线路存在信号衰减的问题，即随着线路的扩展信号质量急剧下降，而且误码率高，而无线局域网通过数据放大器和天线系统，可有效解决信号此类问题，能实现很低的误码率，抗干扰性强。

2．无线局域网物理层的关键技术

IEEE 802.11 无线局域网络是一种能支持较高数据传输速率（1～54 Mbit/s），采用微蜂窝结构的自主管理的计算机局域网络。实现的关键技术有 3 种：红外技术(IR)、跳频扩频(FHSS)和直接序列扩频（DSSS）。红外线局域网采用波长小于 1μm 的红外线作为传输媒体，有较强的方向性，受阳光干扰大，适于近距离通信。DSSS 和 FHSS 无线局域网都使用无线电波作为媒体，覆盖范围大，基本避免了信号的偷听和窃取，通信安全性高。

4.5.2 无线局域网的网络构成

无线局域网由无线网卡、无线接入点（AP）、计算机和有关设备组成。它采用单元结构，整个系统分成许多单元，每个单元称为一个基本服务组（BSS）。BSS 的组成有以下 3 种方式：

（1）集中控制方式。每个单元由一个中心站控制，网中的终端在该中心站的控制下与其他终端通信， BSS 区域较大，但其中心站的建设费用较昂贵。

（2）分布对等式。BSS 中任意两个终端可直接通信，无需中心站转接，BSS 区域较小，结构简单，使用方便。

（3）集中控制式与分布对等式相结合的方式。

一个无线局域网可由一个基本服务区（BSA）组成，一个 BSA 通常包含若干个单元，这些单元通过无线接入点（AP）与骨干网相连。骨干网可以是有线网，也可以是无线网。

无线局域网的物理组成如图 4.14 所示。由站点（Station，STA）、无线介质（Wireless Medium，WM）、接入点（Access Point，AP）和分布式系统（Distribution System，DS）等几部分组成。

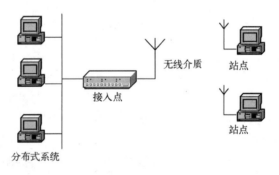

图 4.14　无线局域网物理组成结构

站点 STA 又称为主机（HOST）或终端（Termina），是无线局域网的最基本的组成单元，站之间可以直接相互通信，也可以通过 AP 进行通信。

无线介质 WM 是无线局域网中 STA 之间、STA 和 AP 之间进行通信的传输媒质，它由物理层定义。在无线局域网中的是空气，它是无线电波和红外线传输的良好介质。

无线接入点 AP 类似蜂窝网络中的基站。STA 能够通过 AP 与分布式网络或其他的 STA 进行通信，它实际上起到无线网络与分布式系统桥接点的作用。

分布式系统 DS 主要用来扩展无线局域网络，或是将无线局域网与其他种类网络相连。

4.5.3 IEEE 802.11 标准

1997 年 IEEE 802.11 标准的制定是无线局域网发展的里程碑，它是由大量的局域网以及计算机专家审定通过的标准。该标准包括物理层和介质存取控制子层 MAC。802.11 的层次结构模型如图 4.15 所示，其物理层规定了红外技术、调频扩频和直接序列扩频三种不同的数据传输标准，用户可以任选一种和 MAC 层通信。MAC 层主要功能是对无线环境的访问控制，在多个接入点提供漫游支持，同时提供数据验证与保密服务。MAC 层支持无争用服务与争用服务两种访问方式。无争用服务的系统中存在着中心控制节点，中心控制节点具有点协调功能（Point Coordination Function，PCF）。另一种随机争用访问控制方式为分布协调功能（Distributed Coordination Function，DCF）。

为了尽量减少数据的传输碰撞和重试发送，防止各站点无序地争用信道，无线局域网中采用了与以太网 CSMA/CD 相类似的 CSMA/CA（载波监听多路访问/冲突避免）协议，采用能量检测（ED）、载波检测（CS）和能量载波混合检测 3 种检测信道空闲的方式。

不过由于 802.11 速率最高只能达到 2Mbps，在传输速率上不能满足人们的需要，因此，IEEE 小组又相继推出了 802.11a、802.11b、802.11g 和 802.11n 四个新标准。802.11n 协议为双频工作模式(包含 2.4GHz 和 5GHz 两个工作频段)，可以与以往的 802.11a、802.11b、802.11g 标准兼容。IEEE 802.11n 标准全面改进了 802.11 标准，不仅涉及物理层标准，同时也采用新的高性能无线传输技术提升 MAC 层的性能，优化数据帧结构，提高网络的吞吐量性能。

1. IEEE 802.11 无线局域网的物理层

物理层是 WLAN 系统的最低层，为 WLAN 系统提供无线通信链路，是空中接口的重要组成部分。无线局域网物理层主要解决如何适应 WLAN 信道特性进行高效、可靠的数据传输，并向上层提供必要的支持与响应。传输的介质可以是属于 UHF 频段至 SHF 频段的电磁波或空间传输用的红外线。数据传输方式可以是窄带的也可以是宽带甚至超宽带（UWB）的。

WLAN 的物理层主要解决数据传输问题。按照 WLAN 传输过程并结合频率和功能上的不同，可以将 WLAN 的物理层划分为天线、射频（RF）、中频（IF）和基带（BB）等几部分。按照功能层次结构，WLAN 物理层包括三个功能实体，如图 4.16 所示，它主要用来实现三种功能：即发送、接收和状态检测（向上层提供状态指示信息）。状态指示信息在 IEEE 802.11 标准中指的是信道空闲估计 CCA（Clear Channel Assessment）。

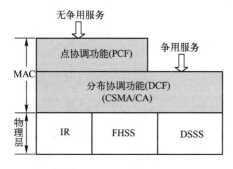

图 4.15　802.11 层次结构模型　　　　图 4.16　WLAN 物理层功能结构

物理层包括三个功能实体：

（1）物理层管理模块（Physical Layer Management）。PLME（PLE实体）与MAC层管理实体（MLME）相连，通过MLME和PLME之间的服务访问点（SAP）传输管理数据，为物理层提供管理功能。

（2）物理汇聚子层（Physical Layer Convergence Procedure）。PLCP完成MAC业务数据单元（MSDU）向PLCP协议单元的映射过程。MAC和PLCP通过物理层的服务访问点进行原语通信，PLCP对MSDU附加前导码与帧头，帧头包含了物理层发送和接收所需的信息，PLCP处理后的帧称为PLCP协议数据单元（PPDU），MSDU的单元承载于PPDU中的PSDU（PLCP业务数据单元）域。

（3）物理依赖子层（Physical Medium Dependent）。PMD在PLCP的下方，定义了两点之间通过无线媒质传输数据的方法。对于无线介质来说，传输的数据需要进行调制与解调，PMD正是用来完成这部分的功能。PLCP与PMD之间通过原语通信，PLCP控制着PMD的发送与接收。

2. IEEE 802.11 局域网的 MAC 层协议

在IEEE802.11中MAC层的功能比较复杂，模块结构如图4.17所示，它主要包括以下几个部分：

（1）分布式系统。
（2）分布式业务。
（3）MAC数据业务接口。
（4）MAC管理业务接口。
（5）MAC控制状态机。
（6）MAC管理状态机。

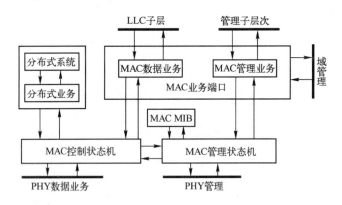

图 4.17　MAC 功能模块结构图

MAC的管理功能中也包含MIB（Management Information Base），它主要用来存放MAC管理信息。

从物理层来的信息通过MAC层的相应状态机（控制状态机或管理状态机），送到MAC业务接口，翻译成高层或主机管理实体所能接收的信息。或是一个相反的过程，由高层通过MAC层激发物理层。

MAC控制状态机提供分布式协调功能DCF和点协调功能PCF，提供异步的、无连接的接入控制，从而有效地利用无线媒体进行通信。

MAC 管理状态机制主要提供 MAC、MIB 的存取，登录、认证、电源管理、时间同步等用来为主机管理服务的业务。

无线局域网的不同层次都有相应的服务。基于 IEEE 802.11 MAC 层提供的服务有：安全服务、MSDU 重排序服务和数据服务。

① 安全服务。它的主要内容包括加密、链路验证、鉴别和与层管理实体相联系的访问控制，服务提供的范围局限于站到站之间的数据交换。

② MSDU 重排序服务。为了提高无线信道下数据传输的可靠性，发送站点将过长的 MAC 业务数据单元（MSDU）或 MAC 管理协议数据单元（MMPDU）分解成更小的帧，这个过程称为分段。分段后的 MPDU（MAC 协议数据单元）可分别发送。接收端将收到的 MPDU 按照报头提供的信息进行排序，恢复出原来的 MSDU 或 MMPDU，这个过程为重组。只有单播接收地址的 MSDU 才可被分段，而广播或多播地址帧是不能被分段的。

③ 数据服务。该服务可使对等 LLC（逻辑链路控制）实体进行数据单元的交换。数据传送过程是由发送端的 MAC 层利用 PHY 层提供的服务将 MSDU 传输到接收端的 MAC 层，然后再交由 LLC 层处理，当信道特性限制了长帧传输的可靠性时，可通过增加 MSDU 成功传输的可能性来增加可靠性。

3. IEEE 802.11 局域网的 MAC 帧

MAC 帧正规的描述应使用 ITU 国际电信联盟规范和描述语言。

802.11 帧共有三种类型：即控制帧、数据帧和管理帧，如图 4.18 所示。工作站发送的所有类型的帧都采用这种帧结构。形成正确的帧之后，MAC 层将帧传送给物理层集中处理子层（PLCP）。帧从控制字段第一位开始，以帧校验域 FCS 的最后一位结束。

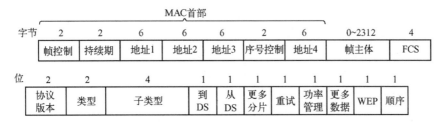

图 4.18　MAC 帧结构

其中 802.11 数据帧包括三部分：

（1）MAC 首部。共 30 字节，帧的复杂性都在帧的首部。

（2）帧主体。也就是帧的数据部分，不超过 2312 字节，这个数值比以太网的最大长度长很多。不过，802.11 帧的长度通常都小于 1500 字节。

（3）帧检验序列 FCS。是尾部，共 4 字节。

4.5.4　无线局域网的其他协议标准

无线接入技术区别于有线接入的特点之一是标准不统一，不同的标准有不同的应用。目前比较流行的除了有 802.11 标准，还有蓝牙（Bluetooth）标准、Home RF 标准（家庭网络）和 IrDA（Infrared Data Association，红外线数据标准协会）。

1. 蓝牙（IEEE 802.15）标准

蓝牙（IEEE 802.15）是一种近距离无线数字通信的技术标准，对于 802.11 来说，它的出现不是为了竞争而是相互补充。蓝牙（Bluetooth）技术是一种短距的无线通信技术，工作在 2.4GHz ISM 频段，其面向移动设备间的小范围连接，通过统一的短距离无线链路，在各种数字设备间实现灵活、安全、低成本、小功耗的话音以及数据通信。蓝牙技术比 IEEE 802.11 更具移动性。例如，802.11 限制在办公室和校园内，而蓝牙却能把一个设备连接到 LAN（局域网）和 WAN（广域网），甚至支持全球漫游。"蓝牙"最大的优势还在于，在更新网络骨干时，如果搭配"蓝牙"架构进行，使用整体网路的成本肯定比铺设线缆低。

2. 家庭网络 Home RF

Home RF 主要为家庭网络设计，是 IEEE 802.11 与 DECT（数字无绳电话标准）的结合，旨在降低语音数据成本。Home RF 采用了 IEEE 802.11 标准的 CSMA/CA 模式，以竞争的方式来获取信道的控制权，在一个时间点上只能有一个接入点在网络中传输数据，提供了对"流业务"的真正意义上的支持，规定了高级别的优先权并采用了带有优先权的重发机制，确保了实时性"流业务"所需的带宽（2～11Mb/s）和低干扰、低误码。

3. 红外通信 IrDA

IrDA 是一种利用红外线进行点对点通信的技术，这个无线协议是由红外线数据标准协会制订的无线协议（红外线数据标准协会成立于 1993 年），其相应的软件和硬件技术都已比较成熟。它的主要优点是体积小、功率低，适合设备移动的需要，传输速率高，可达 16 Mb/s。IrDA 受限于视距传输，且中间不能有障碍物，几乎无法控制信息传输的进度，最大的传输距离为 1m，但是 IrDA 在近距离时的传输速率比蓝牙高，适合于极短距离和高速 LAN 连接的应用场合。

总之，IEEE 802.11 系列标准比较适于办公室中的企业无线网络，Home RF 较适用于家庭中移动数据/语音设备之间的通信，而蓝牙技术和 IrDA 则可以应用于任何可以用无线方式替代线缆的场合。目前这些技术还处于并存发展状态，随着产品与市场的不断发展，它们逐步走向融合。

4.6 局域网操作系统

任何计算机系统都包括硬件和软件两部分，而操作系统（OS）则是最靠近硬件的低层软件。操作系统是控制和管理计算机硬件和软件资源，合理地组织计算机工作流程并方便用户使用的程序集合，它是计算机和用户之间的接口。

网络操作系统（NOS）是网络用户和计算机网络的接口，它管理计算机的硬件和软件资源，如网卡、网络打印机、大容量外设等，为用户提供文件共享、打印共享等各种网络服务及电子邮件、WWW 等专项服务。

早期的网络功能比较简单，仅提供了基本的数据通信、文件和打印服务及一些安全性能，随着网络的规模化和复杂化，现代网络操作的功能不断扩展，性能也大幅度提高，很多系统同时提供局域网和广域网的连接。

4.6.1 网络操作系统的类型

依处理信息的方式不同，局域网发展进程中的 3 种网络类型分别为：

（1）基于服务器系统结构，又分为专用服务器结构和客户机/服务器系统结构。

（2）对等网络系统结构。

（3）集中式处理的主机/终端机系统结构。

1．基于服务器的网络结构

在基于服务器的网络中，一般都至少有一台比其他客户机功能强大的计算机，它上面安装有网络操作系统，因此，称它为专用的文件服务器，所有的其他工作站（客户机）的管理工作都以此服务器为中心。也就是说，当所有的工作站做注册、登录、资源访问时，均需要通过该文件服务器的传递及控制。

如图 4.19 所示列出了基于服务器结构的网络配置。文件服务器控制着用户的注册、登录和数据、打印机等客户机需要访问的共享资源的权限，因此，服务器不仅仅是一台具有高性能处理器、速度更快的计算机，它还需要更多的存储空间，以容纳客户机需要享用的数据和软件资源。由于文件服务器是专门负责控制用户登录、发送文件和信息的计算机，它的配置和性能应尽可能地被优化，通常它不在网络中兼做工作站。

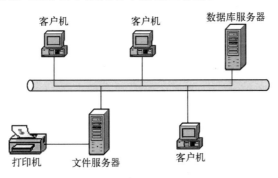

图 4.19　基于服务器的网络结构

随着计算机网络规模的发展，可能需要不止一个服务器来处理客户机的各种请求，因此，可以在原有网络上加装其他应用服务器。如图 4.19 所示的数据库服务器，它是网络上为客户机专门的需要而建立的。如果网络上客户机对数据库服务请求不多的话，它还可以兼做其他客户机或服务器。

在基于服务器的网络结构的发展历程上出现了以下两种典型的结构，即专用服务器结构和客户/服务器结构。下面分别介绍这两种结构的特点。

（1）专用服务器结构。专用服务器结构又称为工作站/文件服务器结构，局域网的兴起就是以这种系统结构为基本工作方式的，它是前几年局域网的主流系统结构之一。

① 结构特点。将若干台微机工作站与一台或多台文件服务器通过通信线路连接起来，组成一个网络系统，就称为专用服务器系统，如图 4.19 所示（除去其中的数据库服务器）。其中的文件服务器就是我们所说的专用服务器。它的目的是让各工作站可以共享文件服务器上的文件和设备，并且实现相互通信。它还是网络中的安全卫士。

这种结构的典型代表就是使用 3COM 公司和 Novell 公司网络操作系统的各种类型的局

域网。在专用服务器结构的局域网中,通常用一台 PC 作为文件服务器,运行速度越快越好。工作站即现在所说的客户机,但工作方式已经改革。它实际上也是一台 PC,当它与文件服务器连接并登录以后,便可以到文件服务器上存取文件。由于每一台工作站都具有独立运算处理数据的能力,所以从服务器获取的文件将全部传回工作站直接运算处理,这是一种集中管理、分散处理的典型方式。

② 适用的网络操作系统。曾风靡一时的 NetWare V3.X 及 V4.X 通常作为这种结构的操作系统。在专用服务器的网络中,一台文件服务器能服务多少台工作站完全取决于网络操作系统。例如,在 NetWare V3.1X 中,一台文件服务器能同时服务 250 个工作站。随着局域网技术的发展,这种单纯文件和设备共享的方式暴露出不少弱点,所以正在被客户机/服务器结构所替代。

③ 适用场合。适用于安全性要求较高的、便于管理的、原有微机档次较低的中小型单位的网络。

④ 专用服务器结构的特点。

优点:

- 数据保密性极其严格,且可以按不同的需要给予使用者相应的权限,从而达到资源共享的目的。
- 文件的安全管理较好。
- 可靠性较高。

缺点:

- 效率可能较低。因为当应用程序和数据在文件服务器上时,若许多工作站的使用者都需要频繁地读取程序和数据时,则由于在同一时间内可能也有大量的程序和数据在网络上传递,很容易造成整个网络负荷过大而使得网络的效率较低。
- 工作站上的资源无法直接共享。
- 安装与维护比对等网困难。
- 需要至少一部专门的服务器及其专职的管理员,且服务器的运算能力没有发挥。

(2) 客户机/服务器结构(Client/Server)。客户机/服务器结构(以下简称为 C/S 结构)是在专用服务器结构的基础上发展起来的。随着局域网络的不断扩大和改进,在局域网的服务器中共享文件、共享设备的服务仅仅是典型应用中很小的一部分。技术的发展使得服务器也可以完成一部分应用的处理工作。每当用户需要一个服务时,由工作站发出请求,然后由服务器执行相应的服务,并将服务的结果送回工作站,这时工作站已不再运行完整的程序,其身份也自然从工作站变化为客户机。这里的 C/S 结构是指将局域网中需要处理的工作任务分配给客户机端和服务器端共同来完成。其实,客户机和服务器并没有一定的限制,必要时两者的角色可以交换。到底何为客户机?何为服务器?完全按照其所扮演的角色来确定。一般的定义是:提出服务请求的一方称为客户机,而提供服务的一方称为服务器。

从传统的中央系统转入主从式结构(Client/Server),是近十几年来信息技术的重要发展。在最近几年中,主从结构(Client/Server)发展十分迅速,其主要原因在于价格便宜,灵活性好,可共享资源,且扩充容易。

① 客户机/服务器系统的组成和结构特点。在主从式结构中,除了专门的文件服务器外,一般根据需要加装若干个应用程序服务器。客户机端(Client)可能是一台 PC 或工作站,它

上面存储着自己所需要运行的应用程序，可以负责与使用者沟通，所以可能利用命令或图形界面 Windows 98、Windows 2000 Professional 或 Windows XP 等。在服务器（Server）端可能是一台 Windows 2000 Server 或 NetWare 的服务器，且正在其操作系统上运行着多人使用的 SQL 数据库服务器。服务器一方在不断倾听着客户机端是否有任何请求，如果有则解释此消息，并且在服务器上运行，最后将结果与错误提示送回客户机端。客户机端接到后再通过界面呈现给使用者。

我们将主从式结构中的客户机（Client）称为前端（front-end）。所谓的前端程序就是一个运行在客户机上并向服务器发送信息和接收来自服务器信息的小型应用程序。因此，前端实际上是服务器上应用程序的一个接口。服务器（Server）端称为后端（back-end）。由此可见，前端就是负责与使用者的交谈并向服务器提出要求的一方；后端则是处理相关的交互请求，为前端提供服务的一方。

② 适用的网络操作系统。目前，流行的各种网络操作系统，如 Windows 2000 Server、Windows Server 2003、Netware 3.1 以上的版本和 V1.3 以上的 OS/2 等网络操作系统都支持客户机/服务器系统结构。一般来说，C/S 结构都可以由异种机（使用不同操作系统的计算机）构成。在客户机上除了标准的计算机硬件外，还要安装操作系统、用户界面、网卡及其驱动程序、数据库访问工具等应用程序。在服务上除了安装网络操作系统（如 NetWare4.1 或 Windows 2000 Server）、网卡及其驱动程序外，还要安装数据库管理系统、容错装置、网络和数据库管理工具等。

③ 应用场合。C/S 结构的适用性广泛，因此被应用于各种要求安全性能较高的、便于管理的、具有各种微机档次的中小型单位中，例如，公司的办公网络、工商企业网和校园网。

④ 客户机/服务器系统特点。

优点：

- 集中式管理和分布式处理模式。集中式管理的特点与专用服务器结构类似，由其中的文件服务器承担主要的管理工作，应用程序的任务则分别由客户机和服务器承担，因而速度快。由于它的开放式设计思想，机器档次可高可低，即不受特定硬件的限制，能够实现多元化的组网方案，这样不仅可以降低成本，还可以经常保持最新的网络技术。因此，主从式结构是当前性能价格比最高的一种结构方式。

- 系统可扩充性好。当系统规模扩大时，可以不重新设计整个系统，只是简单地加挂服务器或客户机，就可以提高整个系统的性能，或满足系统在距离上扩充的需求。因此，可以更有效地充分利用现有系统资源。

- 抗灾难性能好，提高了可靠性。若设计良好，则当某一台服务器发生故障时，另一台服务器可以迅速地响应并给予必要的支持。

- 安全性好。由于数据库系统在客户机/服务器体系中实际上是集中式管理，并面向多用户的，因而对管理用的目录数据库和其他应用程序数据库的完整性、数据安全保护和封锁机制都是极为有利的，这一点与传统的中央主机/终端系统类似。

- 用户界面友好。由于客户机通常是安装有操作系统的智能型的微机（PC），它们自身有着很强的功能和丰富的应用软件资源，因此具有友好的界面。

缺点：

- 管理较为困难。主从式结构仍属分散式处理信息的方法，所以比集中式方法更为复杂。

其对分布式资源的管理也比较困难。

● 开发环境较为困难。因为主从式结构采取开放方式，允许不同厂商之间的用户运用，因此开发环境的管理也比集中式要困难得多。

（3）专用服务器与客户机/服务器结构的主要区别。C/S 结构与专用服务器结构在硬件组成、网络拓扑、通信连接等方面基本相同，两者的最大区别在于：在 C/S 结构中，服务器中对原有应用程序中控制管理数据的方式进行了改进，从原来的文件管理方式上升为数据库管理方式。因此，人们有时把 C/S 结构中的服务器称为数据库服务器（或 DBMS Server），以区别于专用服务器结构中的文件服务器（File Server）。事实上，C/S 结构是数据库技术的发展和普遍应用与局域网技术发展相结合的成果。

2．对等式网络结构（peer-to-peer）

几乎在基于服务器的客户机/服务器结构出现的同时，发展了另一种新型的网络系统结构——对等式网络结构。

（1）对等式网络结构系统构成。

① 结构特点。在这种结构中，使用的拓扑结构、硬件、通信连接等方面与基于服务器的网络结构几乎相同，唯一不同的硬件差别是对等网不需要功能强大的专用服务器，因而无须购置专门的网络操作系统。对等网与基于服务器的网络结构之间的其他主要差别是网络资源的逻辑编排和网络操作系统不同。在对等式网络结构中，没有专用的服务器，每一个工作站既可以起客户机作用也可以起服务器作用。可共享的资源可以是文件、目录、应用程序等，也可以是打印机、调制解调器（MODEM）或传真卡等硬件设备。另外，每一台计算机还负责维护自己资源的安全性。因为对等网不需要专门的服务器来做网络支持，也不需要其他组件来提高网络的性能，因而价格相对要便宜很多。

对等式网络结构如图 4.20 所示。

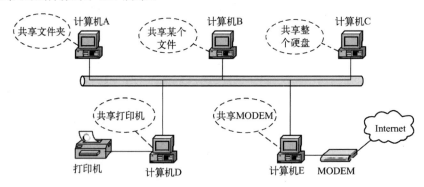

图 4.20　对等式网络结构

② 适用场合。对等网非常适用于小型办公室、实验室、游戏厅和家庭等小型网络，通常对网络客户的要求是最好不超过 10 台计算机，超过以后，对等网的维护就变得十分困难。因此，当用户的微机数量不多并以共享资源为主要目的时，建议采用这种网络结构。

③ 对等网适用的网络操作系统。目前，许多操作系统都支持对等式网络结构。但应注意，有些操作系统具有内置的网络功能，而其他则需要添加网络功能。使用现有流行软件中的内置网络功能，应该说是采用对等网的重要因素之一。常见具有内置对等网连网功能的操

作系统有 Windows 95/98、Windows NT Work Station、Windows 2000 Professional 和 Windows XP 等，使用 Macintosh 计算机也可以建立一个对等网络。其他支持对等网的产品还有 Microsoft 的 LAN Manager 与 Novell 的 Personal NetWare 等，我国台湾地区的产品有智邦的 Lansoft、友讯的 Lansmart 和宏伟的 Topware 等。

（2）对等式网络结构系统特点。

优点：

① 使用容易，且工作站上的资源可直接共享。

② 容易利用现有流行软件中的内置网络功能，因此安装与维护都很方便。

③ 价格低廉、大众化。

④ 不需要专门的服务器。

缺点：

① 无集中管理，安全性能较差。

② 文件管理分散，因此造成数据和资源分散，数据的保密性差。

③ 需要对用户进行培训。

3. 集中式处理的主机/终端机系统结构

集中式处理的主机/终端机系统的网络操作系统实际上是由分时操作系统加上网络功能演变而成的，这种系统的基本单元是一台主机和若干台与主机相连接的终端，将多台主机连接在一起就构成了网络，UNIX 系统是这种系统结构的典型例子。由于 UNIX 系统发展时间长、性能可靠，并且多用于大型主机，所以在关键任务场合仍是首选的系统，金融行业至今仍以 UNIX 为主，但在微机局域网中不多见。

4.6.2　局域网中主要的网络操作系统

目前流行的网络操作系统主要有 3 大阵营：UNIX/Linux、Novell 和 Microsoft。进入 20 世纪 90 年代以来，计算机网络互连、不同网络的互连问题成为热点。所以，网络操作系统便朝着能支持多种通信协议、多种网络传输协议、多种网络适配器和工作站的方向发展。

1. UNIX 网络操作系统

早在 1969 年，AT&T 的贝尔实验室就推出了 UNIX 操作系统。原先，它并不是为局域网设计的专用的网络操作系统。它是一种典型的 32 位多用户的网络操作系统，主要应用于超级小型机、大型机和 RISC 精简指令系统计算机上。目前，常用的版本有 AT&T 和 SCO 公司推出的 UNIX SVR 3.2、UNIX SVR 4.0 以及由 Univell 推出的 UNIX SVR 4.2 等。

（1）UNIX 系统层次结构模型。从网络层次结构模型上看，UNIX 系统特别简单，其最低两层（物理层和数据链路层）允许使用常见的各类传输介质及其对应的介质访问控制协议，如以太网和令牌环网的相应协议。在网络层以上的各层采用的协议与 TCP/IP 协议结构中有关的各个协议相同。

（2）UNIX 系统的网络功能及特点。UNIX 系统在上层实现的主要功能为：

① 文件管理，包括文件的远程复制、异地文件的联合操作和文件保护等。

② 在网络上管理用户分布程序资源的执行。

③ 提供网络内部点到点的文件传输，如邮件传送（E-mail）和文件传送（FTP）。

④ 网络上的非本地打印输出服务。

⑤ UNIX 系统还提供了一批 TCP/IP 协议下常用的命令。这些命令主要分为内核核心层命令和用户实用层两大部分，例如，PING、TELNET、FTP、MAIL 等常用命令都是用户和系统管理员经常使用的。

UNIX 属于集中式处理的操作系统，也是一套多任务操作环境的局域网操作系统软件。它具有多任务、多用户、集中管理、安全保护性能好等许多显著的优点。

（3）UNIX 系统的适用场合。UNIX 系统主要适合于在 RISC 机、超级小型机、大型机等高性能的主机上安装和使用。因此，它主要应用于讲究集成、通信能力的场合。由于历史的原因，UNIX 系统目前仍然是 TCP/IP 协议的首选平台，因此，在 Internet 中较大的服务器上都无一例外地使用了 UNIX 操作系统。众多的 Internet 的 ISP 站点也都还使用着 UNIX 操作系统。由于普通用户不易掌握 UNIX 系统，因此在局域网上很少使用。

2. Linux 网络操作系统

（1）Linux 介绍。1991 年，芬兰赫而辛基的学生 Linus Torvalds 为了自己使用与学习的需要，开发了类似 UNIX 且运行在 80386 平台上的操作系统，命名为 Linux。为了使每个需要它的人都能够容易地得到它，Linus Torvalds 把它变成了"自由"软件。

随着 Internet 的飞速发展，许多程序开发爱好者也着手 Linux 的开发工作。Linux 在几年后变成了一个完整的操作系统。它的能量得到了释放，它变得非常可靠，并且每天都会有新的改进加入进去。为了使 Linux 变得容易使用，Linux 也有了许多发布版本，发布版实际上就是一整套完整的程序组合。现在已经有许多不同的 Linux 发行版，如 SUN 公司的 Linux，还有中国的红旗 Linux，蓝点 Linux 等以及各自的版本号。

当我们提到 Linux 时，一般是指"Real Linux"即内核，是所有 Linux 操作系统的"心脏"。但光有 Linux 并不能成为一个可用的操作系统，还需要许多软件包、编译器、程序库文件、X-Window 系统等。因为组合方式不同，面向用户对象不同，这就是为什么有许多不同的 Linux 发行版的原因。

（2）Linux 的特点。Linux 操作系统在短短的几年之内得到了非常迅猛的发展，这与 Linux 具有的良好特性是分不开的。Linux 包含了 UNIX 的全部功能和特性。简单地说，Linux 具有以下主要特性：

① 开放性。开放性是指系统遵循世界标准规范，特别是遵循开放系统互连（OSI）国际标准。凡遵循国际标准所开发的硬件和软件，都能彼此兼容，可方便地实现互连。

② 多用户。多用户是指系统资源可以被不同用户各自拥有使用，即每个用户对自己的资源（例如文件、设备）有特定的权限，互不影响。Linux 和 UNIX 都具有多用户的特性。

③ 多任务。多任务是现代计算机的最主要的一个特点。它是指计算机同时执行多个程序，而且各个程序的运行互相独立。Linux 系统调度每一个进程平等地访问微处理器。由于 CPU 的处理速度非常快，其结果是：启动的应用程序看起来好像在并行运行。事实上，从处理器执行一个应用程序中的一组指令到 Linux 调度微处理器再次运行这个程序之间只有很短的时间延迟，用户是感觉不出来的。

④ 良好的用户界面。Linux 向用户提供了两种界面：用户界面和系统调用。Linux 的传统用户界面是基于文本的命令行界面即 Shell，它既可以连机使用，又可存在文件上脱机使用。Shell 有很强的程序设计能力，用户可方便地用它编制程序，从而为用户扩充系统功能提供了更高级的手段。可编程 Shell 是指将多条命令组合在一起，形成一个 Shell 程序，这个程序可以单独运行，也可以与其他程序同时运行。

系统调用为用户提供编程时使用的界面。用户可以在编程时直接使用系统提供的系统调用命令。系统通过这个界面为用户程序提供低级、高效率的服务。

Linux 还为用户提供了图形用户界面。它利用鼠标、菜单、窗口、滚动条等设施，给用户呈现一个直观、易操作、交互性强的友好的图形化界面。

⑤ 设备独立性。设备独立性是指操作系统把所有外部设备统一当做文件来看待，只要安装它们的驱动程序，任何用户都可以像使用文件一样，操纵、使用这些设备，而不必知道它们的具体存在形式。

具有设备独立性的操作系统，通过把每一个外围设备看做一个独立文件来简化增加新设备的工作。当需要增加新设备时，系统管理员就在内核中增加必要的连接。这种连接（也称做设备驱动程序）保证每次调用设备提供服务时，内核以相同的方式来处理它们。当新的及更好的外设被开发并交付给用户时，Linux 允许在这些设备连接到内核后，就能不受限制地立即访问它们。设备独立性的关键在于内核的适应能力。其他操作系统只允许一定数量或一定种类的外部设备连接，而设备独立性的操作系统能够容纳任意种类及任意数量的设备，因为每一个设备都是通过其与内核的专用连接独立进行访问的。

Linux 是具有设备独立性的操作系统，它的内核具有高度适应能力，随着更多的程序员加入 Linux 编程，会有更多硬件设备加入到各种 Linux 内核和发行版本中。另外，由于用户可以免费得到 Linux 的内核源代码，因此，用户可以修改内核源代码，以便适应新增加的外部设备。

⑥ 提供了丰富的网络功能。完善的内置网络是 Linux 的一大特点。Linux 在通信和网络功能方面优于其他操作系统。其他操作系统不包含如此紧密地和内核结合在一起的连接网络的能力，也没有内置这些连网特性的灵活性；而 Linux 为用户提供了完善的、强大的网络功能。

支持 Internet 是其网络功能之一。Linux 免费提供了大量支持 Internet 的软件，Internet 是在 UNIX 领域中建立并繁荣起来的，在这方面使用 Linux 是相当方便的，用户能用 Linux 与世界上的其他人通过 Internet 网络进行通信。

文件传输是其网络功能之二。用户能通过一些 Linux 命令完成内部信息或文件的传输。

远程访问是其网络功能之三。Linux 不仅允许进行文件和程序的传输，它还为系统管理员和技术人员提供了访问其他系统的窗口。通过这种远程访问的功能，一位技术人员能够有效地为多个系统服务，即使那些系统位于相距很远的地方。

⑦ 可靠的系统安全。Linux 采取了许多安全技术措施，包括对读/写进行权限控制、带保护的子系统、审计跟踪、核心授权等，这为网络多用户环境中的用户提供了必要的安全保障。

⑧ 良好的可移植性。可移植性是指将操作系统从一个平台转移到另一个平台，使它仍然能按其自身的方式运行的能力。

Linux 是一种可移植的操作系统，能够在从微型计算机到大型计算机的任何环境中和任何平台上运行。可移植性为运行 Linux 的不同计算机平台与其他任何机器进行准确而有效的通信提供了手段，不需要另外增加特殊的、昂贵的通信接口。

3．Novell 公司的网络操作系统

当局域网上使用 Novell 公司的 NetWare 作为网络操作系统时，我们称这个网络为 Novell 网。从 20 世纪 80 年代起，Novell 公司充分吸收 UNIX 操作系统的多用户、多任务的思想，推出了网络操作系统 NetWare。

（1）NetWare 的功能：

① 对文件和目录进行集中式管理，提供了目录服务和账户管理服务。

② 采用文件级传输信息的工作方式，可以优化配置和管理硬盘中的资源。

③ 具有较为完善的安全措施，其中包括：卷、目录、文件等管理，账户与计费管理，用户权限、文件和目录属性限制，用户登录站点和时间限制等由系统管理员统筹规划和管理的系列措施。

④ 提供了一系列开放式网络软件的使用、安装与开发环境。

⑤ 提供了共享打印服务。

（2）NetWare 的特点。NetWare 的发展主要经历了 NetWare 68、86、286、386、486 和 586 等阶段，每个阶段 NetWare 都推出了不同的版本，例如，NetWare 386 V3.1X、NetWare 4.X 和 NetWare5.X 等。先进的目录服务环境，集成、方便的管理手段，简单的安装过程等特点，使其受到用户的好评。其主要特点是：

① 对网络工作站硬件环境要求低，286 机型都可以使用。

② 兼容 DOS 命令，应用环境与 DOS 类似。

③ 能够较好地支持无盘工作站。

④ 技术完善，安全可靠。

⑤ 具有丰富的应用软件。

正是由于上述特点和成熟的目录服务技术，使得 NetWare 至今仍占领着很大的市场份额。但是，应当指出的是，随着 Windows NT 4.0 及其以后版本的广泛使用，NetWare 的市场份额正在逐步减少。它是前几年流行的专用服务器结构网络的首选平台。

从安装角度看，Novell 网络操作系统由文件服务器软件和客户机软件两部分组成。因此，服务器和工作站应分别选购和安装不同的软件。

（3）NetWare 的适用场合。由于它对微机的硬件环境要求不高，对无盘工作站支持较好，因此 NetWare 适合应用在利用原有微机组网、微机档次不高或配置较低的场合，如学校、游戏厅等场所。

4．Microsoft 公司的网络操作系统

当局域网上使用 Microsoft 公司的 Windows NT 作为网络操作系统时，我们称这个网络为 NT 网。20 世纪 80 年代末期，Microsoft 公司为了与局域网市场的霸主 Novell 公司争夺世界局域网市场，推出了 LAN Manager 2.X 版本的网络操作系统。但由于 LAN Manager 自身在容错能力和支持方面比不上 NetWare，所以并没有动摇 NetWare 在局域网市场的地位。经过艰苦的努力，Microsoft 公司于 1993 年又推出了 Windows NT Server 32 位的网络操作系统，它

是一种面向分布式图形应用程序的完整平台系统,可运行于 386、486 和 Pentium 以上系统等。它还具有工作站和小型机网络操作系统所具有的所有功能,例如,功能强大的文件系统、带有优先权的多任务/多线程机制、支持对称多处理机系统、拥有兼容于分布计算环境 DCE(Distributing Computing Environment)的远程过程调用以及对 Internet 和分布式数据库的支持等。因此,Windows NT 在局域网市场上已成为 NetWare 主要的竞争对手。

1996 年随着 Windows 95 的出台,微软又相继推出了 Windows NT 4.0 和 Windows 2000。Windows 2000 有着与 Windows 95/98 相近的操作界面,以及 Windows 95/98 的大部分功能。另外,Windows 2000 提供了多种功能强大的网络服务功能,如文件服务器、打印服务器、远程访问服务器及 Internet 服务器等。Windows 2000 Server 的操作界面不仅有着 Windows 98 的方便性,而且由于其系统结构是建立在最新的操作系统理论基础上,例如,Windows 98 具备了建立 Web Server、FTP 服务器和 Gopher 服务器的工具,因此它的性能在局域网上比 NetWare 和 UNIX 更优越。

由于 Windows 2000 Server 是一个功能十分强大又容易掌握的网络操作系统,它可以运行几乎所有的新版大众化软件,并且支持多处理器操作,对网络提供了极高的扩展性,还能够为用户的应用程序提供更多的内存,因此受到人们的青睐。目前广泛使用 Windows 2000 来组建办公网、工商企业网、校园网等中小型网络,它也是最流行的网络操作系统。

继 Windows 2000 之后微软又推出了一系列新的操作系统,目前主要流行的操作系统有如下几种:

(1)2001 年 10 月 25 日,Windows XP 发布。它是微软把所有用户要求合成一个操作系统的尝试,和以前的 Windows 桌面系统相比稳定性有所提高,而为此付出的代价是丧失了对基于 DOS 程序的支持。Windows XP 是基于 Windows 2000 代码的产品,同时拥有一个新的用户图形界面,此外,Windows XP 还引入了一个"基于人物"的用户界面,使得工具条可以访问任务的具体细节。它包括了简化了的 Windows 2000 的用户安全特性,并整合了防火墙,以用来确保长期以来一直困扰微软的安全问题。

(2)Windows Server 2003。于 2003 年 4 月发布,对活动目录、组策略操作和管理、磁盘管理等面向服务器的功能作了较大改进,对.net 技术的完善支持进一步扩展了服务器的应用范围。它大量继承了 Windows XP 的友好操作性和 Windows 2000 Server 的网络特性,是一个同时适合个人用户和服务器使用的操作系统。Windows 2003 完全延续了 Windows XP 安装时方便、快捷、高效的特点,几乎不需要多少人工参与就可以自动完成硬件的检测、安装、配置等工作。Windows Server 2003 是目前微软推出的使用最广泛的服务器操作系统。

(3)2006 年 11 月 30 日发布的 Windows Vista 是微软继 XP 系统之后推出的最新版视窗操作系统,它增加了许多新功能,尤其是系统的安全性和网络管理功能;其中较特别的是新版的图形用户界面和称为"Windows Aero"的全新界面风格、加强后的搜寻功能(Windows Indexing Service)、新的多媒体创作工具(例如 Windows DVD Maker),以及重新设计的网络、音频、输出(打印)和显示子系统。Vista 也使用点对点技术(peer to peer)提升了计算机系统在家庭网络中的通信能力,使得在不同计算机或装置之间分享文件与多媒体内容变得更简单。

Windows Vista 系统高度注重了系统安全性,拥有良好的操作界面,是微软近年来一直主推的操作系统。但是相对于 XP 系统,Vista 系统对硬件要求过高,推荐内存为 2G,而且对当今许多流行软件不能很好的支持。通过多年的改进，XP 系统已经发展成为一种相对完美的操作系统，稳定性比较好。Vista 的网络功能相对 XP 比较复杂和繁琐，XP 的网络使用在目前更为流畅。两者各有优缺，在短时间内，Vista 将难以完全取代 XP。

本 章 小 结

局域网是目前应用最为广泛的计算机网络。本章主要介绍了局域网的关键技术，如拓扑结构、传输媒体和媒体访问控制方法等。

在局域网协议的论述中，讨论了国际标准化组织（ISO）推荐的局域网国际标准，即 IEEE 802 标准。局域网的主要介质访问控制方法有带有碰撞检测的载波侦听多点访问法（CSMA/CD）、令牌环访问控制法（Token Ring）和令牌总线访问控制法（Token Bus）3 种。

目前应用最广泛的局域网类型是以太网，其核心技术是带有碰撞检测的载波侦听多点访问法（CSMA/CD），交换式以太网通过以太网交换机支持交换机端口节点之间的并发连接，实现多节点之间数据的并发\输，交换式局域网比共享介质式局域网具有更高的数据传输效率和带宽。

虚拟网络（Virtual Network）是由工作组（Workgroup）的需要而产生，伴随高速网络的发展而实现的。虚拟网络是建立在局域网交换机或 ATM 交换机之上的，局域网交换机可以在它的多个端口之间建立多个并发连接。

无线局域网是指以无线信道作为传输媒介的计算机局域网（Wireless Local Area Network，WLAN）。无线局域网由无线网卡、无线接入点（AP）、计算机和有关设备组成。

依处理信息的方式不同，局域网有 3 种网络类型：基于服务器系统结构（又分为专用服务器结构和客户机/服务器系统结构）、对等网络系统结构和集中式处理的主机/终端机系统结构。网络操作系统（NOS）是网络用户和计算机网络的接口，典型的如 UNIX、Linux、NetWare、Windows 2000/XP/Vista 等。

习 题 4

一、填空题

4.1 局域网 LAN（Local Area Network）是一种在_____的地理范围内将大量 PC 及各种设备互连在一起，实现数据_____和资源_____的计算机网络。

4.2 决定局域网的主要技术涉及拓扑结构、传输媒体和介质访问控制（Medium Access Control，MAC）三项技术问题，其中最重要的是_____。

4.3 国际标准化组织（ISO）经过讨论，建议将_____标准确定为局域网标准。

4.4 从准备发送到成功发送的发送等待延迟时间是不确定的,因此人们将 Ethernet 所使用的 CSMA/CD 方法定义为一种_____型介质访问控制方法。

4.5 ARCnet（Attached Resource Computer）网络综合了_____和_____网络的优点，在物理总线结构中实现令牌传递控制方法从而构成一个_____环路。

4.6 目前应用最广泛的一类局域网是_____，它是由美国施乐（Xerox）公司于 1975 年研制成功并获得专利。此后，Xerox 公司与 DEC 公司、Intel 公司合作，提出了_____规范，成为第一个局域网产品规范，这个规范后来成为 IEEE 802.3 标准的基础。

4.7 Ethernet 是_____型网，网中没有控制节点，任何节点发送数据的时间都是_____，网中节点都只能平等地争用发送时间，因此其介质访问控制方法属于_____型。

4.8 使用交换技术形成的_____式以太网，其核心设备是交换机，可以在它的多个端口之间建立多个_____连接。

4.9 虚拟局域网对带宽资源采用独占方式，以_____方式来实现逻辑工作组的划分和管理，逻辑工作组的节点组成不受_____限制。

4.10 100VG-AnyLAN 与 100BASE-T 之间技术上最大的区别在于_____的不同。100BASE-T 采用了用于 10 Mbps 以太网的 CSMA/CD 方式，而 100VG-AnyLAN 采用一种新的介质访问方式——_____。

4.11 无线局域网的网络结构主要有两种类型：_____和_____。

4.12 无线局域网由无线网卡、_____、计算机和有关设备组成。它采用单元结构，整个系统分成许多单元，每个单元称为一个_____。

4.13 目前流行的网络操作系统主要有_____、_____和_____三大阵营。

二、选择题

4.14 一个网吧将其所有的计算机连成网络，该网络属于（　　）。

    A. 城域网　　　　　　B. 广域网　　　　　C. 吧网　　　　　D. 局域网

4.15 局域网通常采用的传输技术是（　　）。

    A. 路由　　　　　　　B. 冲突检测　　　　C. 交换　　　　　D. 带宽分配

4.16 局域网参考模型将数据链路层划分为 MAC 子层与（　　）。

    A. 100 BASE-TX　　　B. PHD　　　　　　C. LLC　　　　　D. ATM

4.17 IEEE 802 标准中定义了逻辑链路控制子层功能与服务的是（　　）。

    A. IEEE 802.3　　　　B. IEEE 802.4　　　C. IEEE 802.1　　D. IEEE 802.2

4.18 典型的局域网交换机允许 10 Mb/s 与 100 Mb/s 两种网卡共存，它采用的技术是 10、100 Mb/s 的（　　）。

    A. 令牌控制　　　　　B. 速率变换　　　　C. 线路交换　　　D. 自动侦测

4.19 1000Base-T 标准规定网卡与 HUB 之间的非屏蔽双绞线长度最大为（　　）。

    A. 50m　　　　　　　B. 100m　　　　　　C. 200m　　　　　D. 500m

4.20 以太网传输技术的特点是（　　）。

    A. 能同时发送和接收帧、不受 CSMA/CD 限制

    B. 能同时发送和接收帧、受 CSMA/CD 限制

    C. 不能同时发送和接收帧、不受 CSMA/CD 限制

    D. 不能同时发送和接收帧、受 CSMA/CD 限制

4.21 虚拟局域网的技术基础是（　　）。

    A. 双绞线　　　　　　B. 冲突检测　　　　C. 光纤　　　　　D. 局域网交换

4.22 网络上所有连接的计算机或端口可以同时平行地互相传送数据；网上每对建立了连接的用户都可以按各自需要得到带宽，并且网络带宽能随网络用户的增加而扩大，这样的网络属于（　　）。

    A. 交换式局域网　　　B. 分组交换网　　　C. 虚拟交换网　　D. 双绞线共享式局域网

4.23 无线局域网通过（　　）可连接到有线局域网。

    A. 天线　　　　B. 无线接入器　　　C. 无线网卡　　　D. 双绞线

4.24 无线局域网的通信标准主要采用（　　）标准。

A．802.2　　　　　B．802.3　　　　　C　802.5　　　　　D．802.11

4.25　对等网络的主要优点是网络成本低、网络配置和（　　　）

A．维护简单　　　B．数据保密性好　　　C．网络性能较高　　　D．计算机资源占用小

三、判断题（正确的打 √，错误的打×）

4.26　局域网的本质特征是分布距离短、数据传输速度快。（　　　）

4.27　决定局域网的关键技术中最重要的是介质访问控制方法。（　　　）

4.28　不同的局域网采用不同的 LLC 子层，而所有的 MAC 子层均是一致的。（　　　）

4.29　IEEE802.4 定义了令牌环介质访问控制方法与物理层规范。（　　　）

4.30　在共享介质的总线型局域网中，无论采用何种介质访问控制方法，节点"冲突"的现象是不可避免的。（　　　）

4.31　共享式以太网在物理结构上是星型结构，逻辑结构上是总线型结构。（　　　）

4.32　虚拟局域网建立在局域网交换机之上，它通过软件方式实现逻辑工作组的划分与管理，逻辑工作组的成员组成不受物理位置的限制。（　　　）

4.33　在将计算机与 100 BASE-TX 集线器进行连接时，UTP 电缆的长度不能大于 150 米。（　　　）

4.34　无线局域网是指以无线信道作为传输媒介的计算机局域网。（　　　）

第 5 章　高速局域网技术

内容提要

本章主要介绍高速局域网的基本概念，以及各种形式的高速局域网的原理、结构、组成、功能、应用以及组网方法等。

5.1　高速网络概述

在目前局域网中，传输速率大于 100Mbps 的网络可以称为高速局域网。高速局域网的组网模式非常简单，基本上是以千兆以太网为主干，以高性能的二、三层交换机为核心。以下介绍三种高速局域网。

1．光纤分布数据接口（FDDI）

光纤分布数据接口是最早的高速局域网，它当初是设计成以光纤作为传输媒质的。但光纤的价格较为昂贵，不适合广大普通用户。为了降低局域网的成本造价，1990 年后国际有关组织又制订了使用双绞线、铜缆的分布式数据接口（CDDI）的标准。为了传输语音、图像等实时业务，又制定了更新的 FDDI-2 标准。

光纤分布数据接口 FDDI 采用双绞环半双工工作方式，可靠性高，其模式适用于传送实时性要求不高的业务。FDDI-2 增加了等时媒质访问控制和混合环控制两个协议，使得可以使用电路交换方式处理等时业务，而对一般的分组数据业务仍使用 FTTP 协议。它的推出，极大地便利了邮电通信行业的业务工作。

2．交换以太网

交换以太网是指将交换技术用于以太网的集线器中，将原来的带宽共享转变为带宽独占，避免了因网络中用户增加而造成的用户端带宽下降问题，保证了每个用户有 10MHz 的带宽，这种网络只需更新集线器和服务器上的网卡及软件，是一种最简便的升级方法。

交换以太网的核心是交互式集线器。客户机与服务器可以通过无展蔽双绞线或光纤与集线器相连，集线器本身相当于一个快速交换机，它接收来自各节点的信息帧，根据系统提供的地址表，在交换矩阵中进行路由选择，将该帧送至目的节点，交互式集线器与客户机的接口模块需要执行 CSMA/CD 协议。

随着技术的发展，网络分布计算、桌面视频会议等应用对带宽提出了新的要求，同时 100M 位快速以太网也要求主干网、服务器一级有更高的带宽。人们迫切地需要更高性能的网络，并且这网络应与现有的以太网产品保持最大的兼容性。为此，IEEE 提出了千兆位以太网技术。千兆技术仍然是以太技术，它采用了与 10M 以太网相同的帧格式、帧结构、网络协议、全半双工工作方式、流控模式以及布线系统。由于该技术不改变传统以太网的桌面应用、操作系统，因此可与 10M 或 100M 的以太网很好地配合工作。

3．异步传输模式（ATM）

异步传输模式是一种固定长度的短分组时分复用与交换技术。可以提供很高的带宽，能够处理话音等实时多媒体业务，这种模式已被邮电部门及 W-ISDN（宽带综合业务数字网）所选用。

在上述几种高速局域网中，交换以太网价格低，较容易实现，适合广大中小单位使用。如果单位以前已安装了低速局域网，则可以用较低的投入升级为速率较快的交换以及网。

5.2 快速以太网

随着通信技术的发展及用户网络带宽需求的增加，原有的 10Mbps 传输速率的 LAN 已难以满足通信要求。为了提高网络速率，加大网络带宽，出现了快速以太网，或者说 100Mbps 传输速率的以太网。

快速以太网有两种，一种叫 100BAS-T，另一种是 100VG-AnyLAN。下面分别加以介绍。

5.2.1　100BASE-T

100BASE-T 是 10BASE-T 的扩展，其物理布局如图 5.1 所示，拓扑结构为星型。MAC

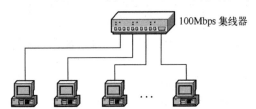

图 5.1　100BASE-T 物理布局

层仍采用 CSMA/CD 介质访问控制方式。100BASE-T 目前被 IEEE 定为正式的国际标准，其代号为 IEEE 802.3U。

100BASE-T 物理层规范有 3 种，用以支持不同的电缆类型。

（1）100BASE-TX 用于 2 对五类非屏蔽双绞线（UTP）或 2 对一类屏蔽双绞线（STP），其中 1 对用于发送，另 1 对用于接收，因此 100BASE-TX 可以全双工方式工作，每个节点可以同时以 100Mbps 的速率发送与接收数据。使用五类 UTP 的最大距离为 100m。

（2）100BASE-T4 用于 4 对三类非屏蔽双绞线 UTP，其中有 3 对用于数据传输，1 对用于冲突检测。

（3）100BASE-FX 用于 2 芯的多模或单模光纤。100BASE-FX 主要是用做高速主干网，从节点到集线器 Hub 的距离可以达到 450m。

对于上述 3 种规范，目前推出的产品大都运行在 100BASE-TX 上，即工作站通过 2 对五类 UTP 接到 100Mbps 集线器。

由于照搬 100BASE-T 规范，从 10BASE-T 以太网升级到 100BASE-T 变得非常简单，只要更换网卡和集线器就可以了，原有的系统软件、应用软件仍可使用。

100BASE-T 还有一个优点，即允许 10Mbps 工作站和 100Mbps 的工作站共存于一个网络中，简略的过程如下面所述。

开始通信之前，100BASE-T 的工作站送出一组称为高速链路脉冲（FLP）的链路集成脉冲，如果接收工作站支持 100BASE-T，而且 Hub 也支持 100BASE-T，则 Hub 将采用自动协商算法将 FLP 送到目的站网络接口卡，自动将接收站网卡和 Hub 调整到 100BASE-T 模式。如果 Hub 或接收站只可进行 10BASE-T 模式，则自动协商算法将使发送站的传输速率降为 10Mbps，整段网络工作于 10BASE-T 模式。

低价格、易升级的 100BASE-T 网络技术已成为网络升级的一种完善技术，是目前得到广泛应用的高速网技术。

与其他高速网络技术（100VG-AnyLAN、FDDI 等）相比，100BASE-T 突出的缺点是信道的利用率比较低，不适合重负载通信。另外一个缺点是对传输介质的访问采用竞争机制，网络时延难以确定，因而不适用于那些对时延敏感的应用。这些其实正是 CSMA/CD 的缺点。

5.2.2　100VG-AnyLAN

100VG-AnyLAN 最初原型是由 HP 公司领先的 100BASE-VG 发展起来。后来，随着 IBM 公司的加入，增加了对令牌环的支持，从而产生了 100VG-AnyLAN。此外，AT＆T 公司也是 100VG-AnyLAN 的倡导者。

1．基本技术

100VG-AnyLAN 是一种新的网络技术，被 IEEE 公司正式确认为 IEEE802.12 标准。该标准提供 100Mbps 的数据传输，支持 100BASE-T 以太网及令牌环网的拓扑结构。

100VG-AnyLAN 与 100BASE-T 之间技术上最大的区别在于介质访问控制方法的不同。100BASE-T 采用了用于 10Mbps 以太网的 CSMA/CD 方式，而 100VG-AnyLAN 采用一种新的介质访问方式———请求优先（demand priority）。

在这种方式中，集线器 Hub 担任网络通信管理员的角色。集线器顺序扫描每个端口，寻找要传送的数据，这样就消除了冲突。

对于每一个站点而言，当有传送请求时就向 Hub 提出请求，当网络空闲的时候，Hub 将允许该站点进行传送；当网络忙的时候，Hub 便通知该站点等待发送。一旦网络空闲，Hub 首先处理具有高优先权的请求，然后处理一般请求。一般请求等待到达一定时间后，便会升为高优先权请求。这种方法避免了在基于竞争的局域网中，负载重的站点占用大部分带宽的问题，而且在重负载情况下，网络性能也不会受到较大影响。

2．物理介质和网络拓扑

100VG-AnyLAN 的物理介质采用 4 对三类、四类或五类双绞线，同时还支持两对的 UTP、STP 及光缆。这 4 对线构成 4 个分开的传输通道，每个传输通道中分别以 25Mbps 的速率传输数据，故总速率为 100Mbps。

100VG-AnyLAN 在网络拓扑上采用与 100BASE-T 类似的拓扑设计，仍是以 100VG-AnyLAN 的 Hub 为中心，采用星型结构，将服务器和工作站连入 Hub。由于一段电缆的长度不可太长（五类 UTP 最长为 150m，三类 UTP 最长为 100m），且 Hub 的端口也有限，可以通过级联 Hub 的方法扩充连网规模，如图 5.2 所示。使用 100VG-AnyLAN，用户应最多不超过三层级联的 Hub。在任意两个端节点之间，用户最多允许连接 5 个中继器。

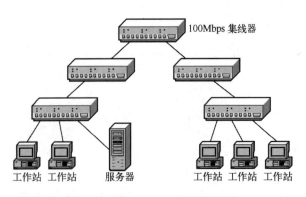

图 5.2　100VG-AnyLAN 网络拓扑

综上所述，100VG-AnyLAN 具有如下特点：

（1）请求优先技术，对那些延时敏感的应用，如多媒体、电视会议等，特别有效。

（2）具有较好的带宽利用率，信道上几乎不存在冲突，因此比较适合于重负载应用。

（3）可以在三类非屏蔽双绞线上传输，这就意味着用户不需要更换原来的双绞线就可以实现从 10Mbps 向 100Mbps 的升级。

100VG-AnyLAN 与 100BASE-T 相比，其缺点是技术相对不够成熟，而且从 10Mbps 向 100Mbps 升级时需要更换一些系统软件和应用软件。

5.3　交换式快速以太网

交换式快速以太网是 100BASE-T 的两种组网方式之一。它组网灵活、方便，网络流通量大，网络传输冲突少，又可以拓宽网络的直径，而成为 100Mb/s 高速网络技术的主流。100BASE-T 是经过实用考验的以太网标准的 100Mb/s 版，于 1995 年 5 月由 IEEE 正式公布其标准，它的官方名称为 IEEE 802.3u 标准。

5.3.1　交换式快速以太网概述

交换式快速以太网的 MAC 与传统的以太网 MAC 完全一样，这是由于 CSMA/CD MAC 具有它固有的可缩放性，它能以不同的速度运行，并能与不同物理层接口。它的帧格式与传统以太网的帧格式也完全相同，只是它的传送包在网上的传输速度已是传统以太网的 10 倍。

交换式快速以太网同 10BASE-T 一样，也是采用 CSMA/CD MAC 与不同的物理层规范相结合。IEEE 批准的主要有三种不同的物理层规范，如图 5.3 所示。

（1）交换式以太网的介质主要采用无屏蔽双绞线，IEEE 规定的 100BASE-TX 规范使 5 类 2 对双绞线或 1 类屏蔽绞线可作为交换式快速以太网的传输介质。IEEE 规定的

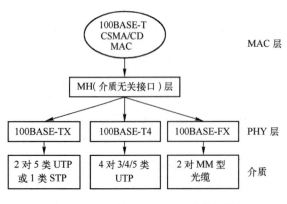

图 5.3　100BASE-T 802.3u 标准的概览图

100 BASE -T4 规范使 3、4 或 5 类的 4 对无屏蔽双绞线可作为交换式快速以太网的传输介质。

（2）光缆能有效地在长距离和噪声大的环境中传送数据。使交换式快速以太网成为主干网的主要原因在于光缆成为其布线标准。IEEE 规定的 100BASE-FX 规范使 2 对 MM（Multi Mode，多模）型光缆可作为交换式快速以太网的传输介质，这样使其传输距离长达 2km。

（3）所有的 100BASE-T PHY 层规范都要求其布线为星型结构。在 100BASE-T 的规范中，以 100BASE-TX 使用最为广泛，其产品在 1994 年初就开始上市，目前销售的 100BASE-TX 产品种类繁多，其中包括网卡、中继器、网络交换机和路由器等产品。

表 5.1 将以上三种 100BASE-T 的物理层规范进行了比较。

表 5.1 三种 100BASE-T 的物理层规范比较

物理层规范	100BASE-TX	100BASE-FX	100BASE-T4
编码方法	4B/5B	4B/5B	5B/6T
要求的电缆	UTP5 类或 STP 型	多模式或单模光缆	UTP3/4/5 类
信号频率	125MHz	125MHz	125MHz
要求的线对数	2	2	4
发送线对数	1	1	3
距离	100m	150/412/2000m	100m
全双工能力	有	有	无

100BASE-FX 的传输距离因中继器的类型而有区别，采用 DTE（数据传输设备）中继器其传输距离为 150m，采用 DTE-DTE 型中继器的传输距离为 412m，而采用全双工 DTE-DTE 中继器的传输距离可达 2000m。

5.3.2 交换式快速以太网的特点

交换式快速以太网是传统 10Mb/s 以太网的发展，仍采用以太网络中的 CSMA/CD 机制，是一种基于标准、得到众多网络商家的支持、技术成熟，可提供 100M 带宽、易扩容且具伸缩性的局域网技术。其主要的特点如下。

（1）可提供专用带宽，减少网络冲突。交换式快速以太网的最大特点在于它可为其端口提供专用的 100M 带宽，提高网络的实际流通量，减少网络冲突。由于它不需与其他的工作站共享带宽，其网络的工作利用率为 100%，使其数据的实际传输速率可达最佳的 70Mb/s。

全双工快速以太网允许同时发送和接收而提供更高的性能。表 5.2 为 100Mb/s 共享型、交换式和全双工交换式快速以太网的实际流通量的比较。

表 5.2 交换式快速以太网的实际数据流通量比较

网 络 类 型	线 速 度	利用率上限	在线上的位	实际数据流通量上限
共享快速以太网	100Mb/s	37%	37Mb/s	25Mb/s
交换式快速以太网	100Mb/s	高达 100%	83Mb/s	70Mb/s
全双工交换式快速以太网	100Mb/s	高达 100%	164Mb/s	140Mb/s

（2）可实现传统以太网向交换式快速以太网的无缝升级。100BASE-T 交换式快速以太网采用了与传统 10M 以太网相同的 MAC 层载波侦听多路存取/冲突检测（CSMA/CD）的通信

协议，其包格式、包长度、错误控制和信息管理等与 10BASE-T 完全一样。采用带 10Mb/s 端口的 100BASE-T 交换机可实现从 10BASE-T 向 100BASE-T 的无缝升级，从而大大节省工程投资。

（3）可提供缓冲能力，减少网络的阻塞。100BASE-T 交换机都带有缓冲器，一般大的缓冲器可提供好的传输性能。采用缓冲器可暂时存储传输数据，减少网络的阻塞。对于 10/100M 型的交换其缓冲能力则尤其重要，网上以 100Mb/s 传输的数据到了 10Mb/s 端口以后，其传输时间延长了 10 倍。采用大容量的缓冲器可缓存传输数据，避免网络的阻塞。

（4）可提供独立网段，减少信息流的碰撞。采用 100BASE-T 交换机后，将网络分成了若干独立的网段，不仅可以提高网络的流通量，而且可以减少网络冲突的发生。对于用户众多、传输信息较多的网络，常采用 100BASE-T 交换机把它分成若干较小的网段，让它们各司其职。但过多的增加网段，也会使网络的运行速度明显降低。

（5）可提供优先级端口服务。100BASE-T 可提供循环服务和优先端口服务两种服务方式，循环法依次服务一对端口，采用先来先服务的方式。当端口没有活动时，跳过该端口服务下一端口。这种方式下，交换机的每个端口具有基本相同的流通量。优先服务端口模式引入一种各活动端口彼此争用总线的原则，这种模式较适合 10/100M 交换机。

（6）提供灵活的组网方式。采用具有多种类型端口的网络交换机则可与不同类型的工作站连接。如购置一些端口能适应 100BASE-T4、100BASE-TX 和 100BASE-FX 结构的交换机，基本可同各种类型的 100Mb/s 以太网工作站连接。采用带介质无关性接口（MII）的交换机则可实现与任何类型的以太网或快速以太网工作站进行连接。

5.3.3　交换式快速以太网的组网方式

交换式快速以太网非常灵活的组网方式，其交换机的种类繁多，利用不同种类的交换机可灵活多变地组成用户所需的各种交换式以太网。

1. 利用 100M/10M 交换机和 10Mb/s 工作站组网

对于网络交换机至服务器之间的传输带宽而用户对带宽仍可采用 10Mb/s 的以太网，可以利用 100M/10M 交换机先升级交换机至服务器之间的带宽，而保留原以太网的其他所有设备，从而提高网络传输性能，降低工程造价，如图 5.4 所示。

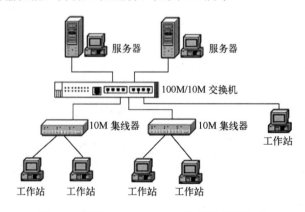

图 5.4　利用 100M/10MM 交换机的组网方式

2．利用带部分 10Mb/s 端口交换机组网

目前的企业往往对各工作站的性能要求不尽相同，CPU 处理能力不是很强的 PC 机只需 10M 带宽即可，而对于 CPU 的处理能力较强；或其数据传输容量较大的 PC 机则要求较高的带宽。此时若采用带部分 10Mb/s 端口的交换机即可较好的组成所需的网络，如图 5.5 所示。

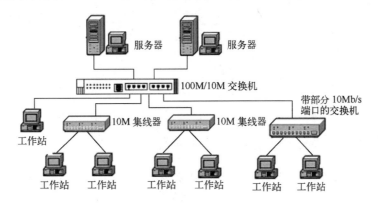

图 5.5　利用带部分 10Mb/s 端口的交换机组网

3．利用一个 100BASE-T 交换机和多个 100BASE-T 集线器组网

由于一个 100BASE-T 交换机的价格比一个 100BASE-T 集线器的价格要高出 2 倍多，而其工作组的用户并不需要专用的 100M 带宽。此时可将各工作组的用户先接至共享式集线器，然后将各共享式集线器接至 100BASE-T 交换机。这种连接方法不仅投资较少，而且服务器端带宽较大，不容易形成传输瓶颈，如图 5.6 所示。

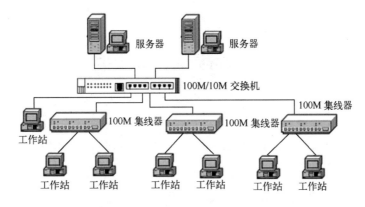

图 5.6　利用一个 100BASE-T 交换机和多个集线器的组网

4．利用多个 100BASE-T 交换机和多个 100BASE-T 集线器组网

对于一些企业用户，其带宽的要求有所不同。某些用户需要专用的 100M 带宽，而其他的用户则只需共享的 100M 带宽即可。此时可利用 100BASE-T 交换机为专门的用户提供专用的 100M 带宽，而另外的用户则通过共享式集线器经过交换机连至服务器。这种组网方法的用户全都升级到了 100M 带宽，如图 5.7 所示。

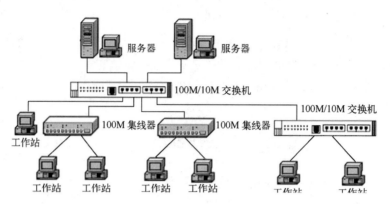

图 5.7 利用多个 100BASE-T 交换机和集线器的组网方式

5. 利用多个 100BASE-T 交换机的组网方式

对于网上用户都需要专用的 100M 带宽的网络，其网络传输的信息量一般都较大，网络传送的往往为大容量图像图形数据或其他多媒体数据。此时可采用多个 100BASE-T 交换机的级连来组网，但其造价较高，如图 5.8 所示。

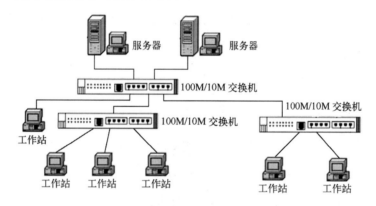

图 5.8 利用多个 100BASE-T 交换机的组网方式

在实际组网时，可根据原有以太网的工作站性能和新增用户 PC 机的档次，根据用户实际数据传输的要求和各工作组流通量的情况灵活组网，以使各用户的工作站充分发挥其网络性能，使网络运行在良好的工作状态。

5.3.4 交换式快速以太网的实施

企业的办公大楼多为高层的建筑大楼，每层都可以是一个局域网，每一个局域网又由许多工作组构成，通常工作组又集中了许多客户机和服务器。各局域网通过主干网连接起来，通过路由器连至主服务器。

交换式快速以太网的实施包括网络布线，各节点、集线器、交换机、路由器、服务器的合理选择和设置，主干网的实施，软件系统的实施。

目前的企业都已建有不同规模的局域网，其面临的主要问题是解决局域网的带宽。以下将讨论现有 10Mb/s 以太网或是 100Mb/s 共享式快速以太网向交换式快速以太网的升级。

1．实施的常用规则

（1）100m 规则。EIA/TIA 586 布线标准建议在所有 UTP（非屏蔽双绞线）布线基础设施中从集线器到工作站的距离为 100m。大多数 UTP 安装都遵守著名的 100m 规则，即：

① 从集线器到接插板距离为 5m。

② 从接插板到工作组的接线块距离为 90m。

③ 从工作组接线块到工作站距离为 5m。

它使得 100BASE-T 的安装非常规范化且便于维修。

（2）5m 规则。集线器至集线器的 UTP 连接电缆长度通常为 5m 或更短一些。一般集线器的增加主要为了拓展网络的用户数。集线器的级连通常采用堆叠式集线器组方式，以减少传输的时延及冲突的发生。

（3）网络的直径限制。共享型 100BASE-TX 和 100BASE-T4 网络的冲突域直径最大为205m，这使得 100Mb/s 共享型以太网中只能有两个中继器，中继器到每个节点的电缆长度为100m，两个中继器间的电缆长度为 5m。如果超过 205m 网络直径，必须在网络某处使用交换机，以分成独立的网段。

2．交换式快速以太网实施的步骤

我们将向交换式快速以太网升级的实施分成五步，每一步都有其特殊的作用。按照网络所超载的程度，可以只实施五步中的某些步骤。

（1）第一步：增加 100BASE-T 网络交换机。增加 100BASE-T 网络交换机主要用来提高网络常发生阻塞处的带宽。在不同的网络部位增加 100BASE-T 网络交换机，可以改善网络的不同性能，常采用的有以下的几种方法：

① 通过增加 100BASE-T 网络交换机，为各集线器提供专用的 100M 的通道，减少网络的阻塞。

② 通过增加 100BASE-T 网络交换机，为网桥、路由器提供专用的 100M 带宽，提高主干网的带宽，改善主干网的性能。

③ 通过增加 100BASE-T 网络交换机，为服务器区的各服务器提供专用的 100M 带宽，从而解决用户调用各服务器数据时，竞争通道发生的性能瓶颈。

④ 通过 100BASE-T 网络交换机，为工作组中的节点提供专用的带宽，解决特殊用户的传输带宽要求。

（2）第二步：增加带 10Mb/s 的 100BASE-T 交换机。对于原有 10Mb/s 以太网，有的不能直接升级到 100Mb/s。如采用在台式机安插 10/100Mb/s 网卡无法从 100M1 带宽中受益，而采用 2 对 3 类或 4 类 UTP 的布线升级到 100BASE-T 则需重新布线。使用带 10Mb/s 的100BASE-T 交换机可将支持 100BASE-T 的工作组或台式机先升级到 100M 带宽，以避免对原有网络的大的改动。

（3）第三步：增加 100BASE-T 中继器和交换机。如果需要扩大工作组规模，添置高性能工作站，可将新的工作站和装有 10/100Mb/s 网卡的工作站升级到 100M 带宽。这样网络的用户增加了，新用户的带宽提高到了 100M，又没有关闭任何工作站，从而降低了实施交换式高速以太网带来的费用，提高了网络性能。

（4）第四步：升级主干网至交换式快速以太网。主干网的升级可使各工作组及整个网络的性能得以提高。主干网的升级常采用分布型主干网和分裂型主干网两种方式。分布型主干网采用通过链接技术将各主要局域网耦合成带宽为 100M 的主干网。各局域网为楼层、场所或其他地域型工作组的集合。分裂式主干网采用一个高档的路由器，把每个主要的局域网连接到 100M 路由器上。

（5）第五步：完善交换式快速以太网的环境。由于主干网络的升级，使得企业的网络传输量大大增加。网络同其它局域网的传输信息量也迅速增多，对网络的互连设备也需加以升级。互连设备包括接到广域网上的路由器和在局域网上接到其他类型子网络上的路由器。升级路由器可采用在原有路由器上插进 100BASE-T 模块和使用新的 100BASE-T 路由器。

5.4 千兆以太网

5.4.1 千兆以太网概述

千兆位以太网技术是一种具有很宽的带宽和极高响应速度的新的网络技术，它的出现使网络的带宽和网络响应问题有了一种全新解决。千兆位以太网兼容了快速以太网标准，在对以太网的升级中，千兆位以太网可以利用现有的以太网基础设施，不需改变现有的网络操作系统和应用程序。与目前比较流行的主干网技术相比可以发现，FDDI 由于采用共享方式，效率较低，网络延迟大，带宽难以扩展，并且价格比较昂贵，在技术上已显得较为落后；快速以太网由于带宽较低，难于支持将来的多媒体应用；ATM 具有速度快、有服务质量保证（QoS）、支持高质量的多媒体信息传送等优点，但是技术较为复杂，其标准难以完全统一，设备之间缺乏互操作性，且价格昂贵。而千兆位以太网由于完全继承了传统以太网的帧格式、工作模式及 CSMA/CD 控制方式，从而在网络升级时网络布线几乎可以不作改动，只需使用千兆网卡和交换机等设备即可轻松升级到千兆网。千兆位以太网的网络结构灵活多样，既可组成共享式网络，又可实现交换式网络环境，还可在一个网络中实现共享和交换的共存。千兆位以太网还拓展了以太网的应用领域，支持视频会议等高带宽信息传输，还支持 MPEG-2 等多媒体压缩功能。作为一种继承性很强的技术，用千兆位以太网技术来构建主干网已成为首选。

5.4.2 千兆位以太网的体系结构及分类

千兆位以太网的体系结构与 IEEE 802.3 标准所描述的体系结构类似,其中主要包括 MAC 子层和 PHY 层。千兆位以太网可分为以下几种类型。

1. 100BASE-X（IEEE 802.3Z）

100BASE-X 是千兆位以太网技术中较容易实现的一类方案，它虽然包括了 100BASE-CX、LX 和 SX，但其 PHY 层中的编码/译码方案是共同的，即均采用 8B/10B 编码/译码方案，对于收、发器部分三者差别较大。其原因在于所对应的传输介质以及在介质上所采用的信号源方案不一致而导致不同的收、发器方案。

2. 100BASE-T

100BASE-T 是一种使用 4 对 5 类 UTP 的秒千兆位以太网技术,其传输距离为 25～100m。

这种技术有利于 100BASE-TX 等网络的升级，布线系统保持不变，数据传输速率可提高 10 倍。100BASE-T 采用了编码/译码方案（未采用 100BASE-X 使用的 8B/10B 方案）和信号驱动技术。

5.4.3 千兆位以太网的组网技术

1．千兆位以太网组网跨距

在设计网络系统时，跨距是组网必须要考虑的问题之一。这里所说的跨距是指网络系统中一对最远节点之间的距离。千兆位以太网组网跨距在采用光纤和铜缆两种网络时差别很大，与 10Mb/s 和 100Mb/s 以太网相比显得更为复杂，即使采用了光纤作为介质，又要分多模光纤还是单模光纤，多模光纤还有 50m 和 62.5m 之分，驱动光源还有长波和短波之分。对于铜缆又要区分采用的 TW 型屏蔽双绞线（一种特殊规格高质量平衡双绞线）还是 5 类非屏蔽双绞线。此外，还要区分是处在半双工模式还是在全双工模式下连网，半双工模式还需要考虑 CSMA/CD 的约束。全双工模式不必考虑 CSMA/CD 的约束，但需考虑有效数字信号在介质上传输的最长距离。

2．帧扩展技术

当发送速率提高时，帧的传输时间会按比例缩短，而电磁波在电缆上传播的时间并无变化，这样在电缆另一端的站点还未来得及检测到冲突时，发送端已将数据帧发送完了。所以当发送速率提高时，若要保持最大介质长度不变，就应增大最小帧长；或保持最小帧长不变而减小最大介质长度。100Mb/s 以太网采取的是后一种措施。但对于千兆位以太网，若仍采用后一种措施，则最大介质长度将会缩小到无法实现的地步。与 100Mb/s 以太网所采取的措施不同，千兆位以太网采用了一种所谓帧扩展技术，它是在不改变 IEEE 802.3 标准所规定的最小帧长情况下提出的一种解决方案。在该方案中，帧被扩展到 512 字节即 4096 位。在全双工模式下，由于不受 CSMA/CD 约束，在介质上的帧无须扩展到 512 字节。

3．3 帧突发技术

如果处在大量短帧传输的环境中，帧扩展技术就会造成系统带宽的浪费，大大降低半双工模式下的传输性能。为解决传输性能下降的问题，IEEE 802.3Z 定义了一种"帧突发（Frame Bursting）"技术。帧突发在千兆位以太网上是一种可选功能，它可使一个站（特别是服务器）一次能连续发送多个帧。当一个站点需要发送很多帧时，该站点先试图发第一帧，该帧可能是附加了扩展位的帧。一旦第一个帧发送成功，则具有帧突发功能的该站点就能够继续发送其他帧，直到帧突发的总长度达到 1500 字节为止。为了使得在帧突发过程中，介质始终处在"忙状态"，需在帧间的间隙时间中，由发送站发送"1"数值符号，以免其他站点在帧间隙时间中抢占信道而中断本站的帧突发过程。

5.4.4 千兆位以太网技术的应用

下面给出一个基于千兆位以太网的 Intranet 的实例，该网络系统如图 5.9 所示，该系统由主干交换机到边缘交换机构成的主干网、边缘交换机到桌面或连接各部门的局域网组成。

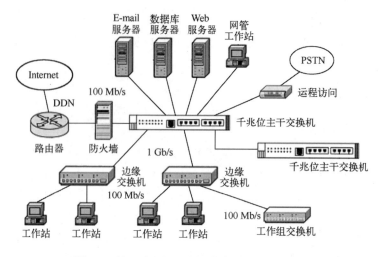

图 5.9　基于千兆位以太网技术的网络结构图

构建企业网络主干，选取主干交换设备时需要考虑的问题有以下几点。

1. 扩展槽数和支持的模块种类

扩展槽数多，可为今后进一步升级和扩充应用提供基础和余地。支持的模块种类也应尽量多，如交换引擎模块、光纤千兆模块、双绞线千兆模块、100 兆模块、ATM 模块、电源模块、远程拨号模块等，在更换模块时可以进行热插拔操作。

2. 对 VLAN 标准 IEEE 802.3lq 的支持

在主干交换机上可以设置基于端口和基于策略的 VLAN（虚拟局域网）。VLAN 可以增加网络的安全性，跨地域划分网络工作站，当一台计算机转移到另一个地方时，不需要对该台计算机作任何改动。

3. 支持第三层交换技术

第三层交换技术既包括了第二层和第三层的交换功能，而且还具备了路由寻址功能。鉴于以上考虑，企业网主干交换机应选用千兆位以太网路由交换机。主干应用 LinkSafe 技术，使得主干网络在某一点出现连接故障时，仍有相当高的冗余能力，进一步保证了网络连接的可靠性。从主干交换机到边缘交换机的数据传输率为 1Gb/s，从边缘交换机到桌面的数据传输率为 100Mb/s。

边缘交换设备选用百兆交换机，也称为第二级交换设备，通过 1Gb/s 线路上连主干交换机，通过 100Mb/s 线路到桌面计算机或第三级交换机。选取边缘交换机时涉及以下问题：一是支持堆叠，便于网络扩充；二是支持网管，易于检测故障；三是支持 ICMP（Internet 控制消息协议）和 GVRP（通用 VLAN 注册协议）等协议；四是支持多媒体应用；五是连接的端口数。

千兆以太网作为一种新型的网络技术，以其所具有的速度快、带宽大、系统设计灵活、升级换代容易、可靠性强等优点而为人们所瞩目，现已成为高宽带局域网的主导技术。

5.5 光纤分布式数据接口

5.5.1 FDDI 概述

FDDI 是 Fiber Distributed Data Interface 的缩写，意思是光纤分布式数据接口，是一种以光纤作为传输介质的高速骨干网，也是计算机网络技术发展到高速通信阶段出现的第一个高速网络技术。用它可以互连局域网和计算机。它也是宽带城域网的常用技术之一。它采用令牌传递的介质访问控制方式、反向旋转的双环拓扑结构，以 100Mbps 的速率传输数据。FDDI有完整的国际标准，有众多厂商的支持，是目前比较成熟的高速网络技术。

典型的 FDDI 作为主干网互连多个局域网的结构如图 5.10 所示。

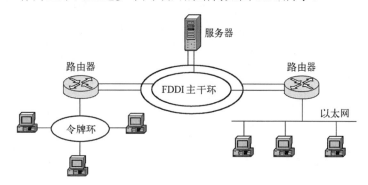

图 5.10　FDDI 连接多个局域网的结构图

由光纤构成的 FDDI，其基本结构为逆向双环。一个环为主环，另一个环为备用环。一个顺时针传送信息，另一个逆时针。当主环上的设备失效或光缆发生故障时，通过从主环向备用环的切换可继续维持 FDDI 的正常工作。这种故障容错能力是其他网络所没有的。

FDDI 使用了比令牌环更复杂的方法访问网络。和令牌环一样，也需在环内传递一个令牌，而且允许令牌的持有者发送 FDDI 帧。和令牌环不同，FDDI 网络可在环内同时传送几个帧，这是由于令牌持有者可同时发出多个帧，而不必在等到第一个帧完成环内的一圈循环后再发出第二个帧。

令牌接受了传送数据帧的任务以后，FDDI 令牌持有者可以立即释放令牌，把它传给环内的下一个站点，而无须等待数据帧完成在环内的全部循环。这意味着，第一个站点发出的数据帧仍在环内循环的时候，下一个站点可以立即开始发送自己的数据。

FDDI 主要用于传输语音、图像与视频业务。FDDI-Ⅱ是 FDDI 的第二代产品，是由基本的 FDDI 标准扩展而成的，其主要目的是为适应日益发展的多媒体要求，弥补 FDDI 不支持多媒体而造成的缺陷。FDDI-Ⅱ不仅能够支持原有的分组交换服务，还能提供电路交换工作方式。电路交换方式以数据流的方式工作，将 100Mbps 的带宽分成多个信道，分别用于传输数据、语音及视频信息等。带宽分割是动态进行的，一般分为 16 个全双工宽带信道（Wide Band Channel，WBC），每个信道可按不同服务再分成 8Kbps 带宽的整数倍。网上站点可任意组合这些信道，以满足特殊的传输需求，而未分配的信道带宽可供分组业务使用。

在 FDDI-Ⅱ网络中支持两种工作方式，即基本模式和混合模式。基本模式下仅支持标准的 FDDI 令牌环操作，提供分组交换服务功能；混合模式是 FDDI-Ⅱ新定义的工作方式。混合模式支持可变速率的 FDDI 令牌环分组交换和时分多路复用电路交换功能。

5.5.2 FDDI 的层次结构

如图 5.11 所示，FDDI 是依据 OSI（开放系统互连）模型和 IEEE LAN 组织起来的，它包含传统的数据链路层和物理层。

图 5.11 FDDI 的层次结构

FDDI 的物理层被分为 2 个子层：物理层协议层（PHY）和物理介质有关层（PMD）。PMD 接口负责定义传送和接收的信号，提供适当功率的电平，指定光纤和连接。PHY 不受传输介质限制，它定义了符号、编/解码技术、时钟要求、线路状态以及数据帧结构。

数据链路层被分为传统的逻辑链路控制（LLC）和媒体访问控制（MAC）两个子层。MAC 主要定义了帧格式、差错检验、令牌处理，管理数据链路寻址的过程。

另外，FDDI 还有一个站点管理（SMT）的功能。站点管理标准定义了对与 FDDI 相连接的站点进行管理的过程。它定义了节点配置、环初始化、差错统计、差错检测和恢复以及连接管理。

5.5.3 FDDI 网络的性能及技术指标

1．FDDI 网络的性能特点

（1）长距离、高速度。FDDI 具有较长的传输距离，相邻站间的最大长度可达 2km，最大站间距离为 200km。FDDI 充分利用了光纤通信所具有的高带宽，以 125MHz 的时钟频率实现 100Mbps 的数据带宽，比传统的局域网络提高了整 10 倍的数据传输能力。

（2）大容量。在高达 100Mbps 数据传输速率的基础上，FDDI 还采用了新的多数据处理技术，大大提高了网络带宽的利用率，使得 FDDI 即使在网络负荷很重的情况下，仍然能够保持很高的带宽利用率，真正做到了大容量数据传输。同时，FDDI 网上所连接的节点数目也较常规网络有了明显的增加。

（3）高可靠性。由于在 FDDI 的结构设计中采用了冗余的反向双环结构，使得网络的可靠性大为提高。这种结构可使网络在多重故障下仍可自行重构，保证了系统的安全可靠运转。另外，由于 FDDI 采用了光纤通信技术，还避免了信号在传输过程中的电磁干扰和射频干扰现象。同时，光的传播形成了很好的阻隔性，使媒体两端设备的电源不直接作用，有效地解除了电源对设备可能造成的严重威胁。因此，FDDI 可在强电流和强干扰等多种恶劣环境下使用，并仍能保持数据传输的高度可靠性，这在其他网络系统中是无法做到的。

（4）互操作能力强。网络的互操作能力历来是用户非常关心的问题。FDDI 具有统一的国际标准（所依据的标准是 ANSIX3T9.5），又经过市场多年的实践检验，各厂商的 FDDI 产品都具有非常强的兼容性和互操作能力。

2．FDDI 的技术指标

FDDI 的技术指标如表 5.3 所示。

表 5.3　FDDI 的技术标准

项　　目	指　　标
数据传输速率	100Mbps
光信号传输速率	125Mbps
最大节点数	500
站间最大距离	2km（多模光缆），4～100km（单模光缆）
最大环长度	200km
最大帧长度	4 500B
传输介质	光纤、双绞线
介质访问方式	定时令牌传输

5.5.4　FDDI 的应用环境

FDDI 主要用于以下几种应用环境。

（1）用于计算机机房中大型计算机与高速外设之间的连接以及对可靠性、传输速率与系统容错要求较高的环境。

（2）用于连接大量的小型机、工作站、个人计算机和各种外设。

（3）校园网的主干网，用于连接分布在校园网中各个建筑物中的小型机、服务器、工作站和个人计算机以及多个局域网。

（4）多校园的主干网，用于连接地理位置相距几千米的多个校园网、企业网，成为一个区域性的互连多个校园网、企业网的主干网。

5.5.5　FDDI 的技术发展

为适应更高速度的要求，人们正在考虑更大容量的 FDDI 网络系统方案。FFOL（FDDI Follow On LAN）的设计速率最高可达 2.4Gbps。FFOL 几乎迎合了目前所有的网络应用类型，即共享数据服务、话音服务和多媒体服务。为了实现上述目标，FFOL 采用了与 FDDI-Ⅱ 相似的共享媒体和电路交换相结合的方法，对不同的网络应用采用了相应的对策。

5.6　ATM 网络

5.6.1　ATM 网络概述

随着与通信相关的光电子技术、微电子技术和软件工程的飞速发展，使得作为宽带综合业务数字网（B-ISDN）的三大基础技术———光纤传输技术、宽带综合交换技术和图像编码压缩技术有了突破性的进展。因此，在 N-ISDN（窄带综合业务数字网）还没有全面投入实用之前，人们又开始了 B-ISDN 的研究。

B-ISDN 要克服 N-ISDN 的局限性，必须能够处理传输速率与持续时间不同，连续性和突发性不同，具有单向、双向和广播等多种通信方式的信息。

ATM 技术作为 B-ISDN 的核心技术，是 CCITT 规定的 B-ISDN 统一的信息转移方式。ATM 网络克服了现有的电路交换模式和分组交换模式的技术局限性，采用光纤传输技术，提高了传输质量。同时，网络节点不执行导致时延过长的信息检错、纠错等通信规程，而由网络终端设备和外部接口来执行这些功能，网络的主要功能只是单纯地实现信息的高速转移。

ATM 是异步转移模式（Asynchronous Transfer Mode）的缩写，是宽带综合业务数字网的传输技术。ATM 是一种传递模式，在这一模式中，信息被组织成信元（Cell），因包含一段信息的信元不需要周期性地出现，因此，这种传递模式是异步的。传递模式是指电信网所采用的复用、交换、传输技术，即信息从一个地点"传递"到另一个地点所采用的传递方式。ATM 将话音、资料、视频等所有的数字信息分成长度一定的数据块，即包含有 53B 的信元。信元分为两部分：前 5B 为信头，包含表征信元去向的逻辑地址、优先等级等控制信息；后 48B 为信息段，用来转载来自不同用户、不同业务的信息。

在 B-ISDN 中，各种业务的持续时间、突发性和要求的速率这三个方面都是不同的。不同用户的业务种类不尽相同。就是对同一用户而言，使用业务的要求也是随时变化的。ATM 可以根据业务的需要为业务动态地分配带宽，能够充分利用现有的网络资源。

总之，采用 ATM 技术的 B-ISDN 具有极大的透明性和灵活性。对用户而言，网络对全部业务提供透明传输，而不在乎用户信息的种类和特性，通过这样一个统一的网络，用户就可以使用各种业务；从网络运营者的角度出发，网络以其统一的技术体制，为各种通信业务提供信道，不仅保证了现有各种业务的可靠传输，而且对将来可能发展的新业务提供了极大的保证。

5.6.2 ATM 的结构

ATM 的网络结构如图 5.12 所示，它包括公用 ATM 网络和专用 ATM 网络两部分。

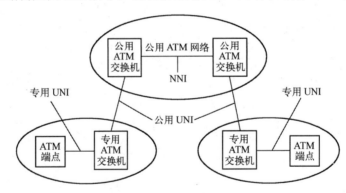

图 5.12 ATM 网络的概念性结构

公用 ATM 网络属于公用通信网，它由通信部门建立、管理和运营，作为 ATM 骨干网络，可以连接各种专用 ATM 网及 ATM 终端。公用 ATM 网内部交换机之间的接口称为网络—节点接口（NNI），公用 ATM 网和专用 ATM 网及用户终端之间的接口称为公用用户—网络接口（Public UNI）。专用 ATM 网络内部交换机和用户终端之间的接口称为专用用户—网络接口（Private UNI），它与公用 UNI 的标准不尽相同，其接口的线路速率、物理媒介以及信令系统更加多样化，同时，在网络维护、管理以及计费等方面较公用 UNI 可以简化。

除了专用网的 ATM 交换机外，我们还可以通过 ATM 集线器（Hub）、ATM 路由器（Router）、ATM 网桥（Bridge）、ATM 复接器等多种网络设备将现有各种终端（电视、电话、计算机等）及各种网络（如电话网、DDN、以太网、FDDI、帧中继等）适配和接入到ATM 网络。专用 UNI 与用户之间可以在近距离使用无屏蔽双绞线（UTP）或屏蔽双绞线（STP）连接，在较远距离使用同轴电缆或光纤连接。公用 UNI 则通常使用光纤作为传输媒体。网络节点通常采用光纤形式接口，接口种类较简单，传输速率高（622Mbps、2.4Gbps 等），具有很强的网络维护管理功能。

总之，ATM 网具有下列特点。

（1）支持一切现有通信业务及未来的新业务。

（2）有效地利用网络资源。

（3）减小了交换的复杂性。

（4）减小了中间节点的处理时间，支持高速传输。

（5）减小延迟及网络管理的复杂性。

（6）保证现有及未来各种网络应用的性能指标。

5.6.3　ATM 规程

ATM 的规程分为 3 层：下面是物理层，中间是 ATM 层，上面是 ATM 适配层。物理层规定了 ATM 数据流和物理介质之间的接口，其中包括两个子层：物理介质相关子层和传输会聚子层。物理介质相关子层规定了 ATM 数据流通过给定介质传输的速率；会聚子层规定了通过物理介质相关子层传输的信元的规程。ATM 层是 ATM 技术的核心，它是面向连接的。虽然有多个 ATM 适配层和多个物理层可供选择，但是信头的结构和信元的交换方式是固定的，不因分层的不同而有所区别。ATM 层负责信元的选路、复用和分路。

ATM 规程的最高层是 ATM 适配层（AAL）。它将高层来的用户业务数据格式转换成ATM 中净荷的格式和长度，到目的站后将它再转换成原来的用户业务数据格式。该层包括五个子层（AAL1～AAL5），不同的 ATM 适配子层与 ATM 所支持的不同业务相一致。AAL1支持固定比特率（CBR）业务，如数字化的声音和图像信号，用于对信元延迟和丢失都敏感的应用；AAL2 支持对时间敏感的可变比特率（VBR）业务；AAL3/4 支持面向连接的突发性业务和数据业务；AAL5 支持突发的 LAN 数据业务。AAL 层还可以将 ATM 与采用无连接交换方式的数据业务综合在一起，使 ATM 用户能进行广播和一点对多点通信。

5.6.4　ATM 的传输控制

监视和管理信元在网络中的传输叫做传输控制。它做得好坏至关重要，特别是对时延敏感的视频数据。不同类型的通信需要不同水平的服务。一个 ATM 网对不同通信类型提供不同的 QoS（Quality of Service，服务质量）水平。

1. ATM 通信类型

我们可以按 ATM 网的 3 个特性———带宽、等待时间和信元延迟变化来对通信类型分类。带宽是指支持某一连接的网络容量大小。等待时间是与连接有关的延迟量，若需要低的等待时间意味着信元需要快速从网络中的一点传到另一点。信元延迟变化是指信元组中信元所经历的延迟范围，低的信元延迟变化意味着一组信元必须以相互间时间相隔不太长的方式通过网络。

ATM 网有三种通信类型：CBR（Constant Bit Rate，恒定位速率）、VBR（Variable Bit Rate，变化位速率）和 ABR（Available Bit Rate，可用位速率）。CBR 通信包括声音和视频，为完成这种通信，ATM 提供一个恒定的带宽、低等待时间和低信元延迟变化。VBR 通信除了需求不同带宽以外与 CBR 相似。ABR 通信不需要确定带宽或延迟参数并被许多数据应用所接受。

2．ATM 连接

ATM 的一端发出的一个连接请求，通过 ATM 网络与 ATM 的另一端相连接，这一过程称为 ATM 连接建立。在连接建立的过程中，ATM 端点与 ATM 网络之间需要就通信类型、恒定和峰值带宽、信号序列长度及 QoS（服务质量）级别等进行协商。这一协商的结果保证 ATM 网与 ATM 端点之间建立一个"约定"：网络提供一个 QoS，ATM 端点不送出比连接过程中所要求的更多的通信量。

ATM 网使用 3 种传输控制技术：传输管制、传输整形和阻塞控制。

（1）传输管制（Traffic Policing）。ATM 网为确保每一连接中的通信不超出约定的范围，使用一个"漏桶"算法来管理通信。当信息流超过约定的速率或缓冲区溢出时，就需要进行传输管制，如丢弃某些信元，这些丢弃的信元在恰当的时候需要重传。

（2）传输整形（Traffic Shaping）。与传输管制相似，传输整形是在用户—网络界面上完成的。ATM 使用"漏桶"算法控制通信，使流量速率限制在约定的范围内。完成传输整形的装置是 ATM 网络适配器，一般用在 PC 或工作站、网桥、路由器和 DSUs（数字服务单元）中。

（3）阻塞控制。当一个用户送出的数据多于网络在可获得带宽内的传输量时，就会发生阻塞。当更多用户向同一网络送出数据时，每个用户可获得的带宽也会随时改变。但网络不能告诉用户在任一给定的瞬间可获得多少带宽，使用户没有依据来控制送出的数据量。当送出的数据量大于网络所能处理的数据量时，网络缓冲区填满并溢出，数据必须重新传输，这将进一步增加通信量，最终使网络发生阻塞。ATM 网络的阻塞控制机制可以使 ABR 通信能够有效地使用带宽，减少数据重传的次数。

5.6.5　ATM 的应用

1．ATM 局域网

ATM 在计算机通信网中最典型的应用就是 ATM 局域网，它属于交换式局域网，以 ATM 交换机或集线器为中心连接计算机所构成的局域网就叫做 ATM 局域网。

ATM 局域网的优点主要有：ATM 的传输交换时延较小，可以保证信息的实时传递；各种业务包括话音、数据、图像等均可以转换成 ATM 信元在 ATM 网络中传输，具有较强的网络处理能力；ATM 现在定义的接口传输速率最高达 622Mbps，传输速率非常高；由于 ATM 局域网和 ATM 公用网技术基本相同，所以 ATM 局域网接入公用网比较容易。

ATM 局域网与传统局域网的主要区别是：传统局域网采用帧格式，ATM 局域网采用信元格式；传统局域网一般提供无连接服务，而 ATM 局域网提供面向连接服务；传统局域网采用共享介质方式工作，ATM 局域网提供点到点传输服务；传统局域网使用 MAC 地址，而 ATM 局域网使用 ATM 地址。

为解决 ATM 局域网与传统局域网的互连问题，ATM 论坛定义了局域网仿真协议（LAN Emulation）。该协议提供了在 ATM 局域网上传送传统局域网帧的标准方法，支持传统局域网向 ATM 局域网的过渡。

2．局域网互连

局域网互连是目前大力发展并具有广阔前景的一种业务。传统的广域网存在带宽资源紧张和路由级数很多的缺点。而采用 ATM 来实现局域网互连，正好可以发挥 ATM 的带宽优势，同时可以减少路由级数，提高了效率，并能提供很高的服务质量。

3．帧中继（FR）

帧中继是一种高效的数据通信方式，目前国内正在大力发展，而 ATM 可以为帧中继提供高带宽的传输手段和优质的服务质量。国家电信网的规划就是实现帧中继通过 ATM 网来传输。

4．ADSL 接入

ADSL（Asymmetrical Digital Subscriber Line，非对称数字用户线路）是一种基于铜线的高速接入技术，它可以为个人用户提供高达 8Mbps 的下行速率和 1Mbps 的上行速率，可以为用户提供高速 Internet 接入以及远程教育、远程医疗、会议电视等业务接入。ADSL 可以在已有的用户电话线上实现，从而大大降低电信部门的基础建设投资。而把 ADSL 接入到 ATM 网，可以利用 ATM 网的带宽优势，避免带宽瓶颈的存在。

5.6.6　ATM 技术的现状及发展

ATM 技术是面向未来的技术，在经过多年的发展之后已走向成熟，步入实用阶段。

ATM 优于其他的组网技术的特点主要有：

（1）ATM 可以在用户之间共享带宽，按需分配带宽。

（2）ATM 可以提供多种业务，如帧中继（FR）业务、交换型多兆比特数据业务（SMDS）。

（3）ATM 是目前唯一有服务质量特性的技术，ATM 业务分类使用户有一系列可选项目，在费用、性能之间做出折中。

（4）ATM 网具有可延性，扩容方便。

（5）ATM 不仅是公用网采用的技术，专用网、LAN 都可以使用。

目前，虽然已有一些电信运营公司在其 WAN 中引入了 ATM 设备，并开始提供商用的 ATM 业务，但 ATM 业务市场目前仍仅处于初期阶段。长远讲，ATM 是新型多媒体应用平台，但现在它的主要应用是宽带数据通信。在 WAN 领域，帧中继是它的竞争对手之一。过去人们认为帧中继是 ATM 的过渡，但帧中继网现在本身的发展速度很快，一些帧中继网将并入 ATM，另一些可能会长期与 ATM 共存。但 ATM 是发展方向，一些新兴的业务提供者都看好 ATM，新建 ATM 骨干网；而传统的业务提供者已建立多业务重叠网，他们将来需要把这些网络无缝地并入 ATM 网，与此同时还要保证这些网络的性能水平不变。选择兼有 ATM 与帧中继功能的多业务设备和进行 ATM 与现有网络的互通是他们的竞争优势。

总之，ATM 是一个推动世界性宽带网的传送技术，现在在广域网中，不管是电信公司还是 ISP 都看好 ATM，交换型多兆比特数据业务网（SMD）、帧中继网以及以前并不看好 ATM 的 Internet 也都在向 ATM 转化。ATM 的巨大容量与 Internet 的广泛使用相结合，将使"信息高速公路"的梦想成为现实。

本 章 小 结

在目前局域网中，传输速率大于 100Mbps 的网络可以称为高速局域网。高速局域网的组网模式非常简单，基本上是以千兆以太网为主干，以高性能的二、三层交换机为核心。

100Mbps 传输速率的以太网称为快速以太网。快速以太网有两种，一种叫 100BASE-T，另一种是 100VG-AnyLAN。100BASE-T 是 10BASE-T 的扩展，拓扑结构为星型。MAC 层仍采用 CSMA/CD 介质访问控制方式。100BASE-T 目前被 IEEE 定为正式的国际标准。100VG-AnyLAN 是一种新的网络技术，被 IEEE 正式确认为 IEEE 802.12 标准，该标准提供 100Mbps 的数据传输，支持 100BASE-T 以太网及令牌环网的拓扑结构。

交换式快速以太网是 100BASE-T 的两种组网方式之一。它组网灵活、方便，网络流通量大，网络传输冲突少，又可以拓宽网络的直径，而成为 100Mb/s 高速网络技术的主流。交换式快速以太网有其非常灵活的组网方式，其交换机的种类繁多，利用不同种类的交换机可灵活多变地组成用户所需的各种交换式以太网。

千兆位以太网技术是一种具有很宽的带宽和极高响应速度的新的网络技术，它的出现使网络的带宽和网络响应问题有了一种全新解决。千兆位以太网兼容了快速以太网标准，在对以太网的升级中，千兆位以太网可以利用现有的以太网基础设施，不需改变现有的网络操作系统和应用程序。

FDDI 是一种以光纤作为传输介质的高速骨干网，是宽带城域网的常用技术之一。它采用令牌传递的介质访问控制方式、反向旋转的双环拓扑结构，以 100Mbps 的速率传输数据。

ATM 技术作为 B-ISDN 的核心技术，是 CCITT 规定的 B-ISDN 统一的信息转移方式。

习 题 5

一、填空题

5.1 在目前局域网中，传输速率大于_____的网络可以称为高速局域网。

5.2 高速局域网的组网模式非常简单，基本上是以_____为主干，以高性能的_____为核心。

5.3 FDDI 的意思是_____，是一种以_____作为传输介质的高速骨干网，也是计算机网络技术发展到高速通信阶段出现的第一个高速网络技术。

5.4 ATM 是异步转移模式（Asynchronous Transfer Mode）的缩写，是_____网的传输技术。ATM 是一种传递模式，在这一模式中，信息被组织成_____，因其不需要周期性地出现，因此这种传递模式是_____的。

5.5 交换以太网是指将交换技术用于以太网的集线器中，将原来的带宽_____转变为带宽_____，避免了因网络中用户增加而造成的_____问题。

5.6 交换式以太网的介质主要采用_____

5.7 如果处在大量短帧传输的环境中，千兆位以太网帧扩展技术就会造成_____，大大降低半双工模式下的传输性能。为解决传输性能下降的问题，IEEE 802.3Z 定义了一种_____技术。

5.8 第三层交换技术既包括了第二、三层的交换功能，而且还具备了_____功能。

二、选择题

5.9 以下网络中，适合广大中小单位使用的是（　　）。

    A．FDDI   B．ATM   C．交换式以太网   D．千兆位以太网

5.10 下列说法错误的是（　　）。

    A．FDDI 中 MAC 帧的前导码用以在收、发双方实现时钟同步

    B．FDDI 和 802.5 的令牌帧中有优先位和预约位

    C．FDDI 协议规定发送站发送完帧后，可以立即发送新的令牌帧

    D．FDDI 标准规定使用集中式时钟方案

5.11 在下列关于 ATM 技术的说明中，错误的是（　　）。

    A．是面向连接的   B．提供单一的服务类型

    C．采用星型拓扑结构   D．具有固定信元长度

5.12 ATM 网络采用固定长度的信源传送数据，信元长度为（　　）。

    A．1024B   B．53B   C．128B   D．64B

5.13 广域网的英文缩写是（　　）。

    A．LAN   B．WAN   C．MAN   D．SAN

5.14 广域网中广泛使用的交换技术是（　　）。

    A．报文交换   B．信元交换   C．线路交换   D．分组交换

5.15 由于照搬 10BASE-T 规范，从 10BASE-T 以太网升级到 100BASE-T 变得非常简单，只要更换（　　）网卡和集线器就可以了，原有的系统软件、应用软件仍可使用。

    A．网卡   B．集线器

    C．网卡和集线器   D．网卡、集线器、系统软件和应用软件

5.16 IEEE 的 100BASE-TX 规范规定使用（　　）作为交换式快速以太网的传输介质。

    A．5 类 2 对无屏蔽双绞线   B．3 类 4 对无屏蔽双绞线

    C．4 类 4 对无屏蔽双绞线   D．1 类无无屏蔽双绞线

三、判断题（正确的打√，错误的打×）

5.17 100BASE-TX 用于 2 对五类非屏蔽双绞线（UTP）或 2 对一类屏蔽双绞线（STP）。（　　）

5.18 100BASE-T4 用于 4 对三类非屏蔽双绞线 UTP，其中有 3 对用于数据传输，1 对用于冲突检测。（　　）

5.19 IP 技术、ATM 技术和 FDDI 技术是目前组建宽带城域网络的主要技术。（　　）

5.20 光纤传输网通常采用时分复用技术和空分复用技术提高每根光纤传送同步数字体系信号的速率。（　　）

5.21 FDDI 访问网络的方法和令牌环是一样的。（　　）

5.22 ATM 网增加了交换的复杂性和网络管理的复杂性。（　　）

5.23 我国国内公用电话交换网的主要传输和交换手段以传输数字信号为主。（　　）

5.24 ADSL（Asymmetrical Digital Subscriber Line，非对称数字用户线路）是一种基于铜线的高速接入技术，它可以为个人用户提供高达 8Mbps 的下行速率和 1Mbps 的上行速率。（　　）

5.25 交换式快速以太网的 MAC 与传统的以太网 MAC 完全一样。（　　）

5.26 EIA/TIA586 布线标准建议在所有 UTP（非屏蔽双绞线）布线基础设施中从集线器到工作站的距离为 100m。（　　）

第6章　组网设备与网络互连

内容提要

本章主要介绍用于构成计算机网络的传输介质，局域网组网、接入与互连的常用设备，最常见的局域网——以太网的组网方式，还介绍了常见的 Internet 的接入设备，介绍了广域网互连的基本原理，最后介绍了计算机网络中的综合布线系统。

6.1　网络传输介质

网络上数据的传输需要传输媒体，这好比是车辆必须在公路上行驶一样，道路质量的好坏会影响到行车的安全舒适。同样，网络传输媒介的质量好坏也会影响数据传输的质量，包括速率、数据丢失等。

常用的网络传输媒介可分为两类：一类是有线的；一类是无线的。有线传输媒介主要有同轴电缆、双绞线及光导纤维（简称光纤）；无线媒介有无线电波、微波、红外线、卫星和激光等。

6.1.1　网络有线传输媒介及连线设备

1．同轴电缆（Coaxial cable）及有关设备

同轴电缆由绕同一轴线的两个导体所组成，即内导体（铜芯导线）和外导体（屏蔽层）。外导体的作用是屏蔽电磁干扰和辐射。两导体之间用绝缘材料隔离，如图 6.1 所示。同轴电缆可分为两类：粗缆和细缆。这两种电缆在实际应用中很广，比如，有线电视网就是使用的同轴电缆。

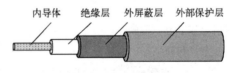

内导体　绝缘层　外屏蔽层　外部保护层

图 6.1　同轴电缆

由于同轴电缆绝缘效果佳，频带也宽，数据传输稳定，价格适中，性价比高，是局域网中普遍采用的一种媒介。经常提到的 10BASE-2 以太网就是使用细同轴电缆组网的。

使用同轴电缆组网，需要在两端连接 50Ω 的反射电阻，这就是通常所说的终端匹配器。

同轴电缆组网的其他连接设备，细缆与粗缆的不尽相同，即使名称一样，其规格大小也有差别。

（1）细缆连接设备及技术参数。采用细缆组网，除需要电缆外，还需要 BNC 头、T 型头及终端匹配器等。同轴电缆组网的网卡必须带有细缆连接接口（通常在网卡上标有"BNC"字样）。

下面是细缆组网的技术参数。

① 最大的干线段长度为 185m。

② 最大网络干线电缆长度为 925m。

③ 每条干线段支持的最大节点数为 30。

④ BNC、T 型连接器之间的最小距离为 0.5m。

（2）粗缆连接设备。粗缆连接设备包括转换器、DIX 连接器及电缆、N 系列插头、N 系列匹配器。使用粗缆组网，网卡必须有 DIX 接口（一般标有 DIX 字样）。

下面是采用粗缆组网的技术参数：

① 最大的干线段长度为 500m。

② 最大网络干线电缆长度为 2500m。

③ 每条干线段支持的最大节点数为 100。

④ 收、发器之间的最小距离为 2.5m。

⑤ 收、发器电缆的最大长度为 50m。

2．双绞线（Twisted-pair）

双绞线可分为屏蔽双绞线（STP）和无屏蔽双绞线（UTP），是由两条导线按一定扭距相互绞合在一起的类似于电话线的传输媒体，每根线加绝缘层并有颜色来标记，如图 6.2 所示。成对线的扭绞旨在使电磁辐射和外部电磁干扰减到最小。

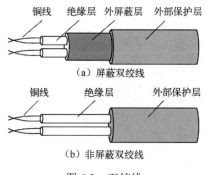

图 6.2　双绞线

EIA/TIA（电气工业协会/电信工业协会）按质量等级定义了五类双绞线电缆，计算机网络综合布线使用第三、四、五类。这 5 类用途如下：

第一类主要用于模拟话音，在 LAN 技术中不用于数据传输。

第二类可用于综合业务数字网，如数字话音、IBM3270 等。在 LAN 中也很少使用。

第三类是一种 24WG 的 4 对非屏蔽双绞线，符合 EIA/TIA 568 标准中确定的 100？水平布线电缆的要求，可用来进行 10Mbps 和 IEEE 802.3 10BASE-T 的话音和数据传输。

第四类在性能上比第三类有一定改进，适用于包括 16Mbps 令牌环局域网在内的数据传输速率，其传输特性满足 EIA/TIA Technical Services Bulletin 定义的第四类电缆的规范，也满足 NEMA 和 UL Twisted-pair Qualification Program 定义的规范。这类双绞线可以是 UTP，也可以是 STP。

第五类是 24AWG 的 4 对电缆，比 100？低损耗电缆具有更好的传输特性，并适用于 16Mbps 以上的速率，最高可达 100Mbps。150???STP 是另外一种高性能屏蔽式 22AWG 或 24AWG 的电缆，它支持的数据传输速率可达 100Mbps 或更高，并支持 600MHz 频带上的全息图像。

目前新的 UTP 产品有超五类线以及六类线，其性能比五类线有所增强，能更可靠地支持高速网络应用，如 100Mbps 以太网和 ATM 网络。

使用双绞线组网，网卡必须带有 RJ-45 接口，另外还需要一个非常重要的设备——集线器（Hub）。

根据 AT&T 接线标准，双绞线与 RJ-45 接头的连接方法在 10BASE-T 和 100BASE-T 是相同的。它需要 4 根导线通信，两条用于发送数据，两条用于接收数据。

注意：在接线时，一定要按线的颜色对应接线，否则会使通信不稳定。

双绞线（10BASE-T）以太网技术规范可归结为 5—4—3—2—1 规则：

（1）允许 5 个网段，每网段最大长度 100m。

（2）在同一信道上允许连接 4 个中继器或集线器。

（3）在其中的 3 个网段上可以增加节点。

（4）在另外两个网段上，除做中继器链路外，不能接任何节点。

（5）上述将可组建一个大型的冲突域，最大站点数为 1024。

上述规则只是一个粗略的设计指南，实际的数据因厂家不同而异，现在的集线器一般可以级联 7 层。双绞线组网的基本要求是网络部件间延时满足如下公式：

(中继器延时+电缆延时+网卡延时×2)×2<51.2ms

利用双绞线组网，可以获得良好的稳定性，在实际应用中越来越多，尤其是近年来，快速以太网的发展，利用双绞线组建无须再增加其他设备，因此被业界人士看好。

3．光纤（Fiber Optical Cable）

组建快速网络，光纤是最好的选择。光纤是由一组光导纤维组成的用来传播光束的、细小而柔韧的传输介质，由纤芯和包层两层组成。纤芯很细，是用玻璃和塑料制成的横截面积很小的双层铜心圆柱体，是光传播的通道，质地脆，易断裂。纤芯的外面是起保护作用的塑料护套，如图 6.3 所示。

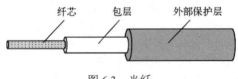

图 6.3　光纤

应用光学原理，由光发送机产生光束，将电信号变为光信号，再把光信号导入光纤，在另一端由光接收机接收光纤上传来的光信号，并把它变为电信号，经解码后再处理。与其他传输介质比较，光纤的电磁绝缘性能好、信号衰减小、频带宽、传输速度快、传输距离大，主要用于要求传输距离较长、布线条件特殊的主干网连接。

光纤可分为单模光纤和多模光纤。

单模光纤：由激光作为光源，仅有一条光通路，传输距离长，2km 以上。

多模光纤：由二极管发光，低速短距离，2km 以内。

表 6.1 列出了几种常用传输媒介的性能比较。

表 6.1 同轴电缆、双绞线、光缆的性能比较

传输媒介	价 格	抗电磁干扰	频带宽度	单段最大长度
UTP	最便宜	较差	低	100m
STP	一般	较好	中等	100m
同轴电缆	一般	较好	高	185m/500m
光缆	最贵	最好	极高	几十千米

6.1.2 网络无线传输媒介

无线网络是指无须任何线缆即可实现计算机之间互连的网络。无线网络的适用范围相当广泛，它不但能够替代传统的物理布线，尤其在传统布线无法解决的环境或行业中起到关键的作用。在无线网络中，常用的无线传输介质（指利用电磁波或光波充当传输通路的传输介质，各种无线传输介质对应的电磁波谱是不同的）有无线电波、微波、红外线、卫星和激光五种。

1．无线电波

除了用于无线电广播和电视节目及手提电话的个人通信，无线电也可用于传输计算机数据。与使用有线电缆不同，使用无线电波并不要求在计算机之间有直接的物理连接，作为替代，每个计算机都带有一个天线，经过它发送和接收无线电波。无线电波可以穿透墙壁，也可以到达普通网络线缆无法到达的地方。针对无线电链路连接的网络，现在已有相当坚实的工业基础，在业界也得到迅速发展。

2．红外线

电视和立体声系统所使用的遥控器都使用红外线进行通信。红外线一般局限于一个很小的区域，并且通常要求发送器直接指向接收器（指通信路径上不能有任何障碍物）。红外线硬件与采用其他机制的设备比较相对便宜，且不需要使用天线。计算机网络可以使用红外技术进行数据通信。

3．微波通信

微波通信是指使用频率在 100MHz～10GHz 之间的微波信号进行通信（微波使用的频率超出了无线电和电视所用的频率范围）。微波其实就是频率较高的无线电波，但与无线电波向各个方向传播不同，微波传输集中于某一个方向，且微波易受障碍物影响。故最好安装在建筑物顶部，并且其发送器都直接朝向对方高塔上的接收器。

4．激光通信

在有线网络中，我们可以在光纤内使用光进行通信。同样，光也能在空中传输数据。和

微波通信系统相似，采用光通信时通常由两个站点组成，每个站点都拥有发送和接收器。和微波传输相似，激光器发出的激光束只能走直线，并且不能被遮挡。不幸的是，激光束不能穿透植物以及雨、雪、雾等多种自然条件，因此激光通信的应用受到限制。

5．卫星通信

虽然无线电波传输并不沿地球表面弯曲，但它可以与卫星技术相结合，提供长距离通信。卫星带有无线电接收器和转发器，在大洋一边的一个地面发送站发送信号到卫星，卫星将信号转发到大洋另一边的地面站，从而延伸了数据传输的距离。一个卫星通常包含有多个独立的转发器，每个转发器使用不同的无线电频道以保证多个通信能同时进行。此外，由于单个卫星频道还可以共享使用，因此它能为许多客户提供服务。

6.2 局域网组网与互连设备

6.2.1 网络连接和数据交换设备

组建局域网时，常使用的网络设备有网卡，同时还需要使用传输介质，连接时还需要一些接插件。如果网络需要扩展或网络之间需要互连，还需要用到一些如中继器、集线器、网桥、路由器、交换机和网关等设备。

1．网卡

网卡（Network Interface Card，NIC）也叫做网络适配器，是连接计算机与网络的硬件设备。网卡插在计算机或服务器扩展槽中，通过网络线缆（如双绞线、同轴电缆或光纤）与网络交换数据、共享资源。

网卡有很多种，不同类型和速度的网络需要使用不同种类的网卡。每一个网卡上都有一个世界唯一的 MAC（Media Access Control）地址，MAC 地址被烧录在网卡的 ROM 中，用来标明并识别网络中的计算机的身份。依靠该 MAC 地址，才能实现网络中不同计算机之间的通信和信息交换。

网卡能够监听所有正在电缆上传输的信息，并根据网卡上的 MAC 地址过滤出工作站应接收的信息。当工作站准备好接收时，网卡会将接收到的信息传送给工作站进行处理。当工作站需要向网络发送信息时，网卡则在电缆信息流中寻找一个间隙并将信息报文插入信息流。

网卡有很多类型，如以太网、令牌环、FDDI、ATM、无线网络等类型的网卡，但大多数的计算机局域网都是以太网，所以我们接触最多的也大都是以太网卡。

以太网卡有不同的分类。按所支持的带宽分，有 10Mbps 网卡、10/100Mbps 自适应网卡和 1000Mbps 网卡。按总线类型，可以将网卡分为 ISA 网卡、PCI 网卡以及专门用于笔记本电脑的 PCMCIA 网卡。按应用领域，网卡还可以分为工作站网卡和服务器网卡。按网卡的端口类型，网卡有 RJ-45 端口（双绞线）网卡、AUI 端口（粗同轴电缆）网卡、BNC 端口（细同轴电缆）网卡和光纤端口网卡。按与不同的传输介质相连接的端口的数量分，有单端口网卡、双端口网卡甚至三端口网卡，如 RJ-45+BNC、BNC+AUI、RJ-45+BNC+AUI 等类型的网卡。

目前主要的网卡生产厂家有 TP-LINK（普联）公司、3COM 公司、D-LINK（友讯）公司、Intel 公司、Lenovo（联想）公司等。

2．接插件

将网卡、传输介质以及其他一些网络设备进行连接时，在连接处还要用到一些接插件。常用的接插件有：

（1）T 型连接器。

（2）收发器。

（3）屏蔽或非屏蔽双绞线连接器 RJ-45。

（4）RS-232 接口（DB-25）。

（5）DB-15 接口。

（6）VB35 同步接口。

（7）终端匹配器。

（8）调制解调器。

T 型连接器与 BNC 接插件都是细同轴电缆的连接器，它们对网络的可靠性有着至关重要的影响。同轴电缆与 T 型连接器是通过 BNC 接插件进行连接的，BNC 接插件有手工安装和工具型安装之分，用户可根据实际情况和线路的可靠性要求进行选择。

RJ-45 非屏蔽双绞线连接器有 8 根连针，在 10BASE-T 标准中，仅使用 4 根，第 1 对双绞线使用第 1 针和第 2 针，第 2 对双绞线使用第 3 针和第 6 针（第 3 对和第 4 对作备用）。具体使用时可参照厂家提供的说明书。

DB-25（RS-232）接口是目前微机与网络通信设备（如调制解调器）之间的常用接口方式。

DB-15 接口就是用于连接网络接口卡的 AUI 接口，网络接口卡通过此接口，可将信息通过收发器电缆送到收发器，然后进入主干介质。

VB35 同步接口用于连接远程的高速同步接口。

终端匹配器（也称端接器）安装在同轴电缆（粗缆或细缆）的两个端点上，它的作用是防止电缆无匹配电阻或阻抗不正确。无匹配电阻或阻抗不正确，则会引起信号波形反射，造成信号传输错误。调制解调器（MODEM）的功能是将计算机的数字信号转换成模拟信号或相反，以便在电话线路或微波线路上传输。调制是把数字信号转换成模拟信号；解调是把模拟信号转换成数字信号。它一般通过 RS-232 接口与计算机相连。

3．局域网的通信设备

（1）网络物理层互连设备。网络物理层互连设备主要有中继器和集线器两种。

① 中继器。由于信号在网络传输介质中有衰减和噪声，使有用的数据信号变得越来越弱，因此，为了保证有用数据的完整性并在一定范围内传送，要用中继器把所接收到的弱信号分离，并再生放大以保持与原数据相同。

② 集线器。集线器（Hub）是局域网中计算机和计算机之间的连接设备，是局域网的星型连接点。局域网里的每个工作站是用双绞线连接到集线器上的，由集线器对工作站进行集中管理。

集线器可以说是一种特殊的中继器，作为网络传输介质间的中央节点，它克服了传输介质通道单一的缺陷。网络以集线器为中心的优点是：当网络系统中某条线路或某节点出现故障时，不会影响网上其他节点的正常工作。

a. 集线器可分为无源（Passive）集线器、有源（Active）集线器和智能（Intelligent）集线器。

- 无源集线器只负责把多段介质连接在一起，不对信号做任何处理，每一种介质段只允许扩展到最大有效距离的一半。
- 有源集线器类似于无源集线器，但它具有对传输信号进行再生和放大从而扩展介质长度的功能。
- 智能集线器除具有有源集线器的功能外，还可将网络的部分功能集成到集线器中，如网络管理、选择网络传输线路等。

集线器技术发展迅速，已出现交换技术（在集线器上增加了线路交换功能）和网络分段方式，提高了传输带宽。

b. 随着计算机技术的发展，Hub 又分为切换式、共享式和可堆叠共享式三种。

- 一个切换式 Hub 重新生成每一个信号并在发送前过滤每一个包，而且只将其发送到目的地址。切换式 Hub 可以使 10Mbps 和 100Mbps 的站点用于同一网段中。
- 1 共享式 Hub 使所有相互连接的站点共享一个最大频宽。例如，一个连接着 10 个工作站或服务器的 100Mbps 共享式 Hub 所提供的最大频宽为 100Mbps，与它连接的每个站点共享这个频宽的十分之一。共享式 Hub 不过滤或重新生成信号，所有与之相连的站点必须以同一速度（10Mbps 或 100Mbps）工作。所以，共享式 Hub 比切换式 Hub 价格便宜。
- 堆叠共享式 Hub 是共享式 Hub 中的一种，当它们级联在一起时，可看做是网络中的一个大 Hub。当 6 个 8 口的 Hub 级联在一起时，可以看做是 1 个 48 口的 Hub。

目前，国内主流的集线器品牌中，在高档市场上主要是 3COM 和 Intel 等；在中低档市场上则主要是 D Link、TP Link、Accton、Adico、LG、联想、EDIMAX 等。

（2）数据链路层互连设备。数据链路层互连设备主要有网桥和交换机。

① 网桥。网桥（Bridge）是一个局域网与另一个局域网之间建立连接的桥梁。网桥是属于数据链路层的一种设备，它的作用是扩展网络范围和通信手段，在各种传输介质中转发数据信号，扩展网络的距离，同时又有选择地将有地址的信号从一个传输介质发送到另一个传输介质。

网桥可分为本地网桥和远程网桥。本地网桥是指在传输介质允许长度范围内互连网络的网桥；远程网桥是指连接的距离超过网络的常规范围时使用的远程桥，通过远程桥互连的局域网将成为城域网或广域网。如果使用远程网桥，则远程网桥必须成对出现。在网络的本地连接中，网桥可以使用内桥和外桥。内桥是文件服务器的一部分，通过安装在文件服务器中的两个网卡连接两个局域网，由文件服务器上运行的网络操作系统来管理。外桥安装在工作站上，实现两个相似或不同的网络之间的连接。外桥不运行在网络文件服务器上，而是运行在一台独立的工作站上，外桥可以是专用的，也可以是非专用的。作为专用网桥的工作站不能当普通工作站使用，只能建立两个网络之间的桥接。而非专用网桥的工作站既可以作为网桥，也可以作为工作站。

② 交换机（Switch）。交换机也称交换式集线器，是专门设计的、使各种计算机能够相互高速通信的独享带宽的网络设备。作为高性能的集线设备，交换机已经逐步取代了集线器而成为计算机局域网的关键设备。由交换机所构成的交换式网络不仅拥有高达千兆的传输速率，而且网络传输效率也大大提高，适合于大量数据交换非常频繁的网络，广泛应用于各类多媒体与数据通信网中。

为了适应不同的工作环境，交换机也被设计成拥有不同的性能和端口，从而有不同的分类。

a. 根据使用的网络技术不同，交换机可以分为以太网交换机、ATM 交换机和 FDDI 交换机等。以太网交换机是以太网使用的交换设备，由于以太网使用的普遍性，因此现在所说的交换机，如果没有特殊说明，一般都是指以太网交换机。ATM 交换机是用于 ATM 网络的交换机，主要用于电信网的主干网。FDDI 交换机目前市场已较少见到。

b. 根据应用的规模，可以将交换机划分为桌面交换机（工作组交换机）、骨干交换机（部门交换机）和中心交换机（企业交换机）。一般支持 500 个信息点以上大型企业应用的交换机为中心交换机，支持 300 个信息点以下中型企业的交换机为骨干交换机，而支持 100 个信息点以内的交换机为桌面交换机。

c. 根据交换机工作的协议层，交换机可分为第 2 层交换机、第 3 层交换机和第 4 层交换机。第 2 层交换机依赖于链路层中的信息（如 MAC 地址）完成不同端口间的数据交换，所有的交换机都能工作在第 2 层。第 3 层交换机具有路由功能，将 IP 地址信息用于网络路径选择，并实现不同网段间的数据交换。第 4 层由于其技术尚未真正成熟且价格昂贵，所以在实际中应用较少。

交换机还有其他分类，在此不再一一介绍。

目前局域网交换机的主要供应商有 3COM、Alcatel（阿尔卡特）、Avaya、CiscoSystems、Intel、Dell、D-Link、HP、Linksys、Marconi、NEC、SMC、Tasman Networks 以及我国的中兴、华为等公司。

（3）网络层互连设备——路由器（Router）。路由器（Router）是用于连接多个逻辑上分开的网络。逻辑网络是指一个单独的网络或一个子网。当数据从一个子网传输到另一个子网时，可通过路由器来完成。因此，路由器具有判断网络地址和选择路径的功能，它能在多网络互连环境中建立灵活的连接，可用完全不同的数据分组和介质访问方法连接各种子网。路由器是属于网络层的一种互连设备，只接收源站或其他路由器的信息，它不关心各子网使用的硬件设备，但要求运行与网络层协议相一致的软件。路由器分本地路由器和远程路由器。本地路由器是用来连接网络传输介质的，如光纤、同轴电缆和双绞线；远程路由器是用来与远程传输介质连接并要求相应的设备，如电话线要配调制解调器，无线要通过无线接收机和发射机。

全球主要的路由器生产商有 Cisco 公司、华为公司、北电网络公司等。

（4）高层互连设备——网关。在一个计算机网络中，当连接不同类型而协议差别又较大的网络时，则要选用网关设备。网关的功能体现在 OSI 模型的最高层，它将协议进行转换，将数据重新分组，以便在两个不同类型的网络系统之间进行通信。由于协议转换是一件复杂的事，一般来说，网关只进行一对一转换，或是少数几种特定应用协议的转换，网关很难实现通用的协议转换。用于网关转换的应用协议有电子邮件、文件传输和远程工作站登录等。

网关和多协议路由器（或特殊用途的通信服务器）组合在一起可以连接多种不同的系统。和网桥一样，网关可以是本地的，也可以是远程的。目前，网关已成为网络上每个用户都能访问大型主机的通用工具。

6.2.2　网络数据存储和处理设备

1．服务器

服务器（Server）是连入网络，专门为其他计算机提供各种服务的特殊的计算机，其外观差别很大，通常要比普通的计算机高大得多。也有一些服务器在外观上类似于交换机或集线器，可以直接固定在机柜中。服务器作为一台特殊的计算机，在网络中具有非常重要的作用，因此具有运行时间长（24 小时不间断）、可靠性高、稳定性好、速度快、存储量大的特点。

2．客户机

客户机（Client）是连入网络的普通网络用户使用的计算机或终端设备。严格地说，客户机不应属于网络数据存储设备，因为网络数据一般存放在网络服务器中。客户机负担一部分网络数据处理任务。

3．其他数据存储设备

局域网中无疑要存储大量的数据，而且这些数据不仅量非常大，而且非常重要，特别是对于银行、证券等行业。因此，局域网中往往还配置有其他数据存储设备，如磁带机、磁盘阵列、光盘阵列等，用于存储海量网络数据。

磁带机用于提供廉价的数据备份，用户只需将数据一一备份在磁带上，需要时再恢复至计算机系统即可。然而，无论是数据的备份和恢复，速度都非常慢，所以通常都是作为一种数据保护措施。

磁盘阵列则是采用高速 SCSI 接口的硬盘，并利用 RAID 技术将多块硬盘连接在一起，提供高速的冗余数据备份。当一块硬盘损坏时，保存的数据仍然可以不受影响地读取出来，从而不仅提供了较高的读写速度，而且还提供了较好的安全机制。由于每块硬盘都提供高达几十吉字节（GB）至上百吉字节（GB）的容量，所以磁盘阵列可谓名副其实的"海量存储"。

与磁盘阵列类似，光盘阵列也是由多个 SCSI 接口的光驱连接在一起组成的。由于光盘阵列通常采用 CD-ROM，所以通常只用于向用户提供数据查询和浏览服务。

6.3　以太网组网方式

以太网是最重要、最普遍的一种计算机局域网，掌握以太网的组网方法具有实际意义。在 IEEE 802.3 标准中，指出以太网可以采用 3 种传输介质进行组网：细同轴电缆、粗同轴电缆和双绞线。

6.3.1　细同轴电缆以太网

细同轴电缆以太网也叫 10BASE-2 以太网。如图 6.4 所示展示了一个有两个网段和一个中继器的细同轴电缆以太网。

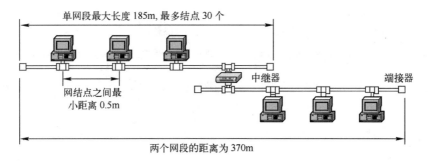

图 6.4 细同轴电缆以太网

组建一个细同轴电缆以太网需要以下基本的硬件配置。

（1）网卡：每个节点需要至少一块带有 BNC 接口的以太网卡。

（2）T 型连接器：细缆以太网的每个节点通过 T 型连接器连入网内。T 型连接器的两个水平端口连接电缆，一个垂直接口与网卡的连接器相连。

（3）电缆：直径为 1/4 英寸（0.635cm）的细同轴电缆 RG-58A/U。

（4）端接器：安排在细缆的两端。

（5）中继器：一根细缆的总长度不能超过 185m，如果实际站点的分布距离超过这个限度，可以利用中继器进行扩充。中继器（Repeater）的作用是对信号进行放大。

细同轴电缆以太网的主要技术特性如下：

（1）网络拓扑结构为总线型。

（2）介质访问控制协议为 CSMA/CD。

（3）传输速率为 10Mbps。

（4）每段最大节点数为 30 个。

（5）最大网段距离为 185m。

（6）站间最小距离为 0.5m，一般为 0.5m 的整数倍。

（7）最大网段数为 5 段，最多可用 4 个中继器连接 5 段网络，但是只允许其中 3 个网段连接计算机，剩余的 2 个网段只能用于延长距离，可将网络距离延长到 925m。

细同轴电缆系统造价比较低，安装容易，但由于各连接头容易松动，可靠性受到一定影响。细同轴电缆以太网多用于小规模的网络环境。

6.3.2 粗同轴电缆以太网

粗同轴电缆以太网又名 10BASE-5 以太网。如图 6.5 所示展示了一个有 5 个网段和 4 个中继器的粗同轴电缆以太网。

组建一个粗同轴电缆以太网需要以下硬件：

（1）网卡。

（2）收发器：粗缆以太网的每个节点需要一个安装在同轴电缆上的外部收发器进入网内。

（3）收发器电缆：用于网卡与收发器的连接。

（4）电缆：直径为 1/2 英寸（1.27cm）的粗同轴电缆。

（5）端接器：安装在粗缆的两端，防止信号反射，两个端接器中有一个必须接地。粗缆以太网的主要技术特性如下：

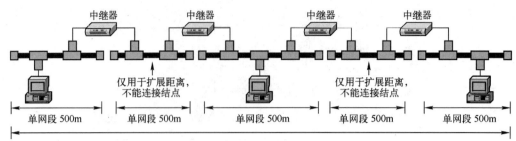

图 6.5　粗同轴电缆以太网

（1）网络拓扑结构为总线型。

（2）介质访问控制协议为 CSMA/CD。

（3）传输速率为 10Mbps。

（4）最大网段距离为 500m。

（5）站间最小距离为 2.5m，一般为 2.5m 的整数倍。

（6）最大网段数为 5 段，最多可用 4 个中继器连接 5 段电缆，但是只允许其中 3 个网段连接计算机，剩余的 2 段只能用于延长距离，可将网络扩大到 2.5km。

粗同轴电缆网的抗干扰能力比细同轴电缆好，但造价较高，安装较为复杂。

6.3.3　双绞线以太网

双绞线以太网又称为 10BASE-T，是继细、粗同轴电缆以太网之后，20 世纪 80 年代后期出现的以非屏蔽双绞线为传输介质，以集线器（Hub）为中心节点，采用星型拓扑结构的一种以太网，一个基本的 10BASE-T 连接如图 6.6 所示。

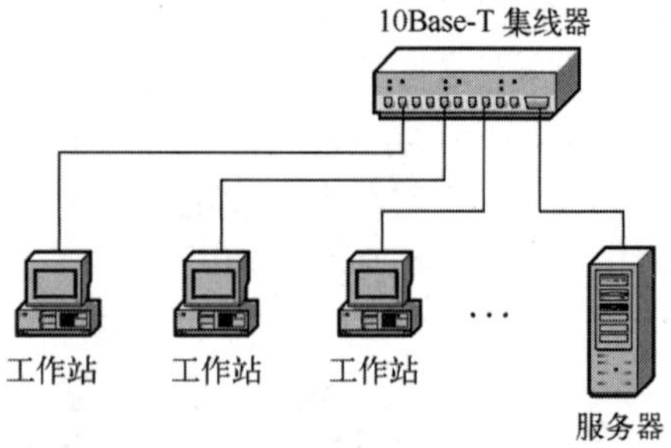

双绞线以太网需要以下硬件配置。

（1）网卡：连入双绞线以太网的任一个节点都需要一块支持 RJ-45 接口（形状类似于电话接口）的网卡。

图 6.6　双绞线以太网

（2）双绞线：并不是所有的双绞线都能够用来连接计算机入网，以太网标准规定只能使用三类、四类或五类双绞线。

（3）集线器 Hub：集线器是双绞线以太网的中心连接设备，它的作用是将接收到的数据传播到每一个端口（当然发送者端口除外）。从这种意义上看，虽然双绞线以太网从外观看连接成星型，但从数据流动的情况上看，它仍然是一个总线型网。因此，我们往往说双绞线以太网是物理上星型、逻辑上总线型的局域网。

双绞线以太网的主要技术特性如下：

（1）网络拓扑结构为星型。

（2）中央节点为有源集线器 Hub。

（3）介质访问控制协议为 CSMA/CD。

（4）站点数由 Hub 的端口数而定。

（5）传输速率为 10/100Mbps，目前 1000Mbps 已在 LAN 中实现。

（6）最大网段长度为 100m。

（7）最大网络段数为 5 段，即可用 4 个中继器连接 5 段电缆，将网络扩大到 500m。

双绞线局域网利用集线器在物理连接上形成了一个星型结构，这种连接法使网络的建立变得极为容易，而且 RJ-45 插头不像同轴电缆中的插口，它的牢固性极好。除此之外，双绞线以太网还具有扩充性好、易向上升级等优点，因此是目前组建以太网时的首选。双绞线以太网的扩充是通过集线器的级联而完成的。集线器的端口有限（一般为 16 个），超过 16 个节点就可以通过集线器的级联进行扩充。

有一点应该请大家注意的是，双绞线可以和同轴电缆混用，最常见的一种混用是楼层内的机器通过双绞线进行连接，再用粗同轴电缆将各个集线器串起来。

6.4　局域网互连

局域网互连是将两个或多个局域网相互连接，以实现信息交换和资源共享。本节讲述局域网互连需求以及各种不同的互连方法，包括中继器、网桥、路由器和网关等互连设备。

6.4.1　网络互连需求

1．局城网互连需求

为什么要将多个局域网互连而不是将所有计算机连到一个局域网上呢？从前面讲到的局域网特性，可以知道局域网有以下 3 个限制因素：

（1）局域网覆盖的距离是有限的。

（2）局域网能支持的连网的计算机数是有限的。

（3）局域网上能传输的信息量是有限的。

除此以外，当单个局域网不断扩充时，需要进行分段，以限制每一个网段上的设备数和通信量，否则局域网的性能会大大降低。

另一个需要互连的重要原因是，当一个组织配置有不同类型的局域网时，需要解决异种网络的互连。对于一些大的企业还需解决从分支机构远程访问支持不同通信协议的网络。

2．网络互连类型

一般来说，有 4 种类型的网络互连，需要采用不同的网络互连方法和设备。下面分别介绍这 4 种类型的网络互连。

（1）相同类型的局域网互连。例如，有若干个以太网需要互连。有两种不同情况；一种情况是要连接的几个以太网安装在同一建筑物内，且位置很靠近，可采用一个互连设备直接将相邻的局域网互连起来；另一种情况是要连接的局域网相距甚远，则需要公共通信链路，采用租线或拨号，需要两个互连设备分别接到公共通信链路的两端。如图 6.7 所示是上述两种情况的两个局域网互连方案。

（2）不同类型的局域网互连。例如，要将不同办公室的以太网和令牌环网相连，且能互相存取数据和访问有关应用。这种互连比起相同类型的局域网互连要复杂些。同样地，也有本地连接和远程连接两种方式。

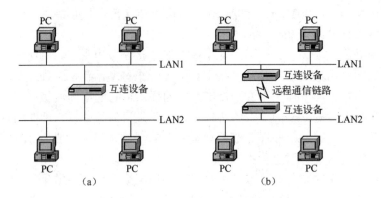

图 6.7　两个局域网互连方案

（3）通过主干网将局域网互连。例如，FDDI 作为主干网，将众多的局域网互连。这种连接方法具有连接距离远、连接设备数量多以及通信量大等优点，已被广泛采用。

（4）通过广域网（WAN）将局域网互连。广域网可和众多局域网或主机相连。需要专门的互连设备如网关（Gateway）将局域网和广域网相连，如图 6.8 所示。在图 6.8 中 WAN 采用 X-25 通信协议，网关的作用是实现局域网协议和 X-25 协议的转换。

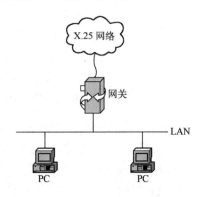

图 6.8　LAN 连接到 X-25 WAN

3．网络互连解决方案

局域网互连不仅是简单的物理链路的互通，更重要的是要使用户能访问所需的数据和各种应用。为了安全起见，不同用户有不同的访问权限，具有最高访问权限的用户要能访问互连的各个 LAN 上的数据和应用。如何解决不同计算机系统、不同通信协议之间的互操作是网络互连的关键。

开放系统互连参考模型的目标就是为各种应用提供一个公共的通信服务，它独立于连至网上的计算机和操作系统。OSI 模型可分成两部分：上半部分是处理连在网上的计算机之间的接口控制及其数据表示；下半部分处理网络本身，由局域网互连设备负责执行。TCP/IP 则是 Internet 采用的通信协议，与 OSI 有类似的层次结构，是目前在网络互连中应用最广的通信协议。

有 4 种类型的互连设备，它们是中继器（Repeaters）、网桥（Bridges）、路由器（Routers）和网关（Gateways），这 4 种设备是属于 OSI 不同层次的设备。

6.4.2　中继器

中继器是最简单的局域网延伸设备，运行在物理层，即 OSI 的最底层。不同类型的局域网采用不同的中继器。

用于以太网的中继器用来扩展以太网的长度，其功能是放大或再生局域网的信号。采用粗同轴电缆的总线结构以太网，最大长度为 500m，可支持 100 个连接设备。采用中继器可延伸至 2500m，并增加连接的设备数。最多可连接 4 个中继器。

在令牌环局域网中，每个节点都需要重复再生信号，所以毋需再使用附加的中继器。连网设备数的限制由单个令牌环网能支持的设备数决定，最大连接设备数为 260 个，每个节点之间的距离为 100m。

目前以太网和令牌环网采用流行的基于 Hub 结构，实际上也是中继器的原理，但信号的再生在 Hub 设备中，中继器只是连接两个网段，而 Hub 结构有很多端口，可连接到用户设备。如图 6.9 所示是两种不同类型的局域网中继器。

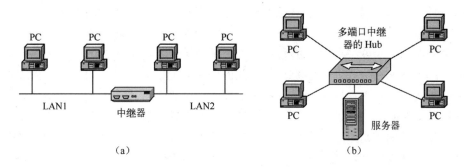

图 6.9　不同类型的 LAN 中继器

以太网的 Hub 接收从一个发送设备发送的信号，然后，同时将这信号广播发送至所有连接至 Hub 的设备。严格地讲，以太 Hub 网由多个以太网段组成，因为每个设备连到 Hub 的链路是单独一个网段。

令牌环中继器依次再生信号，保持逻辑环的结构，数据从一个设备传到下一个设备，依次进行。使用 Hub 结构的中继器可支持具有大量设备连接的以太网和令牌环网，但它没有数据过滤功能，也无法支持长距离的连接。

6.4.3　网桥

中继器运行在物理层，它只是扩展物理网络的距离，而网桥则运行在 OSI 的第二层，即数据链路层。

网桥仍然有在不同网段之间再生信号的功能，但它增加了分组的寻址功能，以决定两个网段之间的信号中继，从而增加了互连功能。它能根据地址过滤数据分组，限制经过网桥的数据流，只允许送到与网桥相连的另一个网络的分组通过网桥。如图 6.10 所示为网桥的原理，从 PC1 发往 PC2 的信号，只需在 LAN1 中传输，因此被网桥过滤，而不会送至 LAN2；从 PC1 发往 PC3 的信号，网桥将转发至 LAN2。

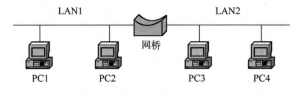

图 6.10　网桥的原理

按照上述原则，网桥能有效地连接两个 LAN，一方面使本地通信限制在本网段内，另一方面转发相应的信号至另一网段。由此可知,网桥有两个好处:其一是网桥可把一个大的 LAN 分段成两个较小的 LAN,使 LAN 的长度增加一倍,连至网上的设备和通信量也相应增加一倍,而仍然能保持 LAN 的性能不下降;其二是用两个网桥通过公共通信链路相连,可连接两个远程的 LAN。

6.4.4 路由器

路由器与网桥相比,提供了更高层次上的 LAN 互连。路由器能支持经多个链路连接的复杂网络,具有动态选择路由以平衡各个路由器的通信负载的功能。路由选择不仅基于网络层地址,而且基于数据分组的类型,因此可区分不同的协议,并做出相应的路由判定,从而可出于安全的考虑,阻断某些类型的数据,阻止某些用户访问被保护的网络。

路由器运行在网络层上。网络层提供专门的路由功能,例如,可由以太网上的 PC 到令牌环网上的服务器,如图 6.11 所示。在网上的每一个节点都有一个唯一的网络地址。当数据从 PC 进入以太网时,网络地址(包括源地址和目的地址)包含在每个数据分组中。路由器解释送来的分组,知道是来自以太网 LAN 的,即去除以太网地址报头,然后,路由器读出每个数据分组的网络地址,且用它来重新构造分组,用令牌环网的格式构造正确的数据链路地址(如 MAC 地址),令牌环网将数据送至服务器。用这种方法,路由器将以太网和令牌环网连接起来,而不需直接翻译两种不同的分组格式。在这个例子中,路由器只是直接路由两个不同的 LAN,事实上,路由器可在更复杂的网络中做路由选择。

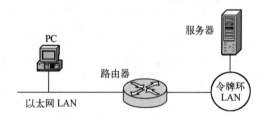

图 6.11 互连以太网和令牌环网(Token Ring)的路由器

路由器与网桥相比较有以下 3 个优点:

(1)它能根据分组类型过滤和路由。

(2)它支持在 LAN 段之间有多个链路的网络,当某个链路损坏时,可选择其他路由。

(3)路由器可根据网络通信的情况决定路由,当网络负载很重时,各路由器能动态选择路由。

如图 6.12 所示是路由器网络对 LAN1 上的 PC1 和 LAN2 上的 PC2 之间提供路由选择。在 LAN1 上的路由器基于网络状态有 3 个选择,如果直接连接两个 LAN 之间的路由 1 损坏了,则可选择其他两个路由。又如,虽然有些路由不是直接连接两个 LAN,但它具有更大的频带,则更适合于传送大的文件。

6.4.5 网关

网关不仅具有路由功能,而且能在两个不同的协议集之间进行转换,例如,一个 NetWare LAN 可以通过网关访问 IBM 的 SNA 网络,这样使用 IPX 协议的 PC 就可和 SNA 网络上的 IBM 主机进行通信。网关需要对从第三层到第七层的协议栈进行转换,而路由器对第四层以上的协议都是透明的。

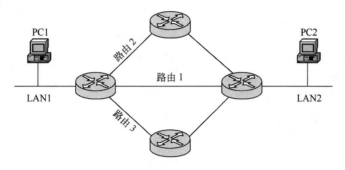

图 6.12 路由器网络

网关的原理如同不同国家的语言翻译,它是要将不同协议集的协议进行翻译、转换。一般情况下,网关不属于局域网范畴。

6.5 Internet 接入设备

对于计算机网络个人用户,接触更多的是如何将个人计算机接入到 Internet 中,这一节我们就来介绍个人用户接入到 Internet 时涉及的常用接入设备。

6.5.1 Internet 接入设备——MODEM

1. MODEM 简介

MODEM 的中文名称是"调制解调器",作为一种廉价且便捷的 Internet 接入设备,MODEM 不仅以前是而且现在仍然是普通用户用来上网的首选。利用 MODEM 和电话线,就可以轻松完成数据、传真、语音传输以及实现全双工免提电话等丰富的功能。

MODEM 的性能可以从以下几方面进行描述:

(1)连接速率。连接速率通常是指下行速率,即从服务器或者远程计算机传输数据到本地计算机的速率。现在,应用最多的是 56Kbps MODEM。这里 56Kbps 的速率就是指下行速率。但这是理论值,一般情况下达不到这个速率。56Kbps MODEM 正常使用情况下的连接速率一般在 44Kbps 以上,速率的大小与 MODEM 本身质量、线路的抗干扰能力等有很大关系。

(2)上行速率。上行速率是指 MODEM 向服务器发送网络请求和数据的速率。56Kbps MODEM 的上行速率通常为 33.6Kbps。

(3)吞吐量。吞吐量是指 MODEM 与用户计算机之间的数据传输速率,56Kbps MODEM 的吞吐量通常为 11.52Kbps。

2. MODEM 的分类

MODEM 可以按照不同的标准进行不同的分类。

(1)按照结构分类。MODEM 按照结构进行分类,可以分为内置式和外置式 MODEM。

① 内置式 MODEM 又称 MODEM 卡,是一块可直接安装在计算机扩展槽中的 PC 扩展

卡。由于没有外壳、电源和各种指示灯，所以内置式 MODEM 造价较低，价格也较便宜。除了有应用于台式机的 PCI 接口的 MODEM 卡外，还有专用于笔记本机的 PCMCIA 接口的 MODEM 卡。此外，还有将网卡和 MODEM 卡合为一体的二合一卡。由于内置式 MODEM 需要占用计算机的中断和 I/O 地址等资源，所以在驱动程序的安装过程中，很有可能发生中断和 I/O 地址的冲突，这一点需要特别注意。

② 外置式 MODEM 与计算机的连接通常采用两种方式：一是串行接口，二是 USB 接口。比较而言，USB 接口所提供的传输速率更高，而且安装也更简单，并且支持热拔插，当然价钱也更昂贵。需要注意的是，USB 接口的 MODEM 大多为软 MODEM。

外置式 MODEM 最大的优点是安装简单，容易观察 MODEM 的工作状态，因为外置式 MODEM 面板上有许多 LED 灯，通过这些灯的闪烁情况，就可以准确地判断 MODEM 的工作状态，并及时排除各种故障。

（2）按照性能分类。按照性能分类，MODEM 可分为硬 MODEM 和软 MODEM。

① 所谓硬 MODEM，是指同时拥有 DSP（数字信号处理）芯片和控制芯片的 MODEM。DSP 芯片用来完成调制解调任务；控制芯片用来完成硬件纠错、硬件压缩、通信协议等功能，即调制、解调、纠错等一系列工作都由 MODEM 硬件本身来完成，无须借助于计算机的处理能力。

外置式 MODEM 一般都是硬 MODEM，而内置式 MODEM 既有硬 MODEM 也有软 MODEM。

② 所谓软 MODEM，就是在计算机主板上有一个 MODEM 接口插槽，称为 AMR，在此插槽上插上一个转换接口，就可以连接电话线了，而 MODEM 关键的调制解调工作都是通过计算机来完成的，也就是通过软件来完成的。

3．MODEM 的选购

选购 MODEM 的时候，要从 MODEM 的芯片、结构、兼容性、驱动程序和功能等多方面进行考虑，选购具有较高稳定性和兼容性，性能优良的 MODEM 产品。芯片是 MODEM 硬件组成中重要的组成部分，它的品质决定了 MODEM 的质量。常见的 MODEM 芯片主要有 Conexant、Ambient、TI、Topic、Motorola、ESS、PCTEL、U&C 等，其中性能比较好的是 Conexant。至于选择软 MODEM 还是硬 MODEM，虽然现在的计算机配置软 MODEM 没有问题，但随着硬 MODEM 价格的下降，已经能为绝大多数用户所接受，所以没有必要去考虑软 MODEM 了。

6.5.2　Internet 接入设备——ISDN 设备

在第 5 章已经介绍过综合业务数字网（ISDN）。ISDN 是一种应用非常广泛的网络，但其终端设备读者一般了解较少，这一节将简要介绍一下 ISDN 的各种终端设备，这对理解通过 ISDN 网络接入 Internet 将有很大帮助。

ISDN 的终端设备种类较多，基本上可以分为两大类：网络终端（NT）和 ISDN 用户终端。

1．网络终端

网络终端是用户传输线路的终端装置，是实现在普通电话线上进行数字信号传送和接收的关键设备，是电话局程控交换机和用户的终端设备之间的接口设备。该设备安装于用户端，是实现 N-ISDN（窄带 ISDN）的必备设备。网络终端分为基本速率网络终端 NT1 和基群速率网络终端 NT2 两种。

NT1 向用户提供 2B+D 两线双向传输能力，可完成线路传输码型的转换，并能实现回波抵消，可以点对点的方式支持多达 8 个终端设备的接入，使多个 ISDN 用户终端设备合用一个 D 信道，并在用户终端和交换机之间传递激活与去激活的控制信息。NT1 具有功率传递功能，可以从电话线上吸收来自电话局的电能，以便在用户端停电时实现远端供电。NT1 PLUS 是一类 ISDN 网络增强型终端，与 NT1 的最大区别在于，NT1 PLUS 可以直接接驳普通模拟电话机，而 NT1 必须接驳数字电话机。

NT2 主要提供 30B+D 的四线双向传输能力，完成定时和维护功能，应用于 ISDN 小交换机。目前，部分生产厂家提供的用户终端设备已包括了 NT2 功能，俗称 U 接口。

2．ISDN 用户终端

ISDN 用户终端设备种类很多，有 ISDN 会议电视系统、PC 桌面系统（包括可视电话）、ISDN 小交换机、TA 适配器（内置、外置）、ISDN 路由器、ISDN 拨号服务器、数字电话机、四类传真机、DDN 后备转换器等。下面简要介绍一下 TA 适配器和 ISDN 路由器的功能。

（1）ISDN 终端适配器（TA）。终端适配器（TA）主要用于将计算机高速接入 Internet、局域网或其他个人电脑，以实现数据通信。终端适配器通常有一个数据通信端口，可实现同步、异步工作方式，其传输速率为 64Kbps。大部分适配器具有两个 B 信道的捆绑式通信能力。TA 还用于将现有的非 ISDN 标准终端（如模拟话机、G3 传真机、PC 等）运行于 ISDN，为用户在现有终端上提供 ISDN 业务。

ISDN 终端适配器可以分为外置式、内置式和 PC 卡三种。

① 外置式 ISDN 终端适配器是一个独立的设备，除了具有内置式适配器的功能外，还提供两个模拟接口，可接普通电话机，从而在 ISDN 线路上进行语音通信，也可接 G2、G3 传真机或 MODEM 以实现数字通信。外置式 TA 可以通过两种接口与计算机相连，即串行口和 USB 接口。由于 USB 接口所提供的传输效率较高，无须外接电源，可以热拔插，所以 USB 接口逐渐取代了传输速率有限且需要外接电源的串行接口。

② 内置式 ISDN 终端适配器又称为适配卡，可以直接插在计算机主板的 ISA 或 PCI 插槽中，价格较为便宜。缺点是将占用部分计算机资源，且计算机串行口与适配卡可能存在中断冲突，适配卡必须在计算机开机状态下才能工作。

③ PC 卡只适用于便携式计算机用户，体积小巧，可置于笔记本电脑内，在性能上与外置式和内置式 TA 没有什么区别。

（2）ISDN 路由器。ISDN 路由器可使多个用户共享一条或多条 ISDN 线路接入 Internet，也可用于局域网互连等。ISDN 路由器通常拥有一个 ISDN 的 S/T 接口和两个 RJ-11 模拟电话接口以及若干个 RJ-45 以太网接口，任何一个以太网接口都可用普通 8 芯双绞线与计算机网卡或 Hub 连接。ISDN 路由器支持多种 D 信道协议，拥有 BOD 功能，用户可自由选择一个或两个信道，并拥有自动断开功能。通常情况下，还提供 DHCP 服务、端口映射和包过滤等防火墙功能。

6.5.3 Internet 接入设备——ADSL

1．ADSL 技术简介

ADSL（Asymmetrical Digital Subscriber Line，非对称数字用户线路）是一种利用双绞线高速传输数据的技术。ADSL 可以在普通的电话线上提供 3 个通道：最低频段部分为 0～4kHz，用于普通电话业务；中间频段部分为 20～50kHz，用于上行数据信息的传递；最高频段部分为 150～550kHz 或 140kHz～1.1MHz，用于下行数据的传送。也就是说，利用 ADSL 在现有的电话线上既可以接入 Internet，又可以打电话发送传真，通话与 Internet 接入互不影响。因此，ADSL 能够充分利用现有电话网络，只需在线路两端加装 ADSL 设备即可为用户提供高速宽带接入。

如同拨号接入 Internet 需要 MODEM 一样，ADSL 用户接入 Internet 也需要硬件设备。

2．ADSL 的硬件设备

ADSL 硬件设备主要包括两大部分：信号分离器和 ADSL MODEM 或 ADSL Router。信号分离器用于分离数据和语音信号，ADSL MODEM 和 ADSL Router 则用于充当计算机与 Internet 的接口。

（1）ADSL 信号分离器。由于 ADSL 技术使用的是较宽的频率范围，所以在一根同轴电缆的线路上如果同时传输声音和数据信号，就可能互相干扰。因为语音信号普遍使用的是 0～4kHz 的频段，ADSL 调制解调器使用更高的频段来传递非话音数据，但事实上由于受到 ADSL 数据流的干扰，许多话音通过电话传递到同轴线路上的频率就已经超过了 4kHz，同样，由于 ADSL 调制解调器所使用的高频信号也会被电话接收到，这样就引起了话筒的噪声。为了解决这一问题，人们使用分离器来分开这两路信号。分离器安装在用户处，将电话线路分成两路，一路接电话机，另一路接 ADSL 调制解调器。其实分离器的作用就相当于一个低通滤波器，只允许频率为 0～4kHz 的语音信号通过电话，这样电话与 ADSL 调制解调器在 4kHz 频率边缘产生的干扰就可以消除了。

（2）ADSLMODEM。如同普通 MODEM 一样，ADSL MODEM 也分为内置式和外置式两种。外置式 ADSL MODEM 又可根据与计算机连接的方式的不同分为 USB 接口和 10BASE-T 接口。

内置 ADSL MODEM 全部采用 PCI 总线结构，可以直接插入计算机的扩展槽中。内置 ADSL MODEM 结构简单、价格便宜，不占空间，是个人用户宽带接入 Internet 的较好解决方案。

外置式 USB 接口的 ADSL MODEM 无须单独供电，并且可以热拔插，因此可以方便实现与计算机之间的连接。但 USB 接口设备不能连接电视机的机顶盒，因此不能用于视频点播。

外置式 10BASE-T 接口的 ADSL MODEM 通过 RJ-45 接口实现与计算机或集线器之间的连接。与计算机连接时，计算机需安装网卡。该类型产品功能往往较为强大，不仅可作为普通 ADSL MODEM 使用，而且还具有路由和地址映射功能。通过路由功能，可实现局域网和其他网络的互连。通过地址映射，可以将局域网使用的内部 IP 地址映射为公用 IP 地址，从而实现与 Internet 连接共享。

外置式 10BASE-T 接口设备可连接机顶盒，用于实现视频点播。

（3）ADSL 路由器。ADSL 路由器仍拥有 ADSL MODEM 的功能，同时拥有路由器的大部分主要功能。例如，支持静态路由和 RIP（路由信息协议）路由通信协议，支持透明桥接方式，提供 DHCP（动态主机配置协议）服务，能够自动为局域网中的计算机分配 IP 地址，提供 NAT（网络地址转换）功能，让局域网中的计算机通过一个公用 IP 地址共享 Internet 连接，支持网络管理，可以 Telnet 方式远程登录，拥有较高的安全性，可实现包过滤。因此，ADSL 路由器提供足够的安全性、稳定性和灵活性，适用于实现局域网高质量地接入 Internet。

6.5.4　Internet 接入设备——Cable MODEM

1．Cable MODEM 简介

Cable MODEM（线缆调制解调器）是近年开始使用的一种超高速 MODEM，它利用现有的有线电视（CATV）网进行数据传输。在目前所有实际应用的 Internet 接入技术中，Cable MODEM 几乎是最快的，高达数十兆的带宽，只有光缆才能与之相媲美。

Cable MODEM 采用了与 ADSL 类似的非对称传输模式，提供了高达近 40Mbps 的下行速率和 10Mbps 的上行速率。Cable MODEM 能够自动建立与 Internet 的高速连接，用户可拥有独立的 IP 地址。

Cable MODEM 不受连接距离的限制，而且通信质量也不会因距离的延长而变化。而 ADSL 不仅最远只能距局方 5km，而且连接速率和通信质量也会随着距离的延长而不断下降。

Cable MODEM 用户虽然是共享带宽资源，但平时并不占用带宽，只有当在下载和发送数据的瞬间才会占用带宽，完成后立即释放带宽。Cable MODEM 支持弹性扩容，如每增加一个数字频道，系统就会增加相应的带宽资源。

由于 Internet 只是占用了有线电视的一个频道，所以收看有线电视和上网可以同时进行。

Cable MODEM 与普通 MODEM 在原理上都是将数据进行调制后在电缆的一个频率范围内传输，接收时进行解调，传输机理与普通 MODEM 相同。不同之处在于它是通过有线电视 HFC 网的某个传输频带进行调制解调。Cable MODEM 属于共享介质系统，其他空闲频段仍然可用于有线电视信号的传输。

2．Cable MODEM 的分类

从传输方式上划分，Cable MODEM 可分为对称式传输和非对称式传输。对称式传输速率为 2～4Mbps，最高能达到 10Mbps。非对称式传输下行速率为 30Mbps，上行速率为 500Kbps～2.56Mbps。从网络通信的角度划分，可分为同步（共享）和异步（交换）两种方式。同步类似以太网，网络用户共享同样的带宽，当用户增加到一定数量时，其速率急剧下降，碰撞增加，而异步的 ATM 技术与非对称传输技术正在成为 Cable MODEM 技术的发展主流趋势。

从接入的角度，Cable MODEM 可分为个人 Cable MODEM 和宽带 Cable MODEM（多用户）。宽带 Cable MODEM 可以具有网桥功能，可以将一个计算机局域网接入 Internet。

从接口的角度划分，Cable MODEM 可以分为外置式、内置式和交互式机顶盒。外置式 Cable MODEM 根据接口的不同，又可以分为 USB 接口和 Ethernet 接口两种类型。USB 接口的 Cable MODEM，可以通过 USB 电缆直接连至计算机 USB 接口。Ethernet 接口的 Cabel

MODEM，则必须通过网卡才能实现与计算机的连接。

内置 CableMODEM 是一块 PCI 插卡，只要插到计算机主板的扩展槽中即可。

机顶盒的主要功能是在频率数量不变的情况下提供更多的电视频道。通过使用数字电视编码（DVB），交互式机顶盒提供一个回路，使用户可以直接在电视屏幕上访问网络、收发 E-mail 等。

6.5.5 其他 Internet 接入设备

除了 ADSL 和 Cable MODEM 宽带接入方式外，还有多种可供选择的 Internet 接入方式，如光缆接入、DDN 接入、无线网络接入和卫星接入等，其中，光缆接入和 DDN 接入适用于对传输稳定性和安全性有较高要求的 Internet 接入，无线网络接入和卫星接入则适用于不太容易布线的 Internet 接入。下面简要介绍一下光缆接入设备和 DDN 接入设备。

1．光缆接入设备

光缆宽带接入其实属于城域网的范畴，通过光缆将局域网接入城域网。就现在已经建立的城域网来看，其 Internet 总出口带宽都在 1Gbps 以上。省级节点的总出口带宽则更高达 10Gbps 以上。如此高的带宽，完全适用于任何类型的网络与 Internet 连接。光缆宽带接入在用户端最多只需要提供一个光纤收发器（或带有光纤端口的网络设备）和一个路由器。光纤收发器用于实现光纤到双绞线连接，路由器则需要拥有高速端口，以实现 10Mbps 或更高速率的连接。路由器不是必须的，也可以直接将光纤收发器连接至局域网的交换机端口。

光纤收发器用于实现光电转换。当用户的集线设备既没有提供光纤接口，又没有提供安装光纤模块的扩展槽时，将无法实现与光纤的连接。但如果网络只是对传输距离有较高的要求，而对传输速率没有太高要求的话，就可以采用光纤收发器实现普通集线设备（集线器或交换机）与光纤的连接。

从适用的光纤种类来看，光纤收发器分为单模光纤收发器和多模光纤收发器。多模光纤通常适用于距离较短的传输，而单模光纤则被广泛应用于传输距离较长的链路。与此相适应，光纤收发器必须与接入光纤相匹配。

从提供的端口来看，光纤收发器均拥有两种不同类型的端口：一是光纤端口（如 MT-RJ、SC 或 ST），二是双绞线端口（RJ-45）或其他类型端口（如 AUI）。

2．DDN（数字数据网）接入设备

DDN 业务具有数字电路、对称传输、传输质量高、路由可自动迂回、时延低、可靠性高等特点，具有通话、传真、数据传输、会议电视、帧中继、组建虚拟专网等多种功能。

DDN 通信速率可根据需要在 2.4～2048Kbps 之间进行选择，所提供的带宽远远小于光纤，而接入费用却相差无几，因此只有在局方不能提供光纤接入的情况下才采用。

若以 DDN 方式接入 Internet，就必须购置路由器和基带 MODEM。基带 MODEM 虽然在外观上与频带 MODEM（即普通的模拟 MODEM）非常相似，但它的工作方式和接口类型却完全不同。基带 MODEM 实际上就是数字 MODEM，它的通信速率通常是向下兼容的，也就是说，128Kbps 的 MODEM 只能提供 128Kbps、64Kbps、38.4Kbps、19.2Kbps、4.8Kbps

和 2.4Kbps 的传输速率，而不可能高于 128Kbps。

6.6 结构化综合布线系统

人类已进入 21 世纪的信息化社会，今后现代化的建筑将会不断涌现，作为现代化建筑的关键部分和基础设施之一的综合布线系统是一个重要课题。为此，本节就综合布线系统的网络结构、系统组成、布线部件、指标参数、工程设计等方面分别简要阐述，以便在综合布线系统工程的规划、设计、施工中作为参考。

6.6.1 综合布线系统概述

1. 综合布线系统的定义

建筑物结构化综合布线系统（Premises Distribution System，PDS）又称开放式布线系统，是一种由通信电缆、光缆、各种软电缆及有关连接硬件构成的通用布线系统，它能支持多种应用系统，即使用户尚未确定具体的应用系统，也可进行布线系统的设计和安装。综合布线系统中不包括应用的各种设备。

目前所说的建筑物与建筑群综合布线系统，简称综合布线系统，是指一幢建筑物内（或综合性建筑物）或建筑群体中的信息传输媒介系统。它将相同或相似的线缆（如双绞线、同轴电缆或光缆）、连接硬件组合在一套标准的、通用的、按一定秩序和内部关系而集成的整体上，因此，目前它是以 CA（Communications Automatization，通信自动化）为主的综合布线系统。今后随着科学技术的发展，会逐步提高和完善，从而能真正充分满足智能化建筑的要求。

2. 综合布线系统的发展

20 世纪 50 年代，经济发达国家在城市中开始兴建新式智能型高层建筑，为了增加和提高建筑的使用功能和商务水平，在建筑物内部装有各种仪表、控制装置和信号显示等设备，并且集中控制、监视，以便于运行操作和维护管理。这些设备都需分别设有独立的传输线路，将设置在建筑内的设备分别相连，组成各自独立的集中控制系统，这种线路一般称为专业布线系统。由于这些系统基本采用人工手动或初步的自动控制方式，科技水平较低，所需的设备和器材品种繁多且线路复杂、数量较多，平均长度也很长，这样，不但增加工程造价，而且不利于施工和维护。

20 世纪 80 年代以来，随着科学技术的不断发展，尤其是通信、计算机、控制技术的相互组合和协调发展，高层建筑传统的专业布线系统已经不能满足需要。为此，发达国家开始研究和推出综合布线系统。20 世纪 80 年代后期，综合布线系统逐步引入我国。近几年来，随着国民经济持续高速发展，作为信息化社会象征之一的智能化建筑中的综合布线系统已经成为现代化建筑工程中的热门话题，也是建筑工程与通信工程相互结合的一项十分重要的内容。

3. 综合布线系统的特点

（1）开放性。结构化综合布线系统是针对计算机与通信布线系统而设计的，也就是说可以满足各种计算机与通信系统的需求，同时也能满足各种图像与传感器探测信号的传输。这样，不论建筑物的布线系统有多么庞大和复杂，只要应用 PDS，用户就不再需要与不同设备的不同厂商进行布线工程的协调。

（2）先进性。结构化综合布线系统基于一整套先进的设计思想，系统具有单一化、标准化的特点。可将所有弱电系统综合布线，且采用了开放式的体系结构，能连接各种计算机、交换机、监控设备和检测设备。更重要的是它突破了传统布线的限制，可以在基建时，先行布线而不必考虑以后所用设备的具体型号。

（3）模块化。结构化综合布线系统是一种模块化设计，易于扩充及重新配置。系统运用了星型结构方式，在星型结构中，信息点由中心节点向外辐射，每一个节点的线路均与其他线路相独立，所以在执行更改或重新配置时非常简单，同时，此结构也使得故障分析及排除工作变得非常简单。星型结构具有多元化的功能，可以在网络中搭配其他种类的结构一起运用，只要在适当的节点上进行一些跳线上的变更，即可将电路信号带至任一结构上，而不需要移动电缆和设备。

（4）标准性。结构化综合布线系统及构成系统的所有元件和配件都是采用通用标准设计生产和制造的。PDS 遵循 CCITT 的 ISDN 标准、ISD 的 JTCI/SC25/WG3 商务建筑布线标准、EIA/TIA-568 商务布线标准、IEEE 802.31 10BASE-T、100BASE-T 及 Token Ring 局域网标准、ANSI 的 FDDI 及 TPDDI 标准，因此具有良好的通用性和可维护性。

（5）灵活性。PDS 的灵活性组合，给网络的管理和服务提供了极大的方便。因其便于使用双绞线及光纤的跳线，可以用户自行进行布线系统上的线路改动与管理，从而最大限度减小线路调配时在布线改动及管理上所耗费的投资与时间。

（6）完整性。PDS 拥有一整套的布线产品，包括传输介质、管理设备（如配线架、跳线块以及适配器）、保护装置、工具、测试仪器等。

（7）可靠性。结构化综合布线系统提供高品质的标准元件，这些元件与光纤和双绞线一起使用，为用户构成一套完整的布线系统。在实际施工中，配合大楼的室内装修同步进行，各种线槽和走线管道完全符合室内电气安全标准，并且都加设了防火、防潮、防雷等安全措施。

4．综合布线系统适用的范围

综合布线系统的范围应根据建筑工程项目范围来定，一般有两种范围，即单幢建筑和建筑群体。单幢建筑中的综合布线系统范围，一般指在整幢建筑内部铺设的管槽系统、电缆竖井、专用房间（如设备间等）和通信缆线及连接硬件等。建筑群体因建筑幢数不一、规模不同，有时可能扩大成为街坊式的范围（如高等学校校园式），其范围难以统一划分，但不论其规模如何，综合布线系统的工程范围除上述每幢建筑内的通信线路和其他辅助设施外，还需包括各幢建筑物之间相互连接的通信管道和线路，这时，综合布线系统较为庞大而复杂。

由于现代化的智能建筑和建筑群体的不断涌现，综合布线系统的适用场合和服务对象逐渐增多，目前主要有以下几类。

（1）商业贸易类型：如商务贸易中心、金融机构（如银行和保险公司等）、高级宾馆饭店、股票证券市场和高级商城大厦等高层建筑。

（2）综合办公类型：如政府机关、群众团体、公司总部等办公大厦，办公、贸易和商业兼有的综合业务楼和租赁大厦等。

（3）交通运输类型：如航空港、火车站、长途汽车客运枢纽站、江海港区（包括客货运站）、城市公共交通指挥中心、出租车调度中心、邮政枢纽大楼、电信枢纽大楼等公共服务建筑。

（4）新闻机构类型：如广播电台、电视台、新闻通信社、书刊出版社及报社业务楼等。

（5）其他重要建筑类型：如医院、急救中心、气象中心、科研机构、高等院校和工业企业的高科技业务楼等。

6.6.2 综合布线系统的网络结构和系统组成

1．综合布线系统的网络结构

在综合布线系统中，常用的网络拓扑结构有星型、环型、总线型、树型和网状型，其中以星型网络拓扑结构使用最多。综合布线系统采用哪种网络拓扑结构应根据工程范围、建设规模、用户需要、对外配合和设备配置等各种因素综合研究确定。

2．综合布线的系统组成

根据我国通信行业标准规定，综合布线系统的结构组成如图6.13所示。

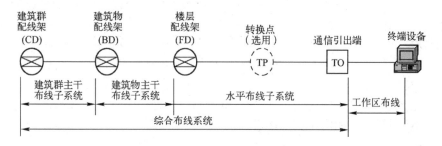

图6.13 综合布线系统的组成

完整的结构化综合布线系统由6个子系统组成。

（1）工作区子系统。工作区子系统又称为服务区子系统，由符合"宽带综合业务数据网"标准的A145型8芯通用信息插座和连接到终端设备的连线组成。通用信息插座分嵌入式和表面安装式两种，每种又分为单孔型和多孔型；终端设备可以是电话机、微机、探测器和监控设备等。工作区子系统属于最终用户的办公区域，其规模大小由信息插座的数量决定，一般不做统一规定。

（2）水平布线子系统。该系统实现工作区信息插座与管理子系统（跳线架）之间的连接。通常数据线路采用五类双绞线，话音线路采用三类双绞线（在有些设计中，话音线路也采用五类双绞线，这样可以使布线系统具有更高的灵活性和可扩展能力）。

（3）管理子系统。该系统分布在大楼层间的竖井间，由交连、互连配线架和信息插座式配线架以及相关跳线组成。交连和互连允许将通信线路定位或重新定位到大楼的不同部位，交叉连接允许将端接在配线架一端的通信线路与配线架上另一端的线路相连。

（4）垂直干线子系统。该系统实现设备间子系统和各楼层管理子系统的连接，通常由五类和三类大对数电缆（也可全部采用五类大对数电缆）以及光缆组成。

（5）设备间子系统。设备间子系统由设备间的跳线电缆、适配器组成。它把中央主配线架与各种不同类型的设备连接起来，如网络设备、监控设备等与主配线架之间的连接。通常该子系统的设计与网络具体应用有关，相对独立于通用的结构化综合布线系统。设备间应有足够的空间，适当的机柜、空调、照明设备，优质的电源及电气保护、防火安全设备等。

（6）建筑物群子系统。建筑物群子系统将一个建筑物中的电缆延伸到建筑物群中的另外一些建筑物中的通信设备和装置上。它是整个布线系统中的一部分（包括传输介质）并提供楼群之间通信设施所需的硬件，其中有导线电缆、光缆和防止电缆的浪涌电压进入建筑物的电气保护设备。

6.6.3 综合布线系统的主要布线部件

综合布线系统中采用的主要布线部件并不多，按其外形、作用和特点可粗略分为两大类：传输媒质和连接硬件（包括接续设备）。在综合布线系统工程中，选用的主要布线部件必须符合我国通信行业标准中的要求。

1. 传输媒介

综合布线系统常用的传输媒介有对绞线（又称为双绞线）、对绞对称电缆（简称对称电缆）和光缆。

（1）对绞线和对绞对称电缆。对绞线是两根铜芯导线，其直径一般为 0.4～0.65mm，常用的是 0.5mm。它们各自包在彩色绝缘层内，按照规定的绞距互相扭绞成一对对扭线。扭绞的目的是使对外的电磁辐射和遭受外部的电磁干扰减少到最小。对绞线可按其电气特性的不同进行分级或分类。根据国际电气工业协会/电信工业协会（EIA/TIA）的规定，各类或各级的对绞线和对绞对称电缆的应用范围如表 6.2 所示。

表 6.2 双绞线、双绞电缆的分类和应用

序号	分类或型号	描述名称	说　　明	应　用　范　围
1	EIA/TIA 第一类	1	在局域网中不使用，主要用于模拟话音	模拟话音、数字话音
2	EIA/TIA 第二类	1	在局域网中很少使用，可用于 ISDN（数据）、数字话音、IBM 3270 等	ISDN（数据）：1.44Mbps IT：544Mbps 数字话音 IBM 3270、IBM 3X、IBM AS/400
3	EIA/TIA 第三类 NEMA-100-24-LL UL Level Ⅲ	100Ω U/TP	它是一种 24 AWG 的 4 对非屏蔽对绞线，符合 EIA/ TIA 568 标准中规定的100Ω水平布线电缆要求，可用于 100Mbps 和 IEEE802.3 10BASE-T 话音和数据	10BASE-T 4Mbps 令牌环 IBM 3270、IBM 3X、IBM AS/400 ISDN 话音
4	EIA/TIA 第四类 NEMA-100-24-LL UL Level Ⅳ	100Ω 低损耗	在性能上比第三类线有一定改进，适用于包括16Mbps 令牌环局域网在内的数据传输速率，它可以是 UTP，也可以是 STP	10BASE-T 16Mbps 令牌环
5	EIA/TIA 第五类 NEMA-100-24-LL UL Level Ⅴ	100Ω	它是一种 24 AMG 的 4 对对绞线，比 100Ω 低损耗对绞线具有更好的传输特性，适用于 16Mbps 以上的速率，最高可达到 100Mbps	10BASE-T 16Mbps 令牌环 100Mbps 局域网

序号	分类或型号	描述名称	说　明	应　用　范　围
6	EIA/TIA 50Ω STPNEMA-150-22-LL NEMA-150-24-LL	150Ω STP	它具有高性能屏弊式的对绞线，有 22AWG 或 24AWG 两种。它的数据传输速率可达到 100Mbps 或更高，并支持 600MHz 频带上的全息图像	16Mbps 令牌环 100Mbps 局域网 全息图像

注：① 10BASE-T 网络于 20 世纪 90 年代开始使用，10 代表传输速率为 10Mbps，BASE 代表基带，T 代表对绞线。

② 目前可供使用的对绞线多为 8 芯（4 对），在采用 10BASE-T 的情况下，只用 2 对（1、2 芯为接收对，3、6 芯为发送对），另外 2 对（4、5、7、8 芯）不用。

③ 10BASE-T 网络的物理结构是星型，所有工作站都与中心的集线器（Hub）相连，使用对绞线 2 对，1 对用于发送数据，1 对用于接收数据。集线器与工作站之间的对绞线相连时，所用的连接器称为 RJ-45，它由 RJ-45 插座（又称 MAU、MDI 连接器、媒体连接单元或媒体相关接口连接器）和 RJ-45 插头（又称对绞线链路段连接器）组成。规定插头连接器端接在对绞线上，插座连接器安装在网卡上及集线器中。

④ 10BASE-T 的对绞线应选用直径为 0.4～0.65mm 的非屏蔽导线，在网卡和集线器间使用两对线，其最大长度为 100m。

UTP 对绞电缆是无屏蔽层的非屏蔽缆线，由于它具有质量轻、体积小、弹性好和价格合理等特点，所以使用较多，甚至在传输较高速数据的线路上也有采用。但其抗外界电磁干扰的性能较差，安装时由于受到牵拉和弯曲，易使其均衡绞距受到破坏，因此，不能满足电磁兼容规定的要求。同时，该种电缆在传输信息时易向外辐射泄漏，安全性较差，在对信息安全要求较高的工程中不宜采用。STP 对绞电缆是有屏蔽层的屏蔽缆线，每对芯线和电缆都有绕包铝箔、加铜编织网，具有防止外来电磁干扰和防止向外辐射的特性，但它们都存在质量重、体积大、价格昂贵和不易施工等问题。在施工安装中均要求完全屏蔽和正确接地，才能保证其特性效果。因此，在决定是否采用屏蔽缆线时，应从智能化建筑的使用性质、所处的环境和今后发展等因素综合考虑。

（2）光缆。根据我国通信行业标准，在综合布线系统中，按工作波长采用的光纤是 0.85μm（0.8～0.9μm）和 1.30μm（1.25～1.35μm）两种。以多模光纤（MMF）纤芯直径考虑，一般工程推荐采用 50μm/125μm（光纤为 GB/T 12357 规定的 A1a 类）或 62.5μm/125μm（光纤为 GB/T 12357 规定的 A1b 类）两种类型的光纤。在要求较高的场合，也可采用 8.3μm/125μm 突变型单模光纤（SMF）（光纤为 GB/T 9771 规定的 B1.1 类），其中以 62.5μm/125μm 渐变型增强多模光纤使用较多，因为它具有光耦合效率较高、纤芯直径较大、在施工安装时光纤对准要求不高、配备设备较少等优点，而且光缆在微小弯曲或较大弯曲时，其传输特性不会有太大的改变。

2．连接硬件

连接硬件是综合布线系统中各种接续设备（如配线架等）的统称。连接硬件包括作为主件的连接器（又称适配器）、成对连接器及接插软线，但不包括有源或无源电子线路中的中间转接器或其他器件（如阻抗匹配器、终端匹配电阻、局域网设备、滤波器和保护器件）等。连接硬件是综合布线系统中的重要组成部分。

由于综合布线系统中连接硬件的功能、用途、装设位置以及设备结构有所不同，其分类方法也有区别，一般有以下几种：

（1）按连接硬件在综合布线系统中的线路段来划分。

① 终端连接硬件：如总配线架（箱、柜）、终端安装的分线设备（如电缆分线盒、光纤分线盒等）和各种信息插座（即通信引出端）等。

② 中间连接硬件：如中间配线架（盘）和中间分线设备等。

（2）按连接硬件在综合布线系统中的使用功能来划分。

① 配线设备：如配线架（箱、柜）等。

② 交接设备：如配线盘（交接间的交接设备）和屋外设置的交接箱等。

③ 分线设备：有电缆分线盒、光纤分线盒和各种信息插座等。

（3）按连接硬件的设备结构和安装方式来划分。

① 设备结构：有架式和柜式（箱式、盒式）。

② 安装方式：有壁挂式和落地式，信息插座有明装和暗装方式，且有墙上、地板和桌面安装方式。

（4）按连接硬件装设位置来划分。在综合布线系统中，通常以装设配线架（柜）的位置来命名，有建筑群配线架（CD）、建筑物配线架（BD）和楼层配线架（FD）等。

此外，连接硬件尚有按外壳材料或组装结构以及特殊要求来划分的，因分类繁多且不常用，所以不做细述。目前，国内外产品的连接硬件主要有 100?的电缆布线用、150?的电缆布线用、光纤或光缆用（它们都包括通信引出端的连接硬件）3 大类型。具体内容可参见相关产品说明。

6.6.4　综合布线系统的工程设计

综合布线系统必须保证系统环境符合用户的需要，不能盲目追求高指标，应保护用户的投资。

1．设计等级

设计等级主要有以下三种。

（1）基本型。适用于配置标准较低的场合，用铜芯电缆组网，每个工作区有 1 个信息插座，工作区的配线电缆为 1 条 4 对双绞线，引到楼层配线架。对应于每个工作区的干线电缆至少有 2 对双绞线。

（2）增强型。适用于中等配置标准的场合，用铜芯电缆组网，每个工作区有两个以上信息插座，通常 1 个为语音，1 个为数据，每个信息插座的配线电缆均为 1 条独立的 4 对双绞线，引至楼层配线架。

（3）综合型。适用于配置标准较高的场合，用光缆和同轴电缆混合组网。

2．设计类别

按综合布线系统的 6 个子系统分别进行设计。

（1）工作区子系统。1 个独立的需要设置终端设备的区域为 1 个工作区，如 1 部电话机或 1 台计算机终端，设备的服务面积可按 5～10m2 设置，也可按用户要求设置。每个工作区至少要配置 1 个 8 针模块化信息插座。信息插座的标准有 T586A 和 T586B，1 个项目只能选用 1 种，较多采用 T586B。通常新建建筑物采用嵌入式，已建成的建筑物采用表面安装式。

（2）水平布线子系统。由楼层配线架至信息插座的配线电缆和工作区用的信息插座组成，常采用星型拓扑结构，最大的水平距离为 90m，超过 90m 应加入有源设备。从楼层配线架到信息插座之间的水平电缆必须是连续的，其间可有 1 个转接点。水平布线线缆可采用非屏蔽双绞线（UTP）、屏蔽双绞线（STP）和 62.5/125?m 光缆。

（3）垂直干线子系统。垂直干线子系统包括建筑物主干电缆、光缆、配线架、机械终端、接插软线和跳线。主干电缆铺设在弱电井内，移动、增加或改变比较容易，并且可分阶段随业务的增长而安装。主干电缆根据建筑物的业务流量和有源设备的档次可选用铜缆或光缆。

（4）设备间子系统。设备间子系统包括进出线设备和主配线架。需考虑布线系统管理和维护的场所，其位置及大小应根据进出线设备的数量、规模和管理等因素综合考虑，择优选取。设备间的使用面积可按下式计算，最小不得小于 20m²：

$$S = (5 \sim 7) \times \Sigma S_B \ (S_B \text{为设备面积})$$

典型配线间面积为 1.8m²（1.5m×1.2m），可容纳 200 个工作区所需的连接硬件设备。当工作区数量超过 600 个，则需要增加 1 个配线间。当每个楼层工作区数量小干 200 个时，可每 3 层设 1 个配线间。当给定楼层配线间所要服务的信息插座离干线距离超过 75m 或每个楼层信息插座超过 200 个时，可设置 1 个二级交接间。任何一个配线间最多支持 2 个二级交接间。

（5）管理子系统。管理子系统设置在配线设备的房间内，由配线间（包括中间交接间和二级交接间）的配线硬件、输入/输出设备等组成，其部件包括 110 型和 RJ-45 型。其中，110 型多用于三类双绞线语音系统，RJ-45 型多用于五类双绞线系统。

（6）建筑群子系统。建筑群子系统包括建筑群的主干电缆、主干光缆、配线架、机械终端、接插软线和跳线。光电缆布线可采用直埋、地下管道和架空方式。

3．电气保护设计

电气保护设计包括以下三个方面。

（1）电气保护。室外电缆进入室内时，通常在入口处经过 1 次转接后入室内。在转接处应加上过压保护、过流保护等电气保护设备。

（2）防雷。建立联合接地系统，组成等电位防雷体系。将建筑物的基础钢筋、梁柱钢筋、金属框架、建筑物防雷引线等连接起来，形成闭合良好的法拉第笼，将建筑物各部分的交流工作地、安全保护地、直流工作地、防雷接地等与建筑物法拉第笼良好连接，避免接地线之间存在电位差，消除感应过压产生的各种破坏因素。

（3）接地。每个楼层配线架都应并联到接地装置上，屏蔽线的屏蔽层也应良好接地。

4．设计中需要注意的问题

综合布线系统的工程设计需注意以下三方面问题。

（1）综合布线系统的适用范围。在智能大楼中，除电话、计算机网络外，还有楼宇自控、CATV、电视监控、消防报警、广播等多个系统，这些系统的配线规格不一，但设备安装位置比较稳定。如果要求所有布线均由综合布线系统完成，从技术上是可行的，但要增加大量的适配器，不仅加大了投资，而且增大了故障隐患。所以，在工程设计中，综合布线系统一般只考虑电话和计算机网络布线。

（2）超五类、六类、七类布线。目前市场上已经出现了超五类、六类甚至七类布线。从实际用途看，目前大多数网络传输速率为 10Mbps 和 100Mbps，五类电缆已经足以满足需要，即使是最高速率的千兆比特网络，每对线缆上的传输速率也只有 125Mbps，用超五类线也是可以的。所以，在一般工程中宜使用超五类系统。若有特殊需要的用户点，可以使用光纤布线。

（3）屏蔽与非屏蔽布线系统。非屏蔽布线系统的优点是安装简单、维护方便、价格便宜，已有国际标准并能保证应用的兼容性。而屏蔽布线系统目前尚无国际标准，各厂家产品互不兼容，安装复杂，需专业人员才能规范地安装，整体价格较高，且全程需屏蔽，对网络设备及接地要求很高。因此一般情况下应使用非屏蔽系统。但在某些对电磁环境要求比较严格的场合，要采用屏蔽布线系统。

本 章 小 结

常用的网络传输媒介可分为两类：一类是有线的，一类是无线的。有线传输媒介主要有同轴电缆、双绞线及光导纤维（简称光纤）；无线媒介有无线电波、微波、红外线、卫星和激光等。

组建局域网时，常使用的网络设备有网卡，同时还需要使用传输介质，连接时还需要一些接插件。如果网络需要扩展或网络之间需要互连，还需要用到一些如中继器、集线器、网桥、路由器、交换机和网关等设备。

IEEE 802.3 标准中，以太网可以采用 3 种传输介质进行组网：细同轴电缆组网、粗同轴电缆组网和双绞线组网。

有 4 种类型的互连设备，它们是中继器（Repeaters）、网桥（Bridges）、路由器（Routers）和网关（Gateways），这 4 种设备的操作属于 OSI 的不同层次。

MODEM 是一种廉价且便捷的 Internet 接入设备。利用 MODEM 和电话线，就可以轻松完成数据、传真、语音传输以及实现全双工免提电话等丰富的功能。

ISDN 的终端设备可以分为两大类：网络终端（NT）和 ISDN 用户终端。网络终端是用户传输线路的终端装置。ISDN 用户终端设备有 ISDN 会议电视系统、PC 桌面系统（包括可视电话）、ISDN 小交换机、TA 适配器（内置、外置）、ISDN 路由器等。

ADSL（Asymmetrical Digital Subscriber Line）是一种利用双绞线高速传输数据的技术。ADSL 硬件设备主要包括两大部分：信号分离器和 ADSL MODEM 或 ADSL Router。信号分离器用于分离数据和语音信号，ADSL MODEM 和 ADSL Router 则用于充当计算机与 Internet 的接口。

Cable MODEM（线缆调制解调器）是一种超高速 MODEM，它利用现有的有线电视（CATV）网进行数据传输。

习 题 6

一、填空题

6.1 双绞线可分为_____双绞线（STP）和_____双绞线（UTP），是由两条导线按一定扭距相互绞合在一起的类似于电话线的传输媒体。

6.2 每一个网卡上都有一个世界唯一的_____地址，被烧录在网卡的_____中，用来标明并识别网络中的计算机的身份。

6.3 交换机也称为_____，是专门设计的、使各种计算机能够相互高速通信的独享带宽的网络设备。作为高性能的集线设备，交换机已经逐步取代了_____而成为计算机局域网的关键设备。

6.4 根据应用的规模，可以将交换机划分为_____交换机（工作组交换机）、_____交换机（部门交换机）和_____交换机（企业交换机）。

6.5 IEEE 802.3 标准中指出以太网可以采用 3 种传输介质进行组网：_____组网、_____组网和_____组网。

6.6 中继器运行在_____层，它只是扩展物理网络的距离，而网桥则运行在 OSI 的第二层，即_____层，它是一个局域网与另一个局域网之间建立连接的桥梁。

6.7 ISDN 的终端设备种类较多，基本上可以分为两大类：_____终端和_____终端，其中_____终端是用户传输线路的终端装置，是实现在普通电话线上进行数字信号传送和接收的关键设备。

6.8 Cable MODEM（线缆调制解调器）是近年开始使用的一种超高速_____，它利用现有的_____网进行数据传输。

6.9 光缆宽带接入在用户端最多只需要提供_____（或带有光纤端口的网络设备)和一个_____。

6.10 若以 DDN 方式接入 Internet，就必须购置路由器和_____。

6.11 广域网互连时，一般都不能简单地直接相连，而是要通过一个中间设备。按 ISO 术语，这个中间设备称为_____。

二、选择题

6.12 在下列传输介质中，错误率最低的是（   ）。

A. 同轴电缆   B. 光缆   C. 微波   D. 双绞线

6.13 双绞线分为（   ）。

A. TP 和 FTP 两种   B. 五类和超五类两种

C. 绝缘和非绝缘两种   D. UTP 和 STP 两种

6.14 高层互连是指传输层及其以上各层协议不同的网络之间的互连。实现高层互连的设备是（   ）。

A. 中继器   B. 网桥   C. 路由器   D. 网关

6.15 将单位内部的局域网接入 Internet（因特网）所需使用的接入设备是（   ）。

A. 防火墙   B. 集线器   C. 路由器   D. 中继转发器

6.16 中继器运行在（   ）。

A. 物理层   B. 网络层   C. 数据链路层   D. 传输层

6.17 随着微型计算机的广泛应用，大量的微型计算机是通过局域网连入到广域网的，而局域网与广域网的互连一般是通过（   ）设备实现的。

A. Ethernet 交换机   B. 路由器   C. 网桥   D. 电话交换机

6.18 中继器用于网络互连，其目的是（   ）。

A. 再生信号，扩大网络传输距离   B. 连接不同访问协议的网络

C. 控制网络中的"广播风暴"   D. 提高网络速率

6.19 网桥与中继器相比能提供更好的网络性能，原因是（   ）。

A. 网桥能分析数据包并只在需要的端口重发这些数据包

B. 网桥使用了更快速的硬件

C. 网桥忽略了坏的输入信号

D. 网桥具有路由选择功能

6.20 下列有关网关的概述，最合适的是（   ）。

A. 网关既可用于扩展网络，又能在物理层上实现协议转换

B．网关可以互连两个在数据链路层上使用相同协议的网络

C．网关与其他的网间连接设备相比，有更好的异种网络互连能力

D．网关从一个网络中读取数据，去掉该数据的原协议栈，而用另一个网络协议栈米封装数据

6.21　一个布线系统，最关键的问题是（　　　）。

A．灵活性和使用寿命　　　B．布线成本　　　　C．稳定性　　　　D．抗干扰性

三、判断题（正确的打√，错误的打×）

6.22　在所有的传输介质中，光纤的传输速度最快。（　　　）

6.23　以太网中，双绞线只采用了四条，其他四条线多余。（　　　）

6.24　中继器可用于连接异种局域网。（　　　）

6.25　路由器可以执行复杂的路由选择算法，处理的信息量比网桥多。（　　　）

6.26　中继器、网桥、路由器和网关是属于 OSI 不同层次的设备。（　　　）

6.27　调制解调器（Modem）的作用是将数字信号转化成模拟信号。（　　　）

6.28　通过 ADSL 方式上网时，电话线路不能同时进行语音通话。（　　　）

6.29　要与因特网连接，只有通过 MODEM 与电话线相连。（　　　）

6.30　有线闭路电视信号采用的传输介质是同轴电缆。（　　　）

6.31　综合布线系统常用的传输媒介有双绞线、对称电缆和光缆。（　　　）

第 7 章　TCP/IP 协议基础和因特网

内容提要

　　本章主要介绍 TCP/IP 协议体系的基本概念，TCP/IP 协议模型的各个层次包含的协议的基本概念和功能。TCP/IP 协议是 Internet 发展的基础。学习本章的内容将会对 Internet 的组织结构、工作过程以及数据传输的理解有很大帮助。本章介绍 TCP/IP 协议的基本概念，TCP/IP 协议模型的各个层次所包含的协议的概念及功能。

　　本章还介绍了因特网的基本概念，因特网的结构体系，因特网提供的网络服务功能以及因特网的接入及使用等功能。

7.1　TCP/IP 协议概述

　　因特网（Internet）是一个建立在网络互连基础上的、开放的全球性网络。Internet 拥有数千万台计算机和数以亿计的用户，是全球信息资源的超大型集合体。所有采用 TCP/IP 协议的计算机都可加入 Internet，实现信息共享和相互通信。与传统的书籍、报刊、广播、电视等传播媒体相比，Internet 使用方便，查阅更快捷，内容更丰富。今天，Internet 已在世界范围内得到了广泛的普及与应用，并正在迅速地改变人们的工作方式和生活方式。

　　TCP/IP 协议是 Internet 上使用最为广泛的通信协议。所谓 TCP/IP 协议，实际上是一个协议簇（组），是一组协议，其中 TCP 协议（Transmission Control Protocol）和 IP 协议（Internet Protocol）是其中两个最重要的协议。IP 协议称为网际协议，用来给各种不同的局域网和通信子网提供一个统一的互连平台。TCP 协议称为传输控制协议，用来为应用程序提供端到端的通信和控制功能。

　　在 TCP/IP 协议体系中，依据其提供的功能和服务，将其分成 4 个层次，分别为网络访问层（或网络接口层）、互连网络层、传输层和应用层。各层功能描述请参阅第 3 章。

7.2　网络访问层

　　网络访问层用于实现主机与传输媒介的物理接口，为网络互连层发送和接收 IP 数据报，对应到 ISO/OSI 7 层模型中的第一层（物理层）和第二层（数据链路层）。TCP/IP 支持多种网络访问层协议，常用的有 Ethernet、Token Bus、Token Ring 等。这些协议和标准都遵循电气电子工程师协会（IEEE）系统标准。具体来说，都遵循 IEEE 802 标准。

　　IEEE 802 委员会成立于 1980 年，专门用来制定局域网的接口和协议标准。如图 7.1 所示说明了 IEEE 802 系列标准与 ISO 的 OSI/RM 的对应关系。我们从中可以很清楚地看到 IEEE 802 系列标准正好对应到 ISO 的 OSI 第一层到第三层，分别为物理层、数据链路层及网络层。

OSI 7 层参考模型

应用层				
表示层				
会话层				
传输层		IEEE 802 标准		
网络层	802.1			
数据链路层	802.2			
物理层	802.3 媒体访问 物理层	802.4	802.5	…

图 7.1　IEEE 802 系列标准与 ISO 的 OSI/RM 的对应关系

关于 IEEE 802 协议系列以及以太网协议的有关内容,读者可以参考第 4 章计算机局域网的有关内容,这里不再详细讲述。

7.3　互连网络层

TCP/IP 协议体系的互连网络层包含的协议主要有 Internet Protocol（IP，网际协议）、Internet Control Message Protocol（ICMP，网络控制信息协议）、Address Resolution Protocol（ARP，地址解析协议）和 Reverse Address Resolution Protocol（RARP，反向地址解析协议）。这一节我们将简单介绍这些协议。

7.3.1　IP 协议

网际协议,简称 IP 协议,它和 TCP 协议是整个 TCP/IP 协议簇中最重要的部分,而 TCP 协议又是建立在 IP 协议基础上,由此便可知道 IP 协议的重要性。

IP 协议实现两个基本功能:分段和寻址。IP 协议的分段（或重组）功能是靠 IP 数据包头部的一个字段来实现的。网络只能传输一定长度的数据包,而当等待传输的数据报超出这一限制时,就需要利用 IP 协议的分段功能将长的数据报分解为若干较小的数据包。寻址功能同样也在 IP 数据包头部实现。数据包头部中包含了源端地址、目的端地址以及一些其他信息字段,可用于对 IP 数据包进行寻址。

1．IP 协议的特性

IP 协议有两个很重要的特性:非连接性（无连接性）和不可靠性。非连接性是指经过 IP 协议处理过的数据包其传输是相互独立的,每个包都可以按不同的路径传输到目的地,也就是说每个包传输的路由可以完全不同,因而其包抵达的顺序可以不一致,先传送的包不一定先到达目的地。

不可靠性是指 IP 协议没有提供对数据流在传输时的可靠性控制。它是一种不可靠的"尽力传送"的数据报类型协议。它没有重传机制,对底层的子网也没有提供任何纠错功能,用户数据包可能发生丢失、重复甚至失序到达。

但是,是不是 IP 协议对于需要正确的数据传输而言就不大可行呢？事实上,IP 协议只是单纯地负责将数据报分割成包（分组）,然后送到网上,传输质量的确不能得到保证,但是利用 ICMP 协议所提供的错误信息再配合更上层的 TCP 协议,则可以提供对数据传输的可靠性控制。

对于一些较不重要或非实时的数据传输，如电子邮件则可利用不可靠的传输方式，而对于重要和实时性的数据则必须利用可靠的传输方式。

2．IP 协议的包格式

IP 协议的包格式如图 7.2 所示。

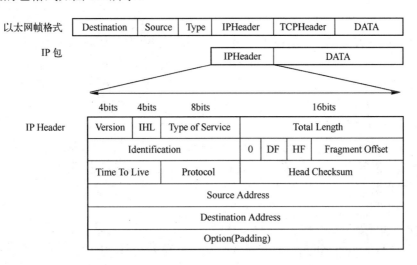

图 7.2　IP 协议的包格式

IP 协议规定 IP 包的长度是 32bit 的倍数，也就是 4 个字节的倍数。

- Version：版本，指出使用的 IP 协议的版本号，大多数 TCP/IP 协议的实现都包含这一字段，这是因为有些网络节点可能没有 IP 协议的最新版本 IPv6。目前 IP 协议的版本号是 IPv4。

字段大小：4bits。

- IHL（Internet Header Length）。IHL 指的是 IP 数据包头部的长度，它是以 32bit（4 字节）为计数单位，不包含 Option（Padding）字段，典型的头部长为 20 字节，因此该字段的值一般为 5。取值最大可以到 15，即 IP 数据包头部最长可以到 60 字节。

字段大小：4bits。

- Type of Service：服务类型。这一字段主要指定 IP 包的传输时延、优先级和可靠性。

字段大小：8bits。

- Total Length：总长度。总长度指的是整个 IP 包的长度，其中包括 IP 包头长度和数据长度，最大为 $2^{16}=65536$ 个字节。

字段大小：16bits。

取值范围：576～65535 字节。

- Identification：识别符号。识别符号用来识别目前的数据包。长的报文在传送时会被切割成多个包来传送，接收端会将相同来源及识别符号值的包收集起来重新组合成原来的报文。

字段大小：8bits。

- Flags：标记。该字段用来标记 IP 包是否可以分段，以及是否是最后分段。

字段大小 3bits。

- Fragment Offset：分段偏移。分段偏移指出目前的分段在原始的数据段中所仕的位置。原始的数据段允许有 8192 个分段，并且以 8 字节为一个基本偏移量，即段偏移的取值是以 8 个字节为单位计算的，所以最大可允许 65536 字节的数据。

字段大小：13bits。

取值范围：0～8191，系统默认为 0。

- Time to live（TTL）：生存时间。Time to live 在包开始传送时设置为 255，每当包经过一个路由器时，该字段值自动减 1，直到 0 为止。若该字段减到 0 时包还未到达目的位置，则将该包丢弃。

字段大小：8bits。

取值范围：0～255s。

- Protocol：协议类型。该字段又称协议识别字段，指哪一个上层协议准备接收 IP 包中的数据。例如，协议识别字段的值为 6 时，表示指定了上层的 TCP 协议准备接收 IP 包中的数据。

字段大小：8bits。

取值范围：0～255。

- Header Checksum：包头校验。该字段是用来确保 IP Header 包头的完整性和传输的正确性。

字段大小：16bits。

- Source Address：源地址。源地址是指送出 IP 包的主机地址。

字段大小：32bits。

- Destination Address：目的地址。目的地址是指接收 IP 包的主机地址。这里的源地址和目的地址指的都是 IP 地址。由于 IP 地址内容较多且较重要，稍后再做详细讨论。

字段大小：32bits。

- Option：选项字段。选项字段用来提供多种选择性的服务。

字段大小：不定。

Padding：填充字段。IP Header 包头的大小一定是 32bits（4 字节）的整数倍。当 Option 选项字段不足 4 字节的整数倍时，就用 Padding 填充字段来补齐。通常用 0 来填补。

3. IP 地址

IP 地址是一组 32 位的二进制数字，由 4 个字节构成，代表了网络和主机的地址。IP 地址的每个字节以点分开，如 Magic 公司的 IP 地址为 203.66.47.49，其表示方式如图 7.3 所示。

二进制	10010110	01000100	00101111	00110001
十进制	203	66	47	49

图 7.3　IP 地址的表示方式

IP 地址是由一个网络地址和一个主机地址组合而成的 32 位的地址，而且每个主机上的 IP 地址必须是唯一的。全球 IP 地址的分配由国际互联网网络信息中心（Inter NIC，Internet Network Information Center）负责。Inter NIC 会根据申请来分配大型网络地址（A 类地址）、中型网络的地址（B 类地址）和小型网络的地址（C 类地址）。国内则是向各自所属的 Internet 服务提供商（ISP）提出 IP 地址申请。

4．IP 地址的分类

IP 地址根据网络规模的不同可以分成三个等级（或者三类），分别是 A 类地址、B 类地址和 C 类地址。各类地址的组成结构如图 7.4 所示。

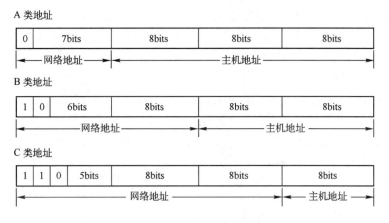

图 7.4　各类 IP 地址的组成结构

（1）A 类地址。前 8 位表示网络地址，取值由 NIC 决定，第一位固定为 0，剩余 7 位可表示 2^7=128 个 A 类网络。A 类地址一般分配给政府部门、大型网络或大型机构使用（如 IBM 公司、DEC 公司等），目前已经分配完了。A 类地址的后 24 位是指主机的地址。24 位的主机地址共有 2^{24}=16777216 个主机地址。例如，DEC 这家公司向 NIC 申请，取得一个 A 类地址，那么 DEC 这家公司就可以使用 2^{24}=16777216 个主机地址，当然这 2^{24} 个主机地址的分配和使用就由 DEC 的网络管理员决定。

（2）B 类地址。B 类地址的前 16 位表示网络地址，由 NIC 决定，其中前两位固定为 10。所以可以表示 2^{14} 个 B 类网络。后 16 位表示机器地址，共有 2^{16}=65536 个主机地址。B 类地址一般分配给中型网络或中型机构使用，目前也已经分配完了。

（3）C 类地址。C 类地址的前 24 位组成网络地址，由 NIC 决定，其中前两位为 11，剩余 22 位，所以应该有 2^{22}=4194304 个 C 类网络。但是在 C 类地址的前 4 位中，1110 保留给组播（Multicase，224～239），1111 保留给实验用（240～255），所以真正可用的 C 类网络地址数为应有的网络地址数减保留的地址数，即 2^{22}-2^{21}=2097152 个网络地址。C 类地址的后 8 位是主机地址，应有 2^8=256 个主机地址。但是需要扣除网络地址（1 个）和广播地址（1 个），所以真正可用的 C 类网络的主机地址，最多可以有 254 个。

从 IP 地址的分类中，我们可以根据分配的网络地址前 8 位快速判定网络的类型，如表 7.1 所示。

表 7.1　IP 地址分类表

前 8 位值	类　型	说　　明
0～127	A 类	IP 地址开头是 0～127，就是 A 类网络地址
128～191	B 类	IP 地址开头是 128～191，就是 B 类网络地址
192～223	C 类	IP 地址开头是 192～223，就是 C 类网络地址
224～239	D 类	保留给 Multicast（组播）使用
240～255	E 类	保留给实验用

7.3.2　子网络

当一个网络由若干个小网络组成，我们称这些小网络为子网络。若一个公司的网络是由若干个部门的子网络组成，是否需要为每个子网络申请一个网络地址呢？当这些子网不大时，可以从原先 IP 地址中的主机地址部分，拿出部分比特作为子网地址，利用 IP 地址中的子网地址部分区分这些子网，而不用为每个子网申请一个 IP 地址。需要把一个单一网络划分为若干个子网的情形有：大学或学院的网络管理员将本身的 B 级或 C 级网络地址，切割成若干个子网地址分配给下面的院或系；一般企业，由于规模的扩大，各部门需要有自己的网络，就需要网络管理员切割原来单一网络为若干个子网。一般小公司向 ISP（网络服务提供商）申请的 IP 地址，就是 ISP 已切割成的一个子网络。

1．子网络地址

IP 地址在前面已经介绍过了，它的形式是：

IP 地址=网络地址+主机地址

这是单一网络下的组成形式，当我们需要切割成若干个子网时的形式如下：

IP 地址=网络地址+子网地址+主机地址

原先的主机地址=子网地址+主机地址

例如：168.95.X.X 的 B 段网络地址为：

IP 地址（32 位）=网络地址（前 16 位）+主机地址（后 16 位）

168.95.X.X　　　=168.95　　　　　　　+X.X

主机共有 2^{16}=65536 个地址。

当切割成两个子网时：

IP 地址（32 位）=网络地址+子网地址+主机地址

168.95.X.X　　　=168.95　　+1 位　　+15 位

由于要切割成两个子网，于是将原来的后 16 位中的最高位拿来作为子网地址，这样就可以将 B 类网络切割成两个子网络：

168.95.0XXXXXXX.XXXXXXX

168.95.1XXXXXXX.XXXXXXX

各个子网拥有 2^{15}=32768 个主机地址。

以此类推，若是将 B 类网络切割成 4 个子网络，则需将原来的后 16 位中的最高两位拿来作为子网络地址，切割成的 4 个子网分别是：

168.95.00XXXXXX.XXXXXXX

168.95.01XXXXXX.XXXXXXXX

168.95.10XXXXXX.XXXXXXXX

168.95.11XXXXXX.XXXXXXXX

各个子网拥有 2^{14}=16384 个主机地址。

2．子网掩码

使用子网掩码可以判定 IP 地址是否属于某一子网。例如，局域网中的一个主机在发送 IP 包时，包头中携带有目的 IP 地址，通过子网掩码，就可以判定包是发送到本网内的某个主机，还是发送到网外的主机，从而选择不同的处理。子网掩码的形式为：网络及子网地址部分置 1，主机地址置 0 形成的 IP 地址。

如一个 B 类网络的子网掩码为：

$$255.255.0.0$$

一个 C 类网络的子网掩码为：

$$255.255.255.0$$

【例 7.1】 将一个 C 类网络划分为 16 个子网，求子网掩码。

解：要将一个 C 类网络划分为 16 个子网，必须从 8 位主机地址中拿出前 4 位作为子网地址，4 位二进制位可以有 16 种组合，正好可以表示 16 个子网地址。所以子网掩码为：

$$255.255.255.240$$

提起子网掩码，涉及的另一个重要的概念是网络号码。网络号码用于标识一个网络或子网，形式上，网络号码一般是 IP 地址中的网络地址和子网地址部分不变，而主机地址部分为 0 的 IP 地址。如一个 B 类网络的网络号码可以是：

$$168.95.0.0$$

网络地址部分为 168.95，主机地址部分全部置 0。

一个 C 类网络的网络号码可以是：

$$168.95.47.0$$

网络地址部分是 168.95.47，主机地址部分为 0。

网络中 IP 地址、网络号码和子网掩码的关系为：

IP 地址　　　AND　　　子网掩码　　＝　　网络号码

【例 7.2】 设子网掩码为 255.255.255.240，判断计算机甲（IP 地址：203.66.47.49）和计算机乙（IP 地址：203.66.47.49）是否在同一子网内。

解：将 IP 地址与子网掩码相与，看网络号码是否相同。

计算机甲：11001011　01000100　00101111　00110010　　203.66.47.50

子网掩码：11111111　11111111　11111111　11110000　　255.255.255.240

AND 结果：11001010　01000100　00101111　00110000　　203.66.47.48

计算机乙：11001011　01000100　00101111　00110001　　203.66.47.49

子网掩码：11111111　11111111　11111111　11110000　　255.255.255.240

AND 结果：11001010　01000100　00101111　00110000　　203.66.47.48

两个主机的 IP 地址与子网掩码相与的结果都等于 203.66.47.48，也就是网络号码。

由此可见，计算机甲和计算机乙所处网络的网络号码相同，计算机甲和计算机乙在同一个子网中。

3．子网划分

在子网中，除了给主机分配的 IP 地址外，还有一些 IP 地址是不能分配给子网中的主机的。例如，当子网通过一个路由器与外部网络相连时，就需要给路由器端口至少分配一个 IP 地址。除此之外，网络号码也不能分配给子网中的主机。在子网中，一般还有一个公共的 IP 地址，称为广播地址，它的一般形式是 IP 地址中网络地址部分（包括子网地址）不变，主机地址全部为 1 的地址。如果网络中的 IP 包中的目的 IP 地址是一个广播地址，则它可以被网络中的所有主机所接受。广播地址也不能作为网络中主机可用的 IP 地址。下面我们整理 B 类网络和 C 类网络划分为子网时 IP 地址的分配情况。

表7.2　子网划分

B 类网络					
子网络个数	子 网 掩 码	网 络 号 码	路 由 器 地 址	广 播 地 址	可用的 IP 地数
1	255.255.0.0	X.X.0.0	X.X.0.1	X.X.255.255	65534
2	255.255.128.0	X.X.0.0	X.X.0.1	X.X.127.255	32766
	255.255.128.0	X.X.128.0	X.X.128.1	X.X.255.255	32766
C 类网络					
子网络个数	子 网 掩 码	网 络 号 码	路 由 器 地 址	广 播 地 址	可用的 IP 地数
1	255.255.255.0	X.X.X.0	X.X.X.1	X.X.X.255	254
2	255.255.255.128	X.X.X.0	X.X.X.1	X.X.X.127	126
	255.255.255.128	X.X.X.128	X.X.X.129	X.X.X.255	126
4	255.255.255.192	X.X.X.0	X.X.X.1	X.X.X.63	62
	255.255.255.192	X.X.X.64	X.X.X.65	X.X.X.127	62
	255.255.255.192	X.X.X.128	X.X.X.129	X.X.X.191	62
	255.255.255.192	X.X.X.192	X.X.X.193	X.X.X.255	62

4．可变长度的子网掩码

VLSM（Variable-Length Subnet Mask）是在 Internet 快速发展的背景下，解决 IP 地址可能不足的方案之一。另一个解决方案是 IPv6。我们在规划网络时，常以最大的子网络数来符合实际区段上主机数量为规划原则，依此原则规划的网络会浪费许多的 IP 地址，如某技术开发公司有 4 个部门，研发部门和销售部门机器多，连成的局域网规模大，而管理部门和财务部门机器少，连成的局域网小。如果每个子网都分配相同数目的 IP 地址，则机器少的子网分配的 IP 地址相对较多，造成了 IP 地址的浪费，而机器多的子网分配的 IP 地址可能不够用。为了克服固定长度子网掩码的缺点，解决的办法就是可变长度的子网掩码（VLSM）。

在使用 VLSM 之前，应先确认相关设备（例如路由器）是否支持 VLSM。

我们以某公司为例，假定其总公司有 200 台主机，下属的 3 个分公司各有 60 台机器，还有 16 个小型分公司各约 30 台机器，申请到 IP 地址为 168.95.112.0。

解决方式如下：

出于区域性的考虑，所需要的子网络数量达 20 个，若以固定长度的子网掩码来进行子网划分，又要提供最大的子网络数，问题就发生了，使用 24bits 屏蔽（网络地址 20 位，子网地址 4 位，主机地址 8 位）时，虽然可以提供 254 个主机地址，却只能提供 14 个子网络（IP协议规定子网地址为全 0 和全 1 时为无效地址）。而我们需要的是子网络数是 20 个，那怎么办呢？方法就是使用可变长度子网掩码。

使用可变长度的子网掩码，首先仍需要考虑最大的子网络。由于总公司有 200 台主机，所以能提供达 200 台主机的屏蔽位数为 24，所以我们先使用 24bits 屏蔽切割成 14 个子网络，将第一个子网络分配给总公司。接着就有多种规划情形了，我们可以将第 2、3、4 个子网络直接配给 3 个中型的分公司，或选择其中的第 2 和第 3 个子网络，使用 26bits 屏蔽来产生 4个子网络（每个 24bits 屏蔽可以产生 2 个 26bits 屏蔽的子网络，各约 62 台主机）。

接着我们可以在使用 24bits 屏蔽的子网络中尚未使用的第 4、5、6 个子网络中，使用 27bits 屏蔽来产生 18 个子网络（每个 24bits 屏蔽可以产生 6 个 27bits 屏蔽的子网络，各约30 台主机）。

我们使用了 18 个子网络中的 16 个，由此可见，我们省下了众多的 IP 地址，可以在未来继续使用。

7.3.3 网络控制信息协议（ICMP）

在前面的章节中曾提及 IP 协议，其主要功能是将数据流组织成包，然后将这些包通过选择不同的路由传送到目的地。事实上，在网络上的包传输过程中，有许多问题都是 IP 协议无法解决的，如网络的错误检测、拥塞问题、主机故障等，解决这些问题主要是靠 ICMP 协议。

ICMP 是英文"Internet Control Message Protocol"（Internet 控制信息协议）的缩写。它是TCP/IP 协议簇的一个子协议，用于在 IP 主机、路由器之间传递控制消息。控制消息是指网络通不通、主机是否可达、路由是否可用等网络本身的消息。这些控制消息虽然并不传输用户数据，但是对于用户数据的传递起着重要的作用。

在 Internet 上进行数据传输，主要是靠网关或路由器的路由选择功能完成路径选择和数据的传输。当某个网关或路由器在传输包时，发现因某些原因，数据包无法继续正常地往下传送到目的地主机时，便可利用 ICMP 协议来提供错误信息给来源主机，此信息也以包的形式来传送，称为 ICMP 包。ICMP 协议的使用是建立在 IP 协议基础上的，换言之，ICMP 协议无法单独运行，我们甚至可以将 ICMP 当做 IP 协议的一部分。ICMP 的包是嵌在 IP 包中来传送的，IP 包的数据区部分是由整个 ICMP 包组成的，如图 7.5 所示。

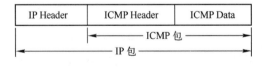

图 7.5　ICMP 包与 IP 包的关系

7.3.4 地址解析协议（ARP 协议）和反向地址解析协议（RARP 协议）

1. ARP 协议

ARP 协议是英文"Address Resolution Protocol"（地址解析协议）的缩写。我们知道，对于在 Internet 上的每一台主机而言，都有一个 32 位的 IP 地址来代表它，但事实上，在网络上两台机器的互相通信是通过其物理地址（即 MAC 地址）也就是其网卡的硬件地址来实现的。

以太网为例，每个以太网卡，其硬件地址出厂商提供，长度为 48 位，而且每个地址皆是唯一的。换句话说，在网络上不允许有重复的硬件地址出现。

在局域网中，网络中实际传输的是"帧"，帧里面是有目标主机的 MAC 地址的。在以太网中，一个主机要和另一个主机进行直接通信，必须要知道目标主机的 MAC 地址。但这个目标 MAC 地址是如何获得的呢？它就是通过地址解析协议获得的。所谓"地址解析"就是主机在发送帧前将目标 IP 地址转换成目标 MAC 地址的过程。ARP 协议的基本功能就是根据目标设备的 IP 地址，查询目标设备的 MAC 地址，以保证通信的顺利进行。

那么，如何通过 ARP 协议来转换 IP 地址为物理地址呢？

一般源主机找到目的主机的物理地址，是通过 ARP 缓存表实现的。ARP 缓存表记录了 IP 地址和物理地址的对应关系。下面举例说明。

假定主机 A（192.168.1.5）的 ARP 缓存如表 7.3 所示。

当主机 A 向主机 B（192.168.1.1）发送数据时，主机

表 7.3　主机 A 的 ARP 缓存表

IP 地址	MAC 地址
192.168.1.1	00-aa-00-62-c6-09
192.168.1.2	00-aa-00-62-c5-03
192.168.1.3	00-aa-01-75-c3-06
...	...

A 会在自己的 ARP 缓存表中寻找是否有目标 IP 地址。如果找到了，也就知道了目标 MAC 地址，直接把目标 MAC 地址写入帧里面发送就可以了；如果在 ARP 缓存表中没有找到目标 IP 地址，主机 A 就会在网络上发送一个广播，目标 MAC 地址是 "FF.FF.FF.FF.FF.FF.FF"，这表示向同一网段内的所有主机发出这样的询问："192.168.1.1 的 MAC 地址是什么？"网络上其他主机并不响应 ARP 询问，只有主机 B 接收到这个帧时，才向主机 A 做出这样的回应："192.168.1.1 的 MAC 地址是 00-aa-00-62-c6-09"。这样，主机 A 就知道了主机 B 的 MAC 地址，它就可以向主机 B 发送信息了。同时它还更新了自己的 ARP 缓存表，下次再向主机 B 发送信息时，直接从 ARP 缓存表里查找就可以了。ARP 缓存表采用了老化机制，在一段时间内如果表中的某一行没有使用，就会被删除，这样可以大大减少 ARP 缓存表的长度，加快查询速度。

ARP 缓存表是可以查看的，也可以添加和修改。在命令提示符下，输入 "arp-a" 就可以查看 ARP 缓存表中的内容了。用 "arp-d" 命令可以删除 ARP 表中某一行的内容；用 "arp-s" 可以手动修改在 ARP 表中指定 IP 地址与 MAC 地址的对应。

2. RARP 协议

Reverse Address Resolution Protocol 简称 RARP 协议。RARP 协议和前面所提到的 ARP 协议，其功能刚好相反，将 32 位的 IP 地址转换成物理的硬件地址，这是 ARP 协议的主要功能，而协议则是将网络的物理地址转换成 32 位的网络 IP 地址。

RARP 协议主要应用在无硬盘的主机上，如无盘工作站。这类机器由于本身没有激活的网络系统程序，因此也没有网络 IP 地址。因此，如何把无硬盘机的主机和有 IP 地址的网络服务器连接起来，使得无硬盘机也能取得 IP 网络地址，便是 RARP 协议要解决的问题。

当无硬盘主机在开机或重新激活时，会将该主机的网卡的物理地址（48 位）以广播的方式送到网络所有的主机，RARP 服务器利用其硬件地址到 IP 地址的转换表，将来源主机硬件

地址相对应的 IP 地址返回给来源主机。此时，无硬盘主机便可利用返回的 IP 地址，通过网络取得来自服务器的系统程序。

7.3.5 DHCP 协议

DHCP 的全称是动态主机配置协议（Dynamic Host Configuration Protocol），由 IETF（Internet 网络工程师任务小组）设计，详尽的协议内容在 RFC 文档（RFC2131 和 RFC1541）里。DHCP 是 Windows NT 和 Windows 2000 Server 提供的动态分配主机 IP 地址的服务。DHCP 服务的目的是为了减轻对 TCP/IP 网络的规划、管理和维护的负担，解决 IP 地址缺乏问题。DHCP 服务器可以把 TCP/IP 网络设置集中起来，动态处理工作站 IP 地址的配置。DHCP 提供了自动在 TCP/IP 网络上安全地分配和租用 IP 地址的机制，实现 IP 地址的集中式管理，基本上不需要网络管理人员的人为干预。而且，DHCP 本身被设计成 BOOTP（自举协议）的扩展，支持需要网络配置信息的无盘工作站，对需要固定 IP 的系统也提供了相应支持。

DHCP 是 BOOTP 的扩展，是基于 C/S 模式的，它提供了一种动态指定 IP 地址和配置参数的机制。DHCP 服务器自动为客户机指定 IP 地址，指定的配置参数有些和 IP 协议并不相关，但这并没有关系，它的配置参数使得网络上的计算机通信变得方便而容易实现。DHCP 使 IP 地址可以租用，因为对于许多拥有多台计算机的大型网络来说，每台计算机拥有一个 IP 地址有时候是不现实的或不必要的。IP 地址租期从 1 分钟到 100 年不定，当租期到期的时候，服务器可以把这个 IP 地址分配给别的机器使用。客户也可以请求使用自己喜欢的网络地址及相应的配置参数。

由于 DHCP 是对 BOOTP 的扩展，所以它的包格式和 BOOTP 也一样，这样它就可以使用 BOOTP 中的转发代理来发送 DHCP 包，这使得 BOOTP 和 DHCP 之间可以实现互操作。对于 BOOTP 转发代理来说，发的是 DHCP 包还是 BOOTP 包，它根本分不清楚。它们使用的服务器端口号是 67 和 68。但是有些地方还有些不同：

（1）DHCP 定义了一种可以使 IP 地址使用一段有限时间的机制，在客户期限到了的时候可以重新分配这个 IP 地址。

（2）DHCP 为用户提供所有 IP 配置参数。

（3）DHCP 包长度比 BOOTP 包长度稍长，多出的长度里包括了网络配置参数。

（4）DHCP 协议比 BOOTP 协议复杂。DHCP 有 7 种消息类型，而 BOOTP 只有 2 种。

客户机请求获得网络地址和配置参数的过程为：

（1）客户机发出 DHCPDISCOVER 包，请求 IP 地址和配置参数。

（2）BOOTP 转发代理接收到请求包，并负责向网络内的多个 DHCP 服务器转发。

（3）DHCP 服务器以 DHCPOFFER 包响应客户请求，这个包内包括可用的 IP 地址和参数。

（4）BOOTP 转发代理接收 DHCPOFFER 包，并对它进行检查，如果没有问题就向客户转发。

如果客户在发出 DHCPDISCOVER 包后一段时间内没有接收到回应，它可以重新发送请求 10 次，否则就通知用户。客户机可以同时接收到许多 DHCP 服务器的应答，它可以自己决定使用哪一个 DHCP 服务器。客户机向服务器发送应答的过程为：

（1）当客户机选定了某个 DHCP 服务器后，就会广播 DHCPREQUEST 包，用以通知选定的服务器和未选定的服务器。

（2）BOOTP 转发代理转发 DHCPREQUEST 包。

（3）DHCP 服务器检查收到的 DHCPREQUEST 包。如果包内的地址和提供的地址一致，证明客户机选择的是这台服务器提供的地址；如果不是，说明提供的地址被客户机拒绝。

（4）被选定的 DHCP 服务器在接收到 DHCPREQUEST 包以后，因为某些原因不能向客户提供这个网络地址或配置参数，就向客户机发送 DHCPNAK 包，如果可以提供则发送 DHCPNAK 包。

（5）客户机在收到 DHCPNAK 包后，检查内部的网络地址和租用时间。如果客户机觉得这个包有问题，它可以发送 DHCPDECLINE 包拒绝这个地址，然后重新发送 DHCPDISCO-VER 包。如果觉得没有问题，就可以接受这个配置参数。同样，当客户接收到 DHCPNAK 包时，它也可以发送 DHCPDISCOVER 包。客户可以在租期到期之前释放网络地址，这通过发送 DHCPRELEASE 包来实现。

用户下一次可以再次获得相同的 IP 地址。在这一过程中，以上的许多步骤就可以省略。

7.3.6 PPP 协议

点对点协议（PPP：Point to Point Protocol）是 20 世纪 90 年代初兴起的一种传输协议。从概念上说，PPP 是一个处于数据链路层的广域网协议，它对下可支持 PPP 的物理串行线或广域交换环境如 X.25、帧中继、SDH/SONET 等；对上可支持许多已有的网络层协议，如 IP、IPv6、IPX（Internetwork Packet Exchange Protocol）、Apple Talk（Apple 公司的文件协议）、Decnet Phase IV（数字设备公司推出并支持的一组协议集合）等，所有这些协议可以同时在一条 PPP 链路上传输。

1．PPP 协议的特点

点对点协议（PPP）为在点对点连接上传输多协议数据包提供了一个标准方法。PPP 最初设计是为两个对等节点之间的 IP 流量传输提供一种封装协议。在 TCP/IP 协议集中它是一种用来同步调制连接的数据链路层协议（OSI 模式中的第二层），替代了原来非标准的第二层协议，即 SLIP。除了 IP 以外 PPP 还可以携带其他协议，包括 DECnnet 和 Novell 的 Internet 网包交换（IPX）。

PPP 协议是目前广域网上应用最广泛的协议之一，它的优点在于简单、具备用户验证能力、可以解决 IP 分配等。但是目前 PPP 协议很少在纯粹的点对点上使用了，那种从 A 点到 B 点配置 PPP 的实际例子基本上不存在了，毕竟 PPP 协议是众多广域网协议的基础，其他协议都是在它的基础上改进而来的。在多点到点的情况下 PPP 还是广泛应用的，不过它并不是单独工作而是借助于其他网络存在。

目前 PPP 主要应用技术有两种，一种是 PPP over Ethernet 也就是我们常说的 PPPoE，而另一种则是 PPP over ATM，也叫 PPPoA。

PPPoE 就是我们常说的 ADSL 拨号采用的协议。大部分家庭拨号上网就是通过 PPP 在用户端和运营商的接入服务器之间建立通信链路。利用以太网（Ethernet）资源，在以太网上运行 PPP 来进行用户认证接入的方式称为 PPPPoE。PPPoE 既保护了用户方的以太网资源，又完成了 ADSL 的接入要求，是目前 ADSL 接入方式中应用最广泛的技术标准。

PPPoA 则是在 ATM 网络上运行 PPP 协议的技术。在 ATM（异步传输模式，Asynchronous Transfer Mode）网络上运行 PPP 协议来管理用户认证的方式称为 PPPoA，它与 PPPoE 的原理相同，作用相同，不同的是它是在 ATM 网络上运行，而 PPPoE 是在以太网网络上运行，所以要分别适应 ATM 标准和以太网标准。

一般来说衡量一个网络协议的优劣主要有以下几个指标：带宽、时延、网络资源争用以及可视性。那么 PPP 协议在这四个方面表现如何呢？

（1）带宽。带宽通常是稀缺资源，因此必须要节约使用。在所有广域网协议中 PPP 的带宽是最低的，比 HDLC 协议和 FRAMERELAY 帧中继要慢了不少，更不用说 ATM 了。

（2）时延。时延是广域网固有的问题，PPP 协议的时延比较长，当在点对点封装时效果还可以，一旦发展到点到多点则时延问题比较严重。

（3）网络资源争用。由于 PPP 是点对点协议，不存在多线路合用的问题，所以网络资源争用问题出现的机率比较低。

（4）可视性。协议的可视性主要是帮助网络管理员更深入直观地了解协议工作状态，而 PPP 协议则不具有可视性管理功能。

2．PPP 协议的帧格式

PPP 采用了类似于 HDLC（高级数据链路控制）的帧结构，如图 7.6 所示。PPP 帧也使用特殊的标志符表示帧的开始和结束，这个标志符的值固定为十六进制数 0x7E。由于 PPP 是点对点协议，不需要用地址字段表明对方站点的地址。在 PPP 协议中，数据链路的建立、保持和终止，是一个相当复杂的过程；而且，链路建立和保持中的口令认证、网络层控制等功能也都不能靠简单的控制字段来实现。所以，为了和早期的链路层帧结构保持一致，将地址字段的值和控制字段的值固定为 0xFF 和 0x03，而把链路控制和网络层控制功能交给 LCP（链路控制协议，它是 PPP 协议的一个子集）和 NCP（网络控制协议）完成。

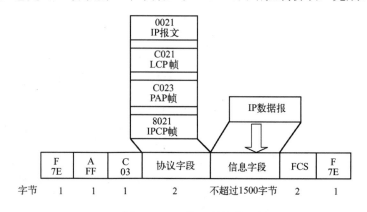

图 7.6　PPP 协议帧结构

因为 0x7E 固定为帧的起始、结束标志，所以 PPP 帧中的其他字段不允许出现与这个标志相同的字节。但为了保证数据的透明传输，必须采取一定的措施。对于在同步线路上传输的 PPP 帧，采用了与 HDLC 协议相同的零比特插入和抽取法。具体做法是：在 FCS（帧校验序列）计算后，发送方检查整个帧，如果碰到连续五个 1 就要插入一个 0，以避免帧内的数据和帧的标志字节混淆。在接收方，进行 FCS 计算前，每收到连续 5 个 1 后面的 0 就被抛弃，以恢复数据的正确性。

在异步线路上传送 PPP 帧时，采用的是字符填充和抽取的做法。为了避免在 PPP 帧中传输标志字节，把标志字节转换为"换码标志+替代字节"的双字节序列，同时在传送换码标志时也转换为"换码标志+替代字节"，称之为字节填充。PPP 协议规定换码标志为 0x7D。替代字节与源字节的关系为：将源字节值的第六位取反（假定字节的最高位为第八位），即为替代字节的值。因此，0x7E 转换为 0x7D+0x5E，0x7D 转换为 0x7D+0x5E。

异步线路使用 PPP 协议最典型的实例就是用户通过 Modem 拨号接入 Internet。通常 Modem 使用 ASCII 码中的控制字符（值在 0x00～0x1F 之间的字节）完成一些特定功能。为了避免 PPP 帧中值小于 0x20 的字节被 Modem 误认为控制字符，传送这些字节的时候也要转换为"换码标志+替代字节"。在异步线路的接收方，每收到一个换码标志，就将其删除，然后把随后收到的一个字节第六位取反，即可恢复数据，称之为字符抽取。

PPP 帧中的协议字段是紧跟在地址字段和控制字段之后的两个字节。协议字段之后到帧校验序列（FCS）前的所有字节称为信息字段。对于 PPP 帧结构来说，协议字段和信息字段统称为 PPP 帧的数据部分。PPP 协议是由链路控制协仪（LCP）、网络控制协议（NCP）、口令认证协议（PAP 或 CILAP）等多个协议组成，每种协议的帧就由协议字段来标识。目前定义的协议字段值主要根据以下分配原则：

0x0XXX～0x3XXX：定义网络层协议。

0x8XXX～0xBXXX：定义和网络层协议相匹配的网络控制协议。

0xCXXX～0xFXXX：定义链路层控制协议。

0x4XXX～0x7XXX：定义没有与网络控制协议相对应的一些网络层协议。

从上述规则可以得出，当 IP 报文的协议字段值为 0x0021 时，IP 对应的 NCP 协议字段值就为 0x8021。

在 PPP 帧结束标志前的帧校验序列 FCS 占两个字节，使用 CRC 校验，负责对 PPP 帧中的地址、控制、协议和信息字段进行校验，对这些字段在传输过程中发生的错误进行检测。

为了提高线路的传输效率，PPP 协议规定，经过通信双方协商，地址和控制字段可以压缩，经进一步协商后，协议字段也可以压缩，压缩后的 PPP 帧结构只有标志字段、协议字段、信息字段和 FCS 字段。其中，协议字段可以只占一个字节。

3. PPP 协议的工作状态

当用户拨号接入 ISP 时，路由器的调制解调器对拨号做出确认，并建立一条物理连接。PC 机向路由器发送一系列的 LCP 分组（封装成多个 PPP 帧），通过这些分组及其响应选择一些 PPP 参数，进行网络层配置。NCP 给新接入的 PC 机分配一个临时的 IP 地址，使 PC 机成为因特网上的一个主机。通信完毕时，NCP 释放网络层连接，收回原来分配出去的 IP 地址。接着，LCP 释放数据链路层连接，最后释放的是物理层的连接，如图 7.7 所示。

PPP 链路的起始和终止状态永远是图 7.8 中所示的"静止状态"，这时并不存在物理层连接。当检测到调制解调器的载波信号，并建立物理层连接后，PPP 就进入链路的"建立状态"

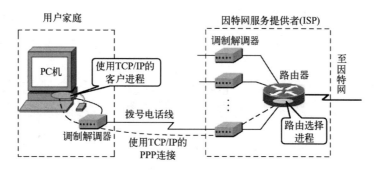

图 7.7　建立 PPP 连接

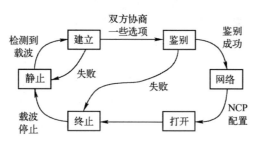

图 7.8　PPP 协议的状态图

7.4　传输层

传输层的协议主要有两个：TCP 协议（Transmission Control Protocol，传输控制协议）和 UDP 协议（User Datagram Protocol，用户数据报协议）。它们都为应用层提供数据传输服务。

7.4.1　传输控制协议（TCP 协议）

TCP 协议是 TCP/IP 协议簇中最重要的协议之一。在本节中，我们将探讨 TCP 协议的重要功能、传输特性和包格式等。

TCP 协议在 TCP/IP 协议簇中的位置如图 7.9 所示。

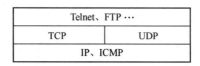

图 7.9　TCP 协议在 TCP/IP 协议簇中的位置

从图 7.9 我们可以看出，传输层中的两个协议 TCP 和 UDP 是处于对等的地位，分别提供了不同的传输服务方式，但这两个协议必须建立在 IP 协议之上。

通过前面章节的学习我们知道，IP 协议只是单纯地负责将数据分割成包，并根据指定的 IP 地址通过网络将数据传送到目的地。它必须配合不同的传输服务——TCP 协议（提供面向连接的可靠的传输服务）或 UDP 协议（提供非连接的不可靠的传输服务），才能在发送端和接收端建立主机间的连接，完成端到端的数据传输。

1．TCP 协议的主要功能

TCP 协议的主要功能，用一句话概括就是：TCP 协议提供面向连接的、可靠的数据流式的传输服务。

（1）连接性。连接性表示要传输数据的双方，必须事先沟通，在建立好连接之后，才能正式开始传输数据。两台主机之间要想完成一次数据传输，必须经历连接建立、数据传输以及连接拆除 3 个阶段。

无连接性是指两台主机在进行信息交换之前，无须事先经呼叫来建立通信连接，各个分组独立地各自传送到目的地。

连接性与非连接性的数据传输方式的主要区别如下：

① 路由选择：具有连接性的传输方式，路由的选择仅仅发生在连接建立的时候，在以后的传输过程中，路由不再改变；具有非连接性的传输方式中，每传送一个分组都要进行路由选择。

② 在具有连接性的传输方式中，各分组是按顺序到达的；非连接性的传输方式中，分组可能会失序到达，甚至丢失。

③ 具有连接性的传输方式便于实现差错控制和流量控制；非连接性的传输方式一般不实行流量控制和差错控制。

④ 具有连接性的传输方式一般应用于较重要的数据传输；非连接性的传输方式一般应用于较不重要的数据传输。

（2）可靠性。TCP 协议用来在两个端用户之间提供可靠的数据传输服务，其可靠性是由 TCP 协议提供的确认重传机制实现的。TCP 协议的确认重传机制可简述如下：

① 接收端接收的数据若正确，则回传确认包给传送端。

② 接收端接收到不正确的数据，则要求传送端重传。

③ 传送端在规定的时间内未收到相应的确认包，则传送端重传该包。

TCP 协议的可靠性控制可以利用如图 7.10 所示的操作组合来说明。

（3）数据流量控制。我们在讨论 TCP 协议在保证数据传输的可靠性时，发送端每次都要等到收到回应的确认包后，才传送下一个数据包。由于发送端用于等待确认包的时间是闲置的时间，从而造成整个数据传输效率的低下，造成带宽的浪费。因此，在 TCP 协议中，使用了一种叫滑动窗的技术，来解决这一问题。

利用滑动窗技术，可以一次先发送多个包后，再等待确认包，如此便可以减少闲置时间，增加传输效率。

利用滑动窗技术，还可以对信息在链路上的流量进行控制，通过在发送端设置一个窗口宽度值，来限制发送帧的最大数目，控制链路上的信息流量。窗宽规定了允许发送方发送的最大帧数。

利用滑动窗技术控制数据流量的过程如图 7.11 所示。

在图 7.11 中，假定总共要传送 10 个包。

图 7.11（a）中，窗口中有 4 个包，表示已送出的包，窗宽 W=4。

图 7.11（b）中，当传送端收到确认包 1 时，窗口向右移动一格，并送出包 5。

图 7.11（c）中，当传送端收到确认包 2、3 时，窗口向右移 2 格，并送出包 6、7。

简单地说，在窗口右方的包表示要准备送出去的包；而位于窗口里面的包表示已经送出的包，但传送端尚未收到相应的确认包；而窗口左边的包表示已经送出去而且也已经收到确认的包。窗口在滑动时，其宽度不能超过规定的窗宽。

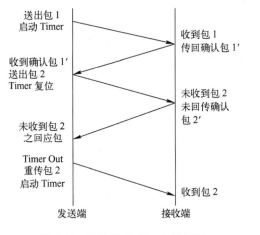

图 7.10　TCP 协议的可靠性控制

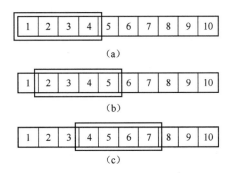

图 7.11　用滑动窗进行数据流量控制

2．TCP 协议的通信端口

当传送的数据到达目的主机后，最终是要被应用程序接收并处理。但是，在一个多任务的操作系统环境下（如 Windows、UNIX 等），可能有多个程序同时在运行，那么数据究竟应该被哪个应用程序接收和处理呢？这就需要引入端口的概念。

在 TCP 协议中，端口用一个两个字节长的整数来表示，称为端口号。不同的端口号表示不同的应用程序（或称为高层用户）。

端口号和 IP 地址连接在一起构成一个套接字（SOCKET），套接字分为发送套接字和接收套接字。

发送套接字=源 IP 地址+源端口号

接收套接字=目的 IP 地址+目的端口号

一对套接字唯一地确定了一个 TCP 连接的两个端点。也就是说，TCP 连接的端点是套接字而不是 IP 地址。

在 TCP 协议中，有些端口号已经保留给特定的应用程序来使用（大多为 256 号之前），这类端口号我们称之为公共端口，其他的号码我们称之为用户端口。Internet 标准工作组规定，数值在 1024 以上的端口号可以由用户自由使用。

3．TCP 包（TCP 数据报）的格式

（1）TCP 包的位置。我们把在数据链路层上传输的数据单元称为帧，把在网络层上传输的数据单元称为包（Packet）。TCP 包是 IP 包的一部分，而若以太网为例，IP 包又是以太网帧的一部分。换句话说，IP 包封装了 TCP 包，而以太网的以太包又封装了 IP 包。封装过程如图 7.12 所示。

（2）TCP Header。TCP Header 包含了 TCP 协议在传输数据时的字段信息，其格式如图 7.13 所示。

① 传送端端口（Source port）。此字段用来定义来源主机的端口（port）号码，其和来源

主机的 IP 地址相结合后，称为完整的 TCP 传送端地址。

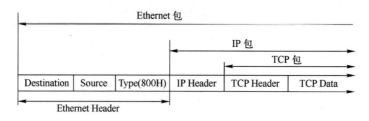

图 7.12　TCP 包的位置

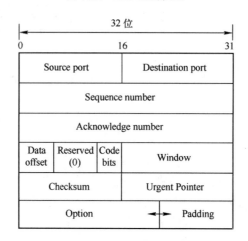

图 7.13　TCP 包标头格式

字段大小：16 位。

② 接收端端口（Destination port）。此字段用来定义目的主机的端口号码，其和目的主机的 IP 地址结合后，称为完整的 TCP 接收端地址。

字段大小：16 位。

③ 顺序号码（Sequence number）。该字段用来表示包的顺序号码，利用随机数的方式产生其初始值。

字段大小：32 位。

④ 确认号码（Acknowledge number）。响应对方传送包的确认号码，其表示希望下一次应该送出哪个顺序号码的包。它是一个对想要接收的包之前的所有包的一个确认。

字段大小：32 位。

⑤ 数据偏移量（Data offset）。由于 TCP 的 Option 字段长度不固定，该字段指出 TCP 数据开始的位置。

字段大小：4 位。

⑥ Reservation（保留）。此字段保留供日后需要时使用，目前设为 0。

字段大小：6 位。

⑦ Codes bits（位码）。此字段由 6 个单一二进制位组成。其主要说明其他字段是否包含了有意义的数据以及某些控制功能。例如，该字段中的 URG 位说明紧急数据指针字段是否有效。

⑧ Windows（窗口）。此字段用来控制流量，表示数据缓冲区的大小。当一个 TCP 应用程序激活时，会同时产生两个缓冲区，即接收缓冲区和发送缓冲区。接收缓冲区用来保存发送端发送来的数据，并等待上层应用程序提取；发送缓冲区用来保存准备要发送的数据。TCP 协议利用此字段来通知对方，现在本身的接收缓冲区大小有多少？这样对方才不会送出超过接收缓冲区所能接收的数据量而造成数据流失。

⑨ Checksum（校验和）。用来检查数据的传输是否正确。

字段大小：16 位。

⑩ Urgent Poiter（紧急指针）。当 Code bits 中的 URG=1 时，该字段才有效。当 URG 标志设置为 1 时，就向接收方表明，目前发送的 TCP 包中包含有紧急数据，需要接收方的 TCP 协议尽快将它送到高层上去处理。紧急指针的值和顺序号码相加后就会得到最后的紧急数据字节的编号，对端 TCP 协议以此来取得紧急数据。

字段大小：16 位。

⑪ Option（可选项）。表示接收端能够接收的最大区段的大小，一般在建立联机时规定此值。如果此字段不使用，可以使用任意的数据区段大小。

字段大小：自定。

⑫ Padding（填补字段）。此字段的目的在于和 Option 字段相加后，补足 32 位的长度。

字段大小：依 Option 字段的设置而有所不同。

7.4.2 用户数据报协议

用户数据报协议（User Datagram Protocol，UDP），简称 UDP 协议，提供了不同于 TCP 的另一种数据传输服务方式，它和 TCP 协议都处于主机—主机层。它们之间是平行的，都是构建在 IP 协议之上，以 IP 协议为基础。

1. UDP 的特性

使用 UDP 协议进行数据传输具有非连接性和不可靠性。这和 TCP 协议正好相反。TCP 协议提供面向连接的可靠的数据传输服务。而 UDP 提供面向非连接的，不可靠的数据传输服务。因此，UDP 所提供的数据传输服务，其服务质量没有 TCP 来得高。

UDP 没有提供流量控制，因而省去了在流量控制方面的传输开销，故传输速度快，适用于实时、大量但对数据的正确性要求不高的数据传输。由于 UDP 采用了面向非连接的不可靠的数据传输方式，因此可能会造成 IP 包未按次序到达目的地，或 IP 包重复甚至丢失，这些问题都需要靠上层应用程序来解决。

2. UDP 协议的通信端口

TCP 协议用通信端口来区分同一主机上执行的不同应用程序。同样，UDP 也有相同的功能，和 TCP 一样，UDP 也是用一个两个字节长的整数号码来表示不同的程序。在 TCP 协议中，某些端口号已保留给特定的应用程序使用，同样，UDP 协议也有保留端口。这些保留端口号我们称之为公共端口，其他的端口号我们称之为用户端口。

3. UDP 包头格式与说明

由于 UDP 是面向非连接的不可靠的数据传输服务，并且不提供流量控制功能，因而 UDP

协议不需要额外的字段来做传输控制，因而 UDP 的包头要比 TCP 简单得多，如图 7.14 所示。

（1）UDP 包的位置。UDP 包的位置和 TCP 包的位置相同，它是作为 IP 包的数据部分，封装在 IP 包中，而 IP 包又是作为以太网帧的数据部分封装在以太包中。UDP 包在以太包中的封装如图 7.15 所示。

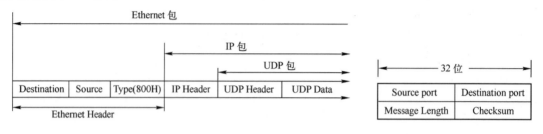

图 7.14　UDP 包在以太包中的封装　　　　图 7.15　UDP 包格式

（2）UDP 包的格式。

① Source port（传送端端口）。此字段用来定义来源主机的 port 号码，它和来源主机的 IP 地址结合后，成为完整的 UDP 传送端地址。

字段大小：16 位。

② Destination port（接收端端口）。此字段用来定义目的主机的 port 号码，它和目的主机的 IP 地址结合后，成为完整的 UDP 接收端地址。

字段大小：16 位。

③ Message Length（信息长度）。此字段为 UDP 包的总长度（包含包头及数据区），最小值为 8，表示只有包头而无数据区。

字段大小：16 位。

④ Checksum（校验和）。用于检查数据的传输是否正确。

字段大小：16 位。

7.5　应用层

Application Layer（应用层）对应到 TCP/IP 协议模型的协议有很多，常用的有 World Wide Web（WWW，全球信息网）、File Transfer Protocol（FTP，文件传输协议）、Simple Mail Transfer Protocol（SMTP，简单邮件传输协议）、Telnet（远程登录）、Domain Name System（DNS，域名系统）、Simple Network Management Protocol（SNMP，简单网络管理协议）和 Network File System（NFS，网络文件系统等）。这一节我们将一一简要介绍这些协议。

7.5.1　WWW 全球信息网与超文本传输协议 HTTP

1. WWW 全球信息网

WWW 全球信息网（World Wide Web）是目前 Internet 上最流行、最便捷的信息工具。WWW 这个网络服务，引进了新的网络技术，其中包括：

（1）引进 Hypertext（超文本）与 Hyperlink 的概念。所谓的 Hypertext（超文本），它不是传统由头至尾，循序渐进的阅读方式，而是采用了任意跳跃、由读者主导的方式。若读者对某一标题想进一步去了解，只要在其关键词（有底线表示）上轻轻点击（Click）一下，即可跳到那一个进一步说明的文档中，我们称之为下一页（在 WWW 中，文件以页为单位）。这样的文本我们称之为超文本（Hypertext），而各文本之间连接的关系我们称之为超级连接（Hyperlink）。

（2）活泼、生动、互动的文本特性。通过 WWW，文章的内容不再单单是纯文字了，WWW 的文本可以包含文字、声音、图片、动画等，这种以多媒体来表达的方式，让用户在使用时不但可以图文并茂，还可以身临其境，使得文本本身更加活泼生动。

（3）提供了 Internet 上的服务大整合。在 Internet 上许多协议所提供的网络服务，如 FTP、Telnet、Usenet 等，原本都要使用其特定的程序，才能得到该项服务，但现在不用了，只要通过 WWW，它就能把上述的服务全部整合在一起。

（4）主从式结构。WWW 是采用主从结构的网络方式，即 Server/Client 方式。使用 WWW 服务的端称为 WWW 的客户端（Client），而提供 WWW 服务的主机（即 WWW 文本的所在地）称为 WWW 服务器（Server，又称为 Web 服务器）。

2．HTTP 与 WWW

对于 WWW 而言，HTTP 相当重要，因为它是 WWW 所使用的通信协议。

超文本传输协议（HyperText Transfer Protocol，HTTP）是 WWW 客户端与 WWW 服务器之间的传输协议。通过这个协议，文字、图片、声音、影像等多媒体信息便可以在客户端与服务器之间传输。

HTTP 对在 Internet 上 WWW 服务器与用户浏览器之间的 Web 文本传输，是个相当重要的通信协议，正因为如此，所以有些人把 Web 服务器也称为 HTTP 服务器。

HTTP 有以下几个特点：

（1）HTTP 传送的数据是 MIME 的格式，MIME 是一种多用途网际邮件扩充协议，最早应用于电子邮件系统，后来也应用于浏览器。它十分适合用来做多媒体文件的传送。

（2）HTTP 采用主从式结构，用户通过客户端的浏览器，通过对 URL（统一资源定位器）的寻址，连接到 HTTP 服务器。

（3）HTTP 的服务器端和客户端使用默认的端口号 80 来做数据的传输，但假如不是使用80 的话，则必须在 URL 中注明端口号。

（4）HTTP 提供了验证用户账号和密码的安全机制，用来限制和保护用户访问特定的目录和文件。

（5）HTTP 提供了数据续传的功能。在数据传递的过程中万一发生中断，一旦联机恢复，数据不必从头传递，只需从中断处继续即可。

（6）HTTP 常用的命令有 GET 和 POST。GET 表示客户端向服务器端口取得数据，也称为下载数据。POST 表示客户端将数据传送给服务器端，也称为上传数据。

3．URL 与 WWW

当我们使用 WWW 来打开某网站时，常会输入类似 http://XXX.XXX.XXX 形式的命令，其中 http 表示 WWW 所使用的通信协议是 HTTP，而这个命令的格式的设置称之为 URL（Uniform Resource Locator，统一资源定位器）。在 Internet 上的网站有几百万个，如何表示要连接的服务器地址？数据以何种方式取得？数据在服务器的哪一个目录中？哪一个文件中？这些答案都可以利用 URL 来解决。

其实，URL 的使用并不仅局限于 HTTP，对于其他服务的命令格式，如 FTP，它也提供支持，因此，URL 的标准格式如下：

Method://Host（DNS or IP）:[Port]/File_path/File_name

- Method 表示用户要对服务器请求哪种服务类型，常用的如 HTTP、FTP、Telnet 等。
- ://是用来分隔服务类型与服务器地址的符号。
- Host（DNSorIP）用来设置服务器的地址，可以使用其 DNS（域名）名称或 IP 地址。
- :[Port]对于 HTTP、FTP、Telnet 等常用服务，在 Internet 上使用的是公用端口，假定服务器按照标准设置了其端口号，则这部分可以省略，否则必须指定。
- File_path 用来指定资源在服务器内存放的路径。
- File_name 用来指定资源的文件名称和类型。

在 WWW 的使用上，若省略了 File_path/File_name，当你连接到 WWW 服务器时，就会自动连接到其首页（Home Page）。

4．WWW 与浏览器

WWW 浏览器（Browser）的主要功能就是提供给用户浏览超文本，通过它，一些文本的"多媒体特技"就可以轻松地展现在用户眼前，如动画等。目前市场上的多媒体浏览器以网景公司的 Netscape 和微软的 Explorer 为主。

5．WWW 的文本格式

前面所谈到的超文本，到底是如何制作的呢？WWW 的文本是依据 HTML（Hyper Text Markup Language，超文本标记语言）的语法来编辑的。事实上，这个语法，目前并没有真正的标准，因此，同样的 HTML 语法，并不一定适合于全部的浏览器。至于如何编辑 HTML 的文本，由于它是属于普通的文字文本，所以通过一般的文本编辑软件即可以对其进行编辑。另外，目前也出现了很多工具软件专门用来编辑 HTML 文本，如微软公司的 Frontpage、Macromedia 公司的 Deamweaver 等。

关于 HTML 的语法，是以对称的标记来设置各项显示的效果和功能。关于此部分的内容，读者可以参考其他有关的书籍。

7.5.2　DNS 域名系统

我们在使用 IE 浏览器浏览网页时，会输入网络地址，简称网址。这些网络地址代表着提供 Web 服务的主机在 Internet 上的地址。但事实上，这些主机地址，是依照其 IP 地址来识别它们的。若没有一个网络地址到 IP 地址的转换工具，那么我们只有记忆这些没有意义的数字，使用就十分不方便了。

1．什么是 DNS

为了不必去记忆那些难记的 IP 地址，能够通过有意义的文字来记忆网络地址，便出现了域名系统（DNS，Domain Name System）。DNS 的功能，简单地说，就是通过名称数据库将主机名称转换为 IP 地址。也可反向转换，即将 IP 地址转换为主机名称。

因特网最初使用 hosts 文件来保存网上所有主机的信息。这就意味着，当新主机接入因特网时，网上所有主机都必须更新自己的 hosts 文件。随着因特网规模的扩大，这一任务不可能及时完成。为避免修改主机上的文件，便设计了域名系统。

DNS 使用分布式数据库体系结构，从而避免了在整个网络中用 FTP 传输更新后的主机文件。

2. DNS 的分层管理

从概念上说，DNS 主要包含了两个重要概念：一是层次化；二是采用分布式数据库管理。从层次结构上看，DNS 的层次结构属于倒置的树型结构，根在顶部，分支在下面，如图 7.16 所示描述了因特网中 DNS 的层次式的命名方式。

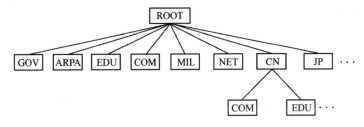

图 7.16　DNS 层次式的命名方式

根节点中包含了自身的信息以及其下的顶级域名信息，其中：

GOV：政府机构。

EDU：教育性机构。

ARPA：ARPANET 主机。

COM：商业机构。

MIL：军事组织。

NET：网络支持机构。

CN：国家代码，表示除美国以外的国家。

其中，COM、EDU、GOV、MIL、NET、ORG 称为一般顶级域名。而 CN、JP 等国家代码称为国家代码顶级域名。

从以上 DNS 的结构来看，域名的命名是层次化的，在同一域不可以有相同的主机名称。但主机若处于不同的域中，则主机的名称可以相同。例如，

yahoo.com　　　　　主机在域 com 中

yahoo.com.cn　　　　主机在域 com.cn 中

3. DNS 组件

要想更好地理解 DNS，还应该对其功能组件有所了解。DNS 的组件有：

● 域：域名的最后一部分称为域。如 zzu.edu.cn，这里的 cn 就是域。每个域还可以再细分为若干个子域，如 cn 域又可划分为 edu、com 等多个子域。

● 域名：DNS 将域名定义成主机名和子域、域的一个序列。主机名和子域、域以"."分开，如 zzu.edu.cn，yahoo.com.cn 等。

● 名称服务器：主机上的一个程序，提供域名到 IP 地址的映射。此外，名称服务器还

可以指代一台专门用于名称服务的机器，在上面运行了名称服务器软件供客户查询。
- 名称解析器：与名称服务器交互的客户软件，有时就简单地称作 DNS 客户。
- 名称缓存：用于存储常用信息的存储器。

4．DNS 的工作原理

DNS 的工作过程实际上就是一个域名解析的过程。域名解析的过程如图 7.17 所示，网络中有 5 台主机。在这 5 台主机中，主机 B 被指定为名称服务器，B 中有一个数据库，其中有网络中各个主机的名称与 IP 地址的对应列表，主机名和 IP 地址一一对应。当主机 A 的用户要与主机 C 通信时，其名称解析器检查本地缓存，如果未找到匹配项，则名称解析器向名称服务器发送一个请求（也可以称作查询）。接下来，名称服务器在自己的缓存里寻找匹配项。如果没有找到，则检查自己的数据库。名称服务器在缓存和数据库中都找不到此名称的情况在图 7.17 中没有示出；此时它必须向离它最近的另一个名称服务器转发此请求，然后再将结果返回给主机 A。

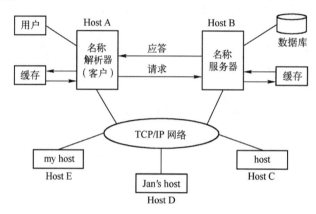

图 7.17　DNS 的工作过程

7.5.3　E-mail 电子邮件传输协议

1．电子邮件的工作原理

电子邮件的工作过程遵循客户机/服务器模式。每份电子邮件的发送都要涉及发送方与接收方，发送方构成客户端，而接收方构成服务器，服务器含有众多用户的电子信箱。发送方通过邮件客户程序，将编辑好的电子邮件向邮件服务器（SMTP 服务器）发送。邮件服务器识别接收者的地址，并向管理该地址的邮件服务器（POP3 服务器）发送邮件。邮件服务器将邮件存放在接收者的电子信箱内，并告知接收者有新邮件到来。接收者通过邮件客户程序连接到服务器后，就会看到服务器的通知，进而打开自己的电子信箱来查收邮件。

通常 Internet 上的个人用户不能直接接收电子邮件，而是通过申请 ISP 主机的一个电子信箱，由 ISP 主机负责电子邮件的接收。一旦有用户的电子邮件到来，ISP 主机就将邮件移到用户的电子信箱内，并通知用户有新邮件。因此当发送一封电子邮件给另一个客户时，电子邮件首先从用户计算机发送到 ISP 主机，然后到 Internet，再到收件人的 ISP 主机，最后到收件人的个人计算机。电子邮件工作过程如图 7.18 所示。

ISP 主机起着"邮局"的作用，管理着众多用户的电子信箱。每个用户的电子信箱实际上就是用户所申请的账号。每个用户的电子邮件信箱都要占用 ISP 主机一定容量的硬盘空间，由于这一空间是有限的，因此用户要定期查收和阅读电子信箱中的邮件，以便腾出空间来接收新的邮件。

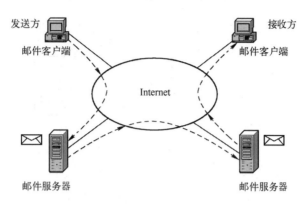

图 7.18　电子邮件的工作过程

电子邮件在发送与接收过程中都要遵循 SMTP、POP3 等协议，这些协议确保了电子邮件在各种不同系统之间的传输，其中，SMTP 负责电子邮件的发送，而 POP3 则用于接收 Internet 上的电子邮件。

2. 电子邮件地址

电子邮件如真实生活中人们常用的信件一样，有收信人姓名、收信人地址等。电子邮件地址的结构是：用户名@邮件服务器名。其中，用户名就是用户使用的登录名，而@后面的是邮局方服务计算机的标识（域名），都是邮局方给定的，如 info@kingpolo.net 即为一个邮件地址。

3. 常用的电子邮件协议

常用的电子邮件协议有 SMTP、POP3、MIME、IMAP 等。下面我们简要介绍一下 SMTP 和 POP3 协议。

（1）SMTP（Simple Mail Transfer Protocol）即简单邮件传输协议，它是一组用于由源地址到目的地址传送邮件的规则，由它来控制信件的中转方式。SMTP 协议属于 TCP/IP 协议簇，它帮助每台计算机在发送或中转信件时找到下一个目的地。通过 SMTP 协议所指定的服务器，我们就可以把电子邮件寄到收信人的服务器上了，整个过程只要几分钟或更短时间。SMTP 服务器则是遵循 SMTP 协议的发送邮件服务器，用来发送或中转发出的电子邮件。

（2）POP3（Post Office Protocol 3）是邮局协议的第 3 个版本，它规定怎样将个人计算机连接到 Internet 的邮件服务器。它是下载电子邮件的协议，也是因特网电子邮件的一个离线协议标准。POP3 允许用户从服务器上把邮件存储到本地主机（即自己的计算机）上，允许删除保存在邮件服务器上的邮件。而 POP3 服务器则是遵循 POP3 协议的接收邮件服务器，用来接收电子邮件。

一般在邮件主机上同时运行 SMTP 和 POP3 协议的程序，SMTP 负责邮件的发送以及在邮件主机上的分拣和存储，POP3 协议负责将邮件通过 SLIP/PPP（串型线路 IP/点对点）连接传送到用户的主机上。POP3 是一种只负责接收邮件的协议，不能通过它发送邮件。所以在一些基于 Winsock 的电子邮件程序中都需要设定 SMTP 和 POP3 服务器的地址。通常，二者在同一个主机上，即一个 IP 地址。由服务器中的 SMTP 程序发送邮件，由 POP3 程序将邮件发回到本地主机。SMTP 和 POP3 协议的应用如图 7.19 所示。

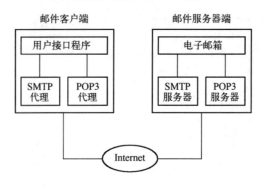

图 7.19　SMTP 和 POP3 协议的运用

7.5.4　Telnet 协议

Telnet 协议是 TCP/IP 协议簇中高层协议的一员，是 Internet 远程登录服务的标准协议。应用 Telnet 协议能够把本地用户所使用的计算机变成远程主机系统的一个终端。通过使用 Telnet，Internet 用户可以与全世界许多信息中心、图书馆及其他信息资源联系。Telnet 远程登录的使用主要有两种情况：第一种是用户在远程主机上有自己的账号（Account），即用户拥有注册的用户名和口令；第二种是许多 Internet 主机为用户提供了某种形式的公共 Telnet 信息资源，这种资源对于每一个 Telnet 用户都是开放的。

1．Telnet 的工作原理

当用户用 Telnet 登录进入远程计算机系统时，用户事实上启动了两个程序：一个是 Telnet 客户程序，它运行在用户的本地主机上；另一个是 Telnet 服务器程序，它运行在用户要登录的远程计算机上。Telnet 的工作原理如图 7.20 所示。

图 7.20　远程登录的工作过程

远程登录遵从客户机/服务器模式，当本地计算机用户决定登录到远程系统上时，要激活一个远程登录服务的应用程序，输入要连接的远程计算机名字。远程登录服务应用程序成为一个客户，通过 Internet 使用 TCP/IP 连接到远程计算机上的服务器程序。服务器向客户发送与在普通终端上完全相同的登录提示。

如图 7.20 所示，客户和服务器之间的连接一旦建立，远程登录软件就允许用户直接与远程计算机交互。当用户按下键盘上的一个键或移动鼠标时，客户应用程序将有关数据通过连接发送给远程计算机。当远程计算机上的应用程序产生输出后，服务器就将输出结果送回给客户，也就是说，通过 Internet 进行远程登录要使用两个程序。用户激活本地计算机上的应用程序，该本地应用程序将用户的键盘和显示设备连接到远程分时系统上。

用户退出远程计算机登录后，远程计算机的服务器结束与用户的 Internet 连接，键盘和显示的控制权又回到本地计算机。

2．利用 Windows95/98 实现远程登录

Windows95/98 的 Telnet 客户程序是属于 Windows95/98 的命令行程序中的一种。在安装 Microsoft TCP/IP 时，Telnet 客户程序会被自动安装到系统上。利用 Windows95/98 的 Telnet 客户程序进行远程登录，步骤如下：

（1）连接到 Internet。

（2）选择"开始"菜单中的"运行"或者选择"程序"菜单下的"MS-DOS 提示方式"便可转换至命令提示符下。

（3）在命令提示符下，按下列两种方法中的任一种与 Telnet 连接。

① 一种方法是，输入"telnet"命令、空格以及相应的 telnet 的主机地址。如果主机提示你输入一个端口号，则可在主机地址后加上一个空格，再紧跟上相应的端口号，然后按回车键。

② 另一种方法是，输入"telnet"命令并按回车键，打开 Telnet 主窗口。在该窗口中，选择"连接"下的"远程系统"，如有必要，可以在随后出现的对话框中输入主机名和端口号，然后单击"连接"按钮。

与 Telnet 的远程主机连接成功后，计算机会提示你输入用户名和密码，若连接的是 BBS、Archie、Gopher 等免费服务系统，则可以通过输入 bbs、archie 或 gopher 作为用户名，就可以进入远程主机系统。

7.5.5 FTP 文件传输协议

FTP（File Transfer Protocol，文件传输协议）是 Internet 上使用非常广泛的一种通信协议。FTP 可以使 Internet 用户把文件从一个主机拷贝到另一个主机上，因而为用户提供了极大的方便和收益。FTP 通常也表示用户执行这个协议所使用的应用程序。FTP 和其他 Internet 服务一样，也是采用客户机/服务器方式。

1．FTP 的工作原理

FTP 必须通过两种程序来达到文件传输的目的：一是控制连接程序；一是数据传输程序。当客户端和服务器端建立 FTP 连接时，二者都必须建立上述的两种程序。控制连接程序主要负责传输客户端和服务器端之间的控制信息；而数据传输程序则必须建立在双方已先完成的控制连接程序的基础之上，其主要的目的是提供数据传输。FTP 的工作过程如图 7.21 所示。

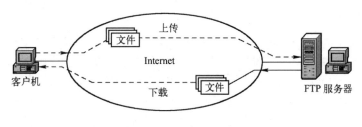

图 7.21　FTP 的工作过程

假设客户端要向服务器要求 FTP 服务，首先使用 FTP 的命令在客户端建立控制连接程序；同样地，服务器也会建立控制连接程序，以便和客户端建立控制信息的联络渠道。接着，服务器建立数据传输程序，再通过控制连接程序要求客户端也建立数据传输程序。当数据传输程序建立完成后，双方便可以进行文件的相关传输了。

在数据传输的过程中，当数据传输结束时，双方的数据传输程序便会中断，但控制连接程序仍保持着双方的连接，客户端可随时再向服务器提出 FTP 的服务请求。一旦新请求提出后，双方的数据传输程序便会重新建立。

若用户要完全结束文件传输服务时，可以先下达 CLOSE 命令，使双方的控制连接程序中断，然后下达 QUIT 命令，便可完全退出 FTP 的服务。

2．FTP 的使用

FTP 的使用方法很简单，启动 FTP 客户端程序先与远程主机建立连接，然后向远程主机发出文件传输命令，远程主机在收到命令后就给予响应，并执行相关的操作。目前 Windows 操作系统环境中最常用的 FTP 软件有 CuteFTP、WS-FTP、NetAnt 等。FTP 有一个很大的限制是，如果用户未被某一 FTP 主机授权，就不能访问该主机，即用户不能远程登录（Remote Login）进入该主机。也就是说，如果用户在某个主机上没有注册获得授权，没有用户名和口令，就不能与该主机进行文件的传输，但在 Internet 上有很多 FTP 服务器开放了匿名访问权限，即任何用户无须账号和密码都可以匿名登录。

7.5.6　SNMP 简单网络管理协议

SNMP（Simple Network Management Protocol，简单网络管理协议）首先是由 Internet 工程任务组（Internet Engineering Task Force，IETF）为解决 Internet 上的路由器管理问题而提出的。许多人认为 SNMP 在 IP 上运行的原因是 Internet 运行的是 TCP/IP 协议，然而事实并不是这样。SNMP 被设计成与协议无关，所以它可以在 IP、IPX（互连网络数据包交换，主要由 NetWare 操作系统使用）、AppleTalk（苹果公司开发的局域网协议簇）、OSI 以及其他用到的传输协议上被使用。

SNMP 协议提供了一种从网络上的设备中收集网络管理信息的方法。SNMP 也为设备向网络管理工作站报告问题和错误提供了一种方法。

从被管理设备中收集数据有两种方法：一种是只轮询（polling-only）的方法；另一种是基于中断（interrupt-based）的方法。

只轮询的方法的缺陷在于获得信息的实时性差，尤其是错误的实时性差。多久轮询一次，并且在轮询时按照什么样的设备顺序，都是需要注意的问题。如果轮询间隔太小，那么将产生太多不必要的通信量；如果轮询间隔太大，并且在轮询时顺序不对，那么一些大的故障事件的通知又会太慢，这就违背了积极主动的网络管理目的。

当有异常事件发生时，基于中断的方法可以立即通知网络管理工作站。然而，这种方法也不是没有缺陷的。首先，产生错误或自陷（trap，指被管理的设备在发生某些致命错误时主动向网络管理工作站发信息）需要系统资源。如果自陷必须转发大量的信息，那么被管理设备可能不得不消耗更多的时间和系统资源来产生自陷，从而影响它所执行的主要功能。

而且，如果几个同类型的自陷事件接连发生，那么大量网络带宽可能将被相同的信息所占用，尤其是如果自陷是关于网络拥挤问题的时候，事情就会变得特别糟糕。克服这一缺陷的一种方法是对被管理设备设置关于什么时候报告问题的阈值（threshold）。但这种方法可能使设备必须消耗更多的时间和系统资源来决定一个自陷是否应该产生。

面向自陷的轮询方法（trap-directed polling）可能是执行网络管理最为有效的方法了。一般来说，网络管理工作站通过轮询在被管理设备中的代理来收集数据，在控制台上用数字或图形的表示方式来显示这些数据，网络管理员据此分析和管理网络设备以及网络通信量。被管理设备中的代理可以在任何时候向网络管理工作站报告错误情况。代理并不需要等到管理工作站为获得这些错误情况而轮询到它的时候才会报告。在这种结合的方法中，当一个设备产生了一个自陷时，你可以使用网络管理工作站来查询该设备（假设它仍然是可到达的），以获得更多的信息。

7.5.7　NFS 网络文件系统

NFS（Network File System，网络文件系统）是由 SUN 微系统公司（SUN Microsystem，Inc）开发并被 IETF 接受，纳入 RFC，作为文件服务的一种标准（RFC1904，RFC1813）。NFS 基于客户机/服务器结构，通过 RPC（远程过程调用）实现。NFS 主要是提供在线文件透明化的访问服务。

所谓透明化，是指当用户使用 NFS 访问文件时，不必指定文件是本地的还是远程的；同样地，文件名称也不必标记此文件是本地的或是远程的。换句话说，用户在访问本地或是远程的文件时，所用的方法是相同的。

NFS 要达到提供透明化的文件访问功能,必须配合两个协议,即远程过程调用协议（RPC）与外部数据表示协议（XDR）。

RPC 的主要功能，在于提供一种共享的远程过程调用功能，使得用户使用应用程序时可以调用远程服务器，要求其提供多项功能，并将执行后的结果返回本地的应用程序。而 XDR 的功能则是提供"异质性"机器之间的标准数据表示方式。

7.5.8　常用网络检测命令

可能经常会遇到这样一种情形：访问某一个网站时可能会花费好长时间来进行连接，或者根本就无法访问需要的网站。那如何才能知道线路质量的好坏呢？掌握下面的几个网络测试命令将有助于更好地使用和维护网络。

1．IP 测试工具 Ping

Ping 是 Windows95/98/NT 中集成的一个 TCP/IP 协议探测工具，它只能在有 TCP/IP 协议的网络中使用。

Ping 命令的使用格式：

ping 目的地址[参数 1][参数 2]……

目的地址是指被测试的计算机的 IP 地址或是域名。后面可带的参数有：

a——解析主机地址。

n——发出的测试包的个数，默认值为 4。

l——发送缓冲区的大小。

t——继续执行 Ping 命令，直到用户按 Ctrl+C 组合键终止。

Ping 命令可以在"开始/运行"中执行，也可以在 MS-DOS 下执行。另外一些有关的参数，可以通过 MS-DOS 提示符下运行 Ping 或 Ping/？命令来查看。

如果要检查某台计算机上 TCP/IP 协议的工作情况，可以在网络中其他计算机上 Ping 该计算机的 IP 地址，假如要检测的计算机 IP 地址为 192.168.0.2，Ping 命令将显示如下的信息：

Pinging 192.168.0.2 with 32bytes of data:
Reply from 192.168.0.2:bytes=32 time=lms TTL=128
Reply from 192.168.0.2:bytes=32time<10ms TTL=128
Reply from 192.168.0.2:bytes=32 time<10ms TTL=128
Reply from 192.168.0.2：bytes=32 time<10ms TTL=128
Ping statistics for 192.168.0.2:
    Packets:Sent=4，Received=4，Lost=0（0%loss），
Approximate round trip times in milli-seconds:
    Minimum=0ms，Maximum=1ms，Average=0ms

以上返回了 4 个测试数据包，其中 bytes=32 表示测试中发送的数据包的大小是 32 个字节，time<10ms 表示与对方主机往返一次所用的时间小于 10ms，TTL=128 表示当前测试使用的 TTL（Time To Live）值为 128（系统默认值）。

如果不正确的话，则会返回如下信息：

Pinging 192.168.0.2 with 32bytes of data：
Request timed out
Request timed out
Request timed out
Request timed out
Ping statistics for 192.168.0.2:
    Packets:Sent=4，Received=0，Lost=0（100%loss），
Approximate round trip times in milli-seconds:
    Minimum=0ms，Maximum=0ms，Average=0ms

出现以上情况时一般应注意以下问题：

（1）检查本机和被测试的计算机的网卡显示灯是否亮，来判断是否已经连入网络。

（2）是否已经安装了 TCP/IP 协议。

（3）网卡是否安装正确，IP 地址是否被其他用户占用。

（4）检查网卡的 I/O 地址、IRQ 值和 DMA 值，是否与其他设备发生冲突。

（5）NT 服务器的网络服务功能是否已经启动。

如果还是无法解决，建议用户重新安装和配置 TCP/IP 协议。

Ping 在 Internet 中也经常用来探测网络的远程连接情况，如在大家发送邮件时可以先 Ping 对方服务器地址。例如，你发给别的用户的邮件地址是 DDD_RR@163.com，你可以先输入 Ping 163.com 来进行测试，如果返回的是"Bad IP address 163.com"等信息，说明对方的主机没有打开或是网络不通，即使你发了邮件，对方也是收不到的。

2．测试 TCP/IP 协议配置工具 Ipconfig

Ipconfig 可以查看和修改网络中的 TCP/IP 协议的有关配置，如 IP 地址、子卡掩码、网

关等。在 Windows95/98/NT 中都能使用，在 NT 中只能运行在 DOS 方式下。Ipconfig 是一个很有用的工具，特别是当用户的网络设置的是 DHCP（动态 IP 地址配置协议），Ipconfig 可以很方便地了解到 IP 地址的实际配置情况。

Ipconfig 的命令格式是：

Ipconfig[参数 1][参数 2]……

其中比较实用的参数是：

all——显示 TCP/IP 协议的细节，如主机名，节点类型，网卡的物理地址，默认网关等。

Batch[文本文件名]——将测试的结果存入指定的文本文件名中。

例如，在一台计算机上运行 Ipconfig/all/batchwq.txt，就会非常详细地显示 TCP/IP 协议的配置情况并存入到文件 wq.txt 中。

还有一些其他的参数，可以在 DOS 的提示符下输入 Ipconfig/？命令来查看。

3. 测试 TCP/IP 协议配置工具 Winipcfg

Winipcfg 的功能和 Ipconfig 基本相同。不同的是 Winipcfg 用的是图形界面，且 Winipcfg 在操作上更为方便，同时 Winipcfg 在 NT 中不可使用。

当我们需要查看一台计算机上 TCP/IP 协议的配置情况，只要在 Windows95/98 上的"开始/运行"上输入 Winipcfg 命令，就可以得到测试的结果。

4. 网络协议统计工具 Netstat

Netstat 也是运行在 Windows95/98/NT 的 DOS 提示符下的工具，这个工具可以显示有关的统计信息和当前 TCP/IP 网络连接情况，可以得到非常详细的统计结果。

Netstat 的命令格式是：

Netstat[-参数 1][-参数 2]……

主要参数如下：

a——显示所有与该主机建立连接的端口信息。

e——显示以太网的统计信息，一般与 s 参数共同使用。

n——以数字格式显示地址和端口信息。

s——显示每个协议的统计情况，这些协议主要有 TCP、UDP、ICMP 和 IP，这些协议在进行网络性能测评时是很有用的。

其他的参数可以在 DOS 的提示符下输入 Netstat/?命令来查看。

5. NetBIOS 解析工具 Nbstat

Nbstat 命令用于显示本地计算机和远程计算机的基于 TCP/IP（NetBT）协议的 NetBIOS 统计资料、NetBIOS 名称表和名称缓存。Nbstat 可以刷新 NetBIOS 名称缓存和注册的 Windows Internet 名称服务（WINS）名称。使用不带参数的 NBTSTAT 显示帮助。

Nbstat 的命令格式是：

Nbstat[-参数 1][-参数 2]……

主要参数如下：

n——显示系统注册在本地的 NetBIOS 名字和服务程序。

c——显示 NetBIOS 缓存及其他计算机的名称与地址的映射。

R——用于清除和重新加载 NetBIOS 名字高速缓存。

RR——释放在 WINS 服务器上注册的 NetBIOS 名字，然后刷新它们的注册。

A——使用远程计算机的 IP 地址并列出名称表。

a——对指定 name 的计算机执行 NetBIOS 适配器状态命令。适配器状态命令将返回计算机的本地 NetBIOS 名称表，以及适配器的媒体访问控制地址。

S——列出当前的 NetBIOS 会话及其状态（包括统计），只通过 IP 地址列出远程计算机。
其他的参数可以在 DOS 的提示符下输入 Nbstat/?命令来查看。

6. 路由跟踪程序 Tracert

Tracert 是一个路由跟踪程序，用于显示 IP 数据报访问目标所经过的路由。Tracert 命令用 IP 生存时间（TTL）字段和 ICMP 错误消息来确定数据包到达目的主机所经过的路径，显示数据包经过的路由和到达时间。

Tracert 的命令格式是：

Tracert[-参数 1][-参数 2]……

主要参数如下：

d——不解析目标主机的名称。

h——指定搜索到目标地址的最大跳跃数。

j——按照主机列表中的地址释放源路由。

w——指定超时时间间隔，程序默认的时间单位是毫秒。

r——用于清除和重新加载 NetBIOS 名字高速缓存。
其他的参数可以在 DOS 的提示符下输入 Tracert/?命令来查看。

7. 地址解析协议 ARP

ARP 是一个重要的 TCP/IP 协议，用于确定对应 IP 地址的网卡物理地址。ARP 命令能够查看本地或另一台计算机的 ARP 高速缓存中的当前内容。此外，使用该命令，也可以用人工方式输入静态的网卡物理/IP 地址对，我们可能会使用这种方式为默认网关和本地服务器等常用主机进行这项作，有助于减少网络上的信息量。

ARP 的命令格式是：

ARP[-参数 1][-参数 2]……

主要参数如下：

a——显示计算机当前 ARP 缓存中的内容。

d——在 ARP 缓存中删除的 IP 项。可以使用 * 来删除所有项。

s——向 ARP 缓存添加可将 IP 地址解析成物理地址的静态项。
其他的参数可以在 DOS 的提示符下输入 ARP/? 命令来查看。

7.6　因特网的基本概念

7.6.1　什么是因特网

因特网（Internet）又称国际计算机互联网，是目前世界上影响最大的国际性计算机网络。其准确的描述是：因特网是一个网络的网络（a network of network）。它以 TCP/IP 网络协议将各种不同类型、不同规模、位于不同地理位置的物理网络连接成一个整体。它也是一个国际性的通信网络集合体，融合了现代通信技术和现代计算机技术，集各个部门、领域的各种信息资源为一体，从而构成网上用户共享的信息资源网。它的出现是世界由工业化走向信息化的必然和象征。

7.6.2　因特网的发展历史

因特网最早源于 1969 年美国国防部高级研究计划局（Defense Advanced Research Projects Agency，DARPA）建立的 ARPANet。最初的 ARPANet 主要用于军事研究目的。1972年，ARPANet 首次与公众见面，由此成为现代计算机网络诞生的标志。ARPANet 在技术上的另一个重大贡献是 TCP/IP 协议簇的开发和使用。ARPANet 试验并奠定了因特网存在和发展的基础，较好地解决了异种计算机网络之间互连的一系列理论和技术问题。

同时，局域网和其他广域网的产生和发展对因特网的进一步发展起了重要作用。其中，最有影响的就是美国国家科学基金会（National Science Foundation，NSF）建立的美国国家科学基金网 NSFNet，它于 1990 年 6 月彻底取代了 ARPANet 而成为因特网的主干网。NSFNet对因特网的最大贡献是使因特网向全社会开放。随着网上通信量的迅猛增长，1990 年 9 月，由 Merit、IBM 和 MCI 公司联合建立了先进网络与科学公司 ANS（Advanced Network&Science，Inc），其目的是建立一个全美范围的 T3 级主干网，即能以 45Mbps 的速率传送数据，相当于每秒传送 1400 页文本信息。到 1991 年底，NSFNet 的全部主干网都已同 ANS 提供的 T3 级主干网相通。

近 20 年来，随着社会、科技、文化和经济的发展，特别是计算机网络技术和通信技术的发展，人们对开发和使用信息资源越来越重视，极大地促进了因特网的发展。在因特网上，按从事的业务分类包括了广告、交通、农业、艺术、书店、化工、通信、计算机、咨询、娱乐、财贸、各类商店、旅馆等 100 多类，覆盖了社会生活的方方面面，构成了一个信息社会的缩影。

7.6.3　因特网的结构特点

Internet 采用了目前最流行的客户机/服务器工作模式，凡是使用 TCP/IP 协议，并能与Internet 的任意主机进行通信的计算机，无论是何种类型、采用何种操作系统，均可看成是Internet 的一部分。

严格地说，用户并不是将自己的计算机直接连接到 Internet 上，而是连接到其中的某个网络上，再由该网络通过网络干线与其他网络相连。网络干线之间通过路由器互连，使得各个网络上的计算机都能相互进行数据和信息传输。例如，用户的计算机通过拨号上网，连接到本地的某个 Internet 服务提供商（ISP）的主机上，而 ISP 的主机通过高速干线与本国及世界各国各地区的无数主机相连，这样，用户仅通过一阶 ISP 的主机，便可遍访 Internet。由此也可以说，Internet 是分布在全球的 ISP 通过高速通信干线连接而成的网络。

Internet 这样的结构形式，使其具有如下的众多特点：

（1）灵活多样的入网方式。这是由于 TCP/IP 成功地解决了不同的硬件平台、网络产品、操作系统之间的兼容性问题。

（2）采用了分布式网络中最为流行的客户机/服务器模式，大大提高了网络信息服务的灵活性。

（3）将网络技术、多媒体技术融为一体，体现了现代多种信息技术互相融合的发展趋势。

（4）方便易行。任何地方仅需通过电话线、普通计算机即可接入 Internet。

（5）向用户提供极其丰富的信息资源，包括大量免费使用的资源。

（6）具有完善的服务功能和友好的用户界面，操作简便，无须用户掌握更多的专业计算机知识。

7.6.4　因特网的关键技术

1. TCP/IP 技术

有关 TCP/IP 的原理在前面已经做过介绍。TCP/IP 是 Internet 的核心，利用 TCP/IP 协议可以方便地实现多个网络的无缝连接。TCP/IP 的层次模型分为 4 层，其最高层相当于 OSI 的 5～7 层，该层中包括了所有的高层协议，如常见的文件传输协议 FTP、电子邮件 SMTP、域名系统 DNS、网络管理协议 SNMP、访问 WWW 的超文本传输协议 HTTP 等。TCP/IP 的次高层相当于 OSI 的传输层，该层负责在源主机和目的主机之间提供端到端的数据传输服务。这一层上主要定义了两个协议：面向连接的传输控制协议 TCP 和无连接的用户数据报协议 UDP。TCP/IP 的第三层相当于 OSI 的网络层，该层负责将分组独立地从信源传送到信宿，主要解决路由选择、阻塞控制及网络互连问题。这一层上定义了互联网协议 IP、地址转换协议 ARP、反向地址转换协议 RARP 和互联网控制报文协议 ICMP 等协议。TCP/IP 的最低层为网络接口层，该层负责将 IP 分组封装成适合在物理网络上传输的帧格式并发送出去或将从物理网络接收到的帧卸装并递交给高层。这一层与物理网络的具体实现有关，自身并无专用的协议，事实上，任何能传输 IP 分组的协议都可以运行。该层一般不需要专门的 TCP/IP 协议，各物理网络可使用自己的数据链路层协议和物理层协议。

2. 标识技术

（1）主机 IP 地址。为了确保通信时能相互识别，在 Internet 上的每台主机都必须有一个唯一的标识，即主机的 IP 地址。IP 协议就是根据 IP 地址实现信息传递的。

IP 地址由 32 位（即 4 字节）二进制数组成，为书写方便起见，常将每个字节作为一段并以十进制数来表示，每段间用"."分隔。例如，202.96.209.5 就是一个合法的 IP 地址。

IP 地址由网络标识和主机标识两部分组成。在 IP 地址的某个网络标识中，可以包含大量的主机标识（如 A 类地址的主机标识域为 24 位、B 类地址的主机标识域为 16 位），而在实际应用中不可能将这么多的主机连接到单一的网络中，这将给网络寻址和管理带来不便。为解决这个问题，可以在网络中引入"子网"的概念。注意，这里的"子网"与前面所说的通信子网是两个完全不同的概念。

将主机标识域进一步划分为子网标识和子网主机标识，通过灵活定义子网标识域的位数，可以控制每个子网的规模。将一个大型网络划分为若干个既相对独立又相互联系的子网后，网络内部各子网便可独立寻址和管理，各子网间通过跨子网的路由器连接，这样也提高了网络的安全性。

利用子网掩码可以判断两台主机是否在同一子网中。子网掩码与 IP 地址一样也是 32 位二进制数，不同的是它的子网主机标识部分为全"0"。若两台主机的 IP 地址分别与它们的子网掩码相"与"后的结果相同，则说明这两台主机在同一子网中。

（2）域名系统（DNS）和统一资源定位器（URL）。32 位二进制数的 IP 地址对计算机寻址来说十分有效，但用户使用和记忆都很不方便。为此，Internet 引进了字符形式的 IP 地址，即域名。域名采用层次结构的基于"域"的命名方案，每一层由一个子域名间用"."分隔，其格式为：

机器名.网络名.机构名.最高域名

Internet 上的域名由域名系统 DNS（Domain Name System）统一管理。DNS 是一个分布式数据库系统，由域名空间、域名服务器和地址转换请求程序三部分组成。有了 DNS，凡域名空间中有定义的域名都可以有效地转换为对应的 IP 地址，同样，IP 地址也可通过 DNS 转换成域名。

WWW 上的每一个网页都有一个独立的地址，这些地址称为统一资源定位器（URL），只要知道某网页的 URL，便可直接打开该网页。例如，在 Internet 浏览器的 URL 输入框（即地址输入框）输入：

http://www.online.sh.cn

按回车键后即可进入"中国上海热线"的主页。

（3）用户 E-mail 地址。用户 E-mail 地址的格式为：用户名@主机域名。其中，用户名是用户在邮件服务器上的信箱名，通常为用户的注册名、姓名或其他代号；主机域名则是邮件服务器的域名。用户名和主机域名之间用"@"分隔。例如，hmchang@online.sh.cn 即表示域名为"online.sh.cn"的邮件服务器上的用户"hmchang"的 E-mail 地址。

由于主机域名在 Internet 上的唯一性，所以，只要 E-mail 地址中用户名在该邮件服务器中是唯一的，则这个 E-mail 地址在整个 Internet 上也是唯一的。

7.6.5 Internet 的体系结构

Internet 是世界上最大的计算机网络。它几乎覆盖了整个世界，因此称为国际互联网。它是分布在许多企业、事业单位、公司、学校的局域网，通过路由器（Router）和数字数据网（DDN）或无线通信（微波）线路接入 Internet 形成的网间网，其结构如图 7.22 所示。

1．Internet 的硬件结构

在 Internet 上，接有数以万计的不同结构、不同操作系统的计算机，但它们却遵循统一的 TCP/IP 协议簇，完成计算机之间的信息传递。

（1）局域网（LAN）。在 Internet 上有许多局域网，最有代表性的且性能最好的是 Ethernet。随着当今高速网络技术和设备的发展，涌现出许多新的技术和设备，如 FDDI（Fiber

Distributed Data Interface）、快速以太网（Fast Ethernet）和 ATM（Asynchronous Transfer Mode），其速度已从 10Mbps 发展到 100Mbps。这些为 Internet 上高速大流量传输信息提供了良好的硬件环境。

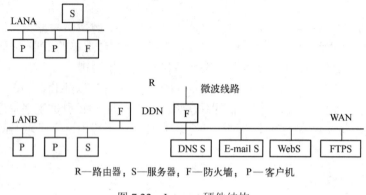

R—路由器；S—服务器；F—防火墙；P—客户机

图 7.22　Internet 硬件结构

（2）客户机（Client）。客户机为用户上网操作提供平台。这些客户机并不要求为同构机，都可以通过服务器发送和接收信息，共享服务器上的信息资源。随着 Internet 软件技术发展和 Java 语言应用，客户机在 Internet 上为用户提供更为广泛的应用平台。

（3）路由器（Router）。路由器的作用是把两个相似或不同体系结构的局域网连接起来，构成一个大的局域网或广域网。路由器工作在 OSI 模型的网络层上，它对通过的信息按特殊的协议和交换方式进行过滤，并且路由器只允许含有指定 IP 地址的信息在子网间传递，其工作是智能的。

（4）服务器（Server）。服务器是 Internet 的核心硬件设备，它为某个子网或整个网络提供信息服务和管理服务。在 Internet 中，某子网的服务器选用一个高档微机即可，而广域网或整个网则要选用 IBM 大型机或 SUN 公司的专用工作站。对服务器的一般要求是大容量内存、海量的外存和高性能的 CPU 系统，以满足管理软件、服务软件高速运行和各种信息资源存取安全可靠。在 Internet 上的服务器由于用途不同，可分为不同类型的服务器，如 DNS（域名服务器）、E-mail Server、Web Server、FTP Server 等。

（5）调制解调器（MODEM）。调制解调器的功能是将来自计算机的数字信息转换成可在远程通信线路上传输的模拟信号，或将接收到的模拟信息转换成数字信号送给计算机。远地用户常用 MODEM 和电话线与服务器相连，再和 Internet 接通，共享网上资源。

（6）远程访问服务器（Remote Access Server）。远程访问服务器主要是为实现网上拨入/拨出应用提供连接，如拨号连接 PPP（Point to Point Protocol）和 SLIP（Serial Line Internet Protocol），就是通过远程访问服务器和调制解调器配合，实现路由选择和协议筛选的。

（7）网关（Gateway）和网桥（Bridge）。网关是把不同体系结构的网络连接在一起的设备。网关的功能是对由网络操作系统的差异而引起的不同协议之间进行转换。

网桥是连接相同或相似体系结构网络的设备。它完成数据链路层的功能，需要有相同的逻辑控制协议（LLC），但可有不同的介质访问控制协议（MAC），负责将数据帧传送到另一个网络。

（8）防火墙（Firewall）。防火墙是为了保障网络上信息的安全而采取的措施。它是由软件系统和硬件设备组成的屏障。防火墙的功能是防止非法入侵、非法使用资源，并能记录下所有可能的事件，还能执行赋予的安全管理措施。

2．Internet 的软件结构

Internet 软件结构与 WWW 结构模式密切相关。WWW 技术的基本结构方式为浏览器/服务器的工作模式（即客户机/服务器），如图 8.4 所示。该软件结构以 HTML、Java 语言、HTTP 协议和统一资源定位器（URL）为基础，通过 WWW 浏览器发出请求，WWW 服务器做出响应建立连接，实现用户的信息访问。另外还可通过公共网关接口（CGI），实现对外部应用软件连接访问。

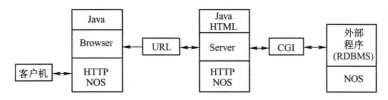

图 7.23　Internet 软件结构

如图 8.4 所示可看出软件大体由 4 部分组成：网络操作系统、客户端软件（包括浏览器软件、Java 软件）、服务器软件（包括 WWW 服务器软件、Java 软件）以及安全管理软件。

（1）WWW 浏览器（WWW Browser）。网络浏览器是 WWW 服务的客户端程序，它负责与 WWW 服务器建立连接，发送 WWW 的访问请求、处理 HTML 超媒体文件、提供客户图形用户界面（GUI）等。

目前流行的浏览器软件产品有 Netscape 公司的 Navigator、Microsoft 公司的 Explorer 和 Notes 等。

（2）统一资源定位器（URL）。Internet 是一个极其庞大的网络，当通过 WWW 客户机访问 Internet 上的资源时，必须有一个名字和地址来标识这些资源，这个名字就是 WWW 的统一资源定位器（URL）。

（3）WWW 服务器（Web Server）。在 Internet 上有许多可使用的高层协议，分别以相应的服务软件完成特定的任务，如电子邮件、FTP、Gopher（一个分布式的文件检索和获取系统）、Telnet 和 WAIS（广域信息服务）等，HTTP 协议综合了这些协议以提供更有效的查询定位。基于 HTTP 协议的 WWW 服务器软件比较多，但工作原理都相同。下面给出最具有代表性的服务软件和支持的操作系统。

① Web Server 软件：

Netscape Communication Server。

Netscape Commerce Server。

NCSA HTTPD（美国国家超级计算应用中心开发的 Web 服务器软件）。

② 可选的操作系统：

UNIX。

OS/2。

Windows95/98。

Windows NT。

Macintosh。

（4）CGI 管理软件。CGI（公共网关接口）是运行在服务器上的一段称序，它为 WWW Server 建立一种与外部应用软件联系的方法。当服务器接收到来自某一用户的访问请求后，它把相关请求信息综合到一个环境变量中，然后去启动一个网关程序（通常为 CGI 脚本程序），CGI 检查这些环境变量，并和外部应用程序一起完成任务后回送响应请求。

（5）Web 数据库。在 Internet 上设计出界面友好的数据库应用程序，除了要有工具软件支持外，使用 Web 浏览器采用填表方法构造用户界面无疑是受欢迎的。这种 Web 数据库访问过程的特点是：

① 用户通过填充表格（用 HTML 创建）方式进行查询和数据请求，其操作是通过菜单选择、单击按键，将查询关键字填入空白格。

② CGI 脚本程序把输入到表格中的信息提取出来，并把它组织成有效的 SQL 查询命令和数据修改命令，随后 CGI 脚本程序将这些命令发送到数据库去执行。

③ 数据库处理的结果由数据库引擎返回到 CGI 脚本程序，脚本程序以 HTML 格式将结果传送到用户的浏览器上，以显示给用户阅读。

通常，Internet 还可以看做是由若干大网组成的超级网络。

7.7　因特网的基本服务

7.7.1　WWW 服务

现在在 Internet 上最热门的服务之一就是环球信息网 WWW（World Wide Web）服务，WWW 已经成为很多人在网上查找、浏览信息的主要手段。

WWW 是环球信息网，又称为万维网（World Wide Web）的英文缩写，也有人用 3W、W3 或 Web 来表示。WWW 最初是由欧洲核物理研究中心（CERN）提出并于 1990 年研制成功的。它是一个基于超文本文件的信息查询服务系统，能够将 Internet 上各种各样的信息资源有机地联系起来，并能够以文本、图像、声音等多种媒体形式表现出来，从而提供了一种非常友好的信息检索方式。因此，它得到了迅猛的发展，并在短短的几年内成为 Internet 的重要组成部分，几乎可以包揽 Internet 上的全部服务，我们甚至可以认为 Internet 就是 WWW。

这里所说的超文本文件是一种除了传统的文本之外，还包含有图像、声音以及与其他超文本文件的链接的文件。当阅读该文件时，可以通过鼠标单击文件中的某些词语或图像打开另一个与该词语或图像有关的超文本文件，这种链接称为超链接。这种关系很像通过一条锁链把许多文件串起来一样。WWW 中使用的超文本文件一般是使用 HTML（Hyper Text Mark Language）超文本标记语言来编写的。HTML 与我们常说的 VC、VB 等编程语言不同，它主要是在文件中添加一些标记符号，使其按照一定的格式在屏幕上显示出来，因此它更类似于 WPS 或 Word 中使用的排版符号语言。我们把使用 HTML 编写的文件称为 HTML 文件。HTML 文件可以使用记事本等文本编辑器编写，但是必须使用支持 HTML 文件格式的专用软件（如 Internet Explorer）才能看到文件的最终显示效果。微软公司开发的 FrontPage 软件使得编写 HTML 文件非常方便，就像我们使用 Word 编辑文件一样，所见即所得。

WWW 上的所有 HTML 文件（或称为资源）都有一个唯一的表示符或者说地址，这就是 URL（Uniform Resource Locator），即统一资源定位器。URL 是用来标识 Internet 上资源的标准方法，它由传输协议、服务器名和文件在服务器上的路径三部分组成。以"中国建筑防火安全信息网"为例，其中关于中国建筑科学研究院建筑防火研究所介绍的文件的 URL 为：

http：//www.firepro.com.cn/fbs/index.htm

其中，"http"表示访问该互联网资源时使用超文本传输协议，这是 WWW 服务器采用的协议；"www.firepro.com.cn"表示该资源所在的 WWW 服务器名称；而"/fbs/index.htm"表示该资源位于上述服务器的"fbs"目录下的"index.htm"文件中。对于大多数用户来说一般不需要指定第三部分。当该部分省略时，将直接访问站点的主页，即第一个页面。以"中国建筑防火安全信息网"为例，其主页对应的文件是：

http：//www.firepro.com.cn/index.htm

对其他文件的访问可以从主页提供的链接来完成，例如通过主页查询"中国建筑科学研究院建筑防火研究所"，可以首先选择栏目"企业名录"，然后选择"按地区查询"中的"北京"选项，最后在打开的页面中选择"中国建筑科学研究院建筑防火研究所"即可。当然，直接通过指定第三部分打开对应的文件可以省掉中间的查找过程，但是一般我们并不知道感兴趣的资源存放在服务器的什么位置，我们更习惯于通过页面中的链接来查找。

前面介绍了 WWW 服务器及其资源的表示方法，那么如何在我们的计算机上检索、查询、获取 WWW 上的资源呢？这里我们需要一种能和 WWW 服务器通信，并能解释和显示HTML格式文件的客户程序，这种客户程序叫做"浏览器"。不同的操作系统有不同的浏览器，对于同一种操作系统也有多种不同厂家的浏览器可以选择，其中微软公司提供的 Internet Explorer（简称 IE）最为流行。

使用 IE 访问 WWW 非常简单，只要在 IE 的地址（Location）文本框中输入一个网站的URL，再按回车键即可。因为一般的浏览器都默认采用 HTTP 传输协议，所以我们只需输入"www.firepro.com.cn"，就可以打开"中国建筑防火安全信息网"的主页。主页一般有很多的链接，每个链接都对应一个文件。如果在浏览过程中想返回上一页面可单击"后退"（Back）按钮，单击"前进"（Forward）按钮则打开已浏览过的前一个页面。使用 IE 浏览器浏览"中国建筑防火安全信息网"的主页如图 7.24 所示。

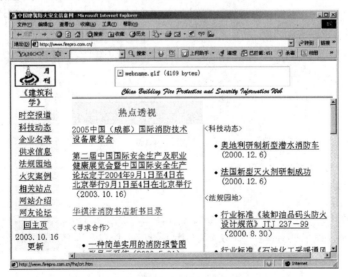

图 7.24　使用 IE 浏览器浏览网页

7.7.2 电子邮件服务

电子邮件（Electronic Mail），简称 E-mail，又称为电子信箱，是 Internet 提供的一种应用非常广泛的服务，每天电子邮件系统接收、存储、转发、传送不计其数的电子邮件。

1．电子邮件的优点

电子邮件作为一种现代通信工具具有许多优点，正以飞快的速度取代传统信件的地位。

（1）电子邮件的内容各不相同，可以是私人信件、商务联系、求职信、学术论文、科研探讨、会议安排、电子出版物等，还可以是计算机程序或含有图形、图片、声音的多媒体文件等。

（2）电子邮件使用方便，可同时给多人发信件，它不需纸张、信封、邮递员、邮局，只要有一台连网计算机，一个电子信箱就可以完成邮件的收、发。

（3）电子邮件没有时间限制，可随时随地使用。它是一种异步通信，实行"存储转发式"服务，可以进行非实时通信。如果邮递对方正在网上，可以马上阅读邮件；如不在网上，可存放在对方的电子信箱内，等上网时打开信箱再行阅读。

（4）电子邮件的传递速度极快，一个邮件在两分钟左右就可以到达世界上任何一个有 Internet 的地方，其速度即使是特快专递也是望尘莫及的。

（5）电子邮件收发可靠，不会发生错投，但必须保证所写的地址正确，如地址有误，邮件会在几分钟内被退回发件信箱。如果对方服务器关闭，邮件会在一两天内被退回。邮件退回后会告知被退缘由。

（6）电子邮件的费用很低，上网很短时间内就可以完成电子邮件的发送和接收。邮件可在脱网状态下编写、阅读、编辑、复制，无需在网上进行。

2．电子信箱

用户要得到一个电子信箱，必须先向 ISP 申请，申请后就能得到一个电子邮件地址（E-mail address），这个地址就是信箱的标识。地址由两部分组成，符号@将之隔开。地址使用的格式是 user@host，user 是用户名，就是用户申请的账号，host 是主机名，即账号所在服务器的域名。域名是统一命名的，而账号是申请者自己命名的。

除了电子邮件地址以外，还有密码（password）。密码好比是钥匙，当信箱地址和密码对上了，电子信箱才能被打开，才能取到电子邮件，密码可以修改。

电子信箱并不是一个放书信、报刊的信箱，而是它的功能相当于信箱。在用户电子信箱所在的主服务器上，有一个"电子信箱系统"。这个主服务器是一个高性能、大容量的计算机，在硬盘上给每位拥有信箱账号的用户分配一定的存储空间作为信箱，它的功能是存放收到的邮件、编辑信件、信件存档。

3．电子邮件格式

电子邮件的格式分为信头和信体两部分，信头的功能就像是信封，由收信人地址、主题等组成；信体就是信的主要内容，可以是文字、图形、照片、程序等。邮件在编辑后可以马上发送，也可以积累一定的信件后一起邮发。

以网易（www.163.com）的免费邮箱为例，其提供的电子邮件服务界面如图 7.25 所示。

图 7.25　网易提供的免费电子邮件服务

7.7.3　文件传输服务

文件传输服务又称为 FTP 服务，它是 Internet 中最早提供的服务功能之一，目前仍然在广泛使用。

文件传输服务是由 FTP 应用程序提供的。而 FTP 应用程序遵循的是 TCP/IP 中的文件传输协议（FTP，File Transfer Protocol），它允许用户将文件从一台计算机传输到另一台计算机上，并且能够保证传输的可靠性。

由于采用 TCP/IP 协议作为 Internet 的基本协议，无论两台 Internet 上的计算机在地理位置上相距多远，只要它们都支持 FTP 协议，它们之间就可以随意地相互传送文件。这样不仅可以节省实时连机的通信费用，而且可以方便地阅读与处理传输过来的文件。

在 Internet 中，许多公司、大学的主机上含有数量众多的各种程序与文件，这是 Internet 的巨大而宝贵的信息资源。通过使用 FTP 服务，用户就可以方便地访问这些信息资源。采用 FTP 传输文件时，不需要对文件进行复杂的转换，因此 FTP 服务的效率比较高。在使用 FTP 服务后，等于使每个连网的计算机都拥有一个容量巨大的备份文件库。这是单个计算机无法比拟的优势。

7.7.4　远程登录服务

远程登录服务又被称为 Telnet 服务，它也是 Internet 中最早提供的服务功能之一，目前很多人仍在使用这种服务功能。

在分布式计算环境中，常常需要调用远程计算机资源同本地计算机协同工作，这样就可以用多台计算机来共同完成一个较大的任务。协同操作的方式要求用户能够登录到远程计算机中，启动某个进程并使进程之间能够互相通信。为了达到这个目的，人们开发了远程终端协议（Telnet 协议）。Telnet 协议是 TCP/IP 协议的一部分，它定义了客户机与远程服务器之间的交互过程。

远程登录服务是指用户使用 Telnet 命令，使自己的计算机暂时成为远程计算机的一个仿真终端的过程。一旦用户成功地实现了远程登录，用户的计算机就可以像一台与远程计算机直接相连的本地终端一样工作。

远程登录允许任意类型的计算机之间进行通信。远程登录之所以能够提供这种功能，主要是因为所有的运行操作都是在远程计算机上完成的，用户的计算机仅仅是作为一台仿真终端向远程计算机传送击键信息与显示结果。

7.7.5 Usenet 网络新闻组服务

Usenet 网络新闻组是由因特网上的 NNTP（Network News Transfer Protocol，网络新闻传送协议）网络新闻服务器向用户提供的针对各种专题相互讨论和交流的一种服务。各新闻组被严格按专题多级分类，每个新闻组只针对一个专题。目前，因特网上已有万余个涉及各种专题的新闻组。Usenet 网络新闻组发布的并不是新闻时事稿，而是各种专题稿。

NNTP 新闻组服务器与服务程序采用 NNTP 网络新闻传送协议。NNTP 服务器与服务程序的基本功能为：接收由用户直接发来的稿件，周期性地与相邻的各个 NNTP 服务器交换稿件，采用这种接力传送的方法获得各个新闻组在各个 NNTP 服务器上的稿件；再将上述方法获得的稿件组成数据库予以保存，以及接受用户通过新闻组客户程序向 NNTP 新闻服务器发出的访问和阅读请求等。

NNTP 新闻组服务器的管理是由计算机程序控制的，不受时间和空间的限制，它们所提供的服务本身均是免费的。

任何一个用户只要能够访问拥有其所感兴趣新闻组的某个 NNTP 服务器，就一定可以阅读其中的专题稿和发布自己的稿件，而不像电子邮递名单那样需要订阅，也不像 BBS 那样需要注册。但是，用户通常不能随意访问任一个 NNTP 服务器，也没有哪一个 NNTP 服务器提供全部新闻组。

实际上，目前国内的 NNTP 服务器提供的新闻组类别十分有限，这也是它远不如 BBS 电子公告板系统在国内流行的原因之一。

7.7.6 电子公告牌服务

BBS（Bulletin Board Service，公告牌服务）是 Internet 上的一种电子信息服务系统。它是当代很受欢迎的个人和团体交流手段。如今，BBS 已经形成了一种独特的网上文化。网友们可以通过 BBS 自由地表达他们的思想、观点。BBS 实际上也是一种网站，从技术角度讲，电子公告板实际上是在分布式信息处理系统中，在网络的某台计算机中设置的一个公共信息存储区。任何合法用户都可以通过 Internet 或局域网在这个存储区中存取信息。早期的 BBS 仅能提供纯文本的论坛服务，现在的 BBS 还可以提供电子邮件、FTP、新闻组等服务。BBS 按不同的主题分成多个栏目，栏目的划分是依据大多数 BBS 使用者的需求、喜好而设立。BBS 的使用权限分为浏览、发帖子、发邮件、发送文件和聊天等。几乎任何上网用户都有自由浏览的权利，而只有经过正式注册的用户才可以享有其他服务。BBS 的交流特点与 Internet

最大的不同，正像它的名字所描述的，是一个"公告牌"，即运行在 BBS 站点上的绝大多数电子邮件都是公开信件。因此，用户所面对的将是站点上几乎全部的信息。中国的 Internet 最早是从高校和科研机构发展起来的，高校普遍组建了校园网，因此，学生、教师也就理所当然地成了 BBS 的最大的使用群。发展至今，国内著名的 BBS 站点有水木清华（bbs.tsinghua.edu.cn）、北大未名（bbs.pku.edu.cn）等，都能够提供社会综合信息服务，且大多数是免费的。

7.7.7 其他 Internet 服务

1. 网络电话

网络电话是一种 Internet 上的最新科技，它使人们通过 PC 打电话到世界任何一部普通电话机上的幻想成为现实。作为通信及 Internet 服务的先驱，美国 IDT 公司开发的网上电话在全球网络通信中居于领先的地位，其网络电话系统可以使任何一位 Internet 上装备有声卡的多媒体电脑用户拨叫国际长途电话，信号经 Internet 传送到 IDT 公司设在美国的服务器，将被自动转接到被叫方的任一普通电话机上，对方电话会响铃，通话双方即可实时地、全双工地进行交谈。使用该系统打国际电话时，所需费用比传统的国际长途电话费用最多可节省 95%，因为信号是经 Internet 传至美国的服务器，再由其传达到所呼叫的电话上，而非传统的电信传输，从而达到降低费用的目的。有了网络电话，可由 PC 打电话到任何一部普通电话机上，一改以往的网上电话 PC 到 PC 的技术限制。

2. IRC

IRC（Internet Relay Chat）是一种网络即时聊天系统。它的最大的优点是速度特别快，用户在发送信息的时候基本上感觉不到信息的停滞，而且支持在线的文件传递以及安全的私聊功能。相对于 BBS 来说，它有着更直观、更友好的界面。近年来，IRC 以惊人的速度发展起来，全世界有越来越多的人投入到 IRC 的二次开发以及客户端软件的制作中来，中国的 IRC 聊天室也有好几十个。IRC 聊天将会替代其他聊天方式而走入每个网络应用者的生活。

IRC 使用的软件非常丰富，如 PERCH、SCHAT 等。比较流行的是英国 mIRC 公司出品的 IRC 类客户端软件 mIRC，一经推出，立刻风靡全球。通过这种软件，只要大家用同一个地址，进入同一个服务器（甚至不需进服务器），即可即时将信息传输给一个或多个其他同时在线的用户，是一个很实用和功能强大的实时聊天软件。

3. ICQ

ICQ 是英文 I seek you 的连音缩写，现在人们常称之为"网络寻呼机"，是一种免费网络软件。主要功能是可与网上同样安装有 ICQ 的用户互送信息或进行交谈。它是以色列 Mirabilis 公司 1996 年开发出的一种即时信息传输软件，可以即时传送文字信息、语音信息、聊天和发送文件，并让使用者侦测出朋友的连网状态。而且它还具有很强的"一体化"功能，可以将寻呼机、手机、电子邮件等多种通信方式集于一身。

7.8 因特网的接入

因特网的接入有两种方式：窄带接入和宽带接入。所谓窄带接入，通常就是指利用

56KMODEM 通过电话线接入，即普通拨号上网。宽带接入是相对于我们传统的窄带拨号接入而言的，即用户上网不再需要拨号，而是通过局域网、ADSL 等技术，以专线方式接入宽带 IP 网络，理论上可达到 10Mbps 或 100Mbps 甚至更高的接入速度。宽带接入一般能向用户提供 1Mbps 以上的传输速度，比普通 163 拨号上网快得多。目前的宽带接入方式主要有 ISDN、ADSL、Cable MODEM、STB 机顶盒以及 DDN 专线、ATM（异步传输模式）网、宽带卫星接入等几种，但就家庭用户而言，只有前面 4 种有可能采用。这一节我们主要讨论因特网的各种接入方式。

7.8.1 通过调制解调器（MODEM）经电话交换网接入 Internet

在众多的可供选择的 Internet 接入方式中，借助于公用电话网经 MODEM 接入最为经济，并且最高可提供 56Kbps 的接入速率，完全可以满足普通的 Web 浏览、E-mail 收发等基本应用需求。

MODEM 可分为内置式 MODEM 和外置式 MODEM。内置式 MODEM 又称为 MODEM 卡，是一块 PC 扩展卡，可以直接安装在计算机的扩展槽内，因此价格比较便宜。外置式 MODEM 安装在计算机外面，与计算机的连接通常采用串行接口或 USB 接口。外置式 MODEM 安装简单，容易观察 MODEM 的工作状态。

当然只把 MODEM 连到或插到计算机上并不能立即开始工作，还需要安装相应的驱动程序。各种类型的 MODEM 驱动程序安装操作过程及界面都非常相似，只不过不同厂家的产品在一些细节上稍有差异。现在所有的 MODEM 都支持即插即用，因此，操作系统会自动发现该硬件。如果操作系统中内置有该 MODEM 的驱动程序，Windows 会提示用户插入系统安装盘，从而自动完成硬件的安装。对于大多数 MODEM 新品而言，自动安装的机会较少，所以需要手工安装驱动程序。

通过 MODEM 经电话交换网接入 Internet 的示意图如图 7.26 所示。

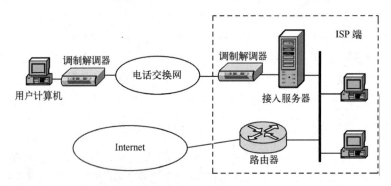

图 7.26　通过电话网接入 Internet

7.8.2 通过 ISDN 接入 Internet

ISDN 是 Integrated Services Digital Network 的英文缩写，即"综合业务数字网"，其特点是从信息的传输到信息的交换全部是数字化的。ISDN 的设备及系统配置均适当时，其数据传输速率或吞吐量能达到 128Kbps，完全可以作为廉价的 Internet 共享宽带接入方案，因此是一种广泛应用的 Internet 接入方式。

目前，ISDN 是作为 MODEM 拨号接入和宽带接入之间的过渡方式，还不是真正意义上的宽带接入方式。但比起 MODEM 拨号接入来说，利用 ISDN 接入最大的好处就是速度较快（数据传输率较高）、不掉线（传输质量较高），而且误码率低。这是因为 MODEM 利用的是电话局的普通用户双绞线，容易受环境干扰、线路噪声大、误码率高，通常实际传输速率也就稳定在 44Kbps 的水平。而 ISDN 由于采用端到端的数字传输，传输质量明显提高，不仅接收端声音失真很小，而且数据传输的比特误码特性比电话线路至少改善了 10 倍。

通过 ISDN 接入 Internet 在用户端也需要相应的设备。ISDN 最常用的设备主要有两种：网络终端（NT）和 ISDN 用户终端。网络终端是用户传输线路的终端装置，是实现在普通电话线上进行数字信号传送和接收的关键设备。该设备安装于用户端，是实现 ISDN 功能的必备设备。网络终端一般分为基本速率网络终端 NT1 和基群速率网络终端 NT2。ISDN 用户终端种类较多，如终端适配器（TA）、ISDN 路由器等。终端适配器（TA）主要用于将计算机高速接入 Internet、局域网等，以实现数据通信。ISDN 路由器可以使多个用户共享一条或多条 ISDN 线路上网，也可用于局域网互连等。如图 7.27 所示是 ISDNTA+代理服务器方式接入 Internet。

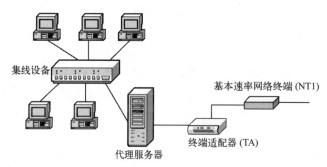

图 7.27　ISDNTA+代理服务器方式接入 Internet

7.8.3　通过 ADSL 接入 Internet

ADSL（Asymmetric Digital Subscriber Line，非对称数字用户线路）是一种通过现有普通电话线为家庭、办公室提供宽带数据传输服务的技术。它是美国贝尔通信研究所于 1989 年为推动视频点播（VOD）业务开发出的用户线高速传输技术。近年来 Internet 和 Intranet 迅速发展，对固定连接的高速用户线需求日益高涨，基于双绞铜线的 ADSL 技术因为以较低的成本实现用户线路的高速接入而受到用户青睐，打破了高速通信由光纤独揽的局面。

ADSL 能够在现有的普通电话线上提供高达 10Mbps 的高速下行（从交换机到用户）速率，远高于 ISDN 的速率，而上行（从用户到交换机）速率也有 1Mbps，传输距离可达 3～5km。ADSL 技术的主要特点是可以充分利用现有的电话网络，在电话线路两端加装 ADSL 设备即可为用户提供宽带服务。ADSL 技术的另外一个优点在于它可以与普通电话共存于一条电话线路上，在一条普通电话线上接听、拨打电话的同时进行信息传输而又互不影响。

ADSL 接入 Internet 通常可采用虚拟拨号和专线接入两种方式。其中，专线方式由 ISP 分配静态 IP 地址，而虚拟拨号方式则在连接 ISP 时获得动态 IP 地址。

如同拨号接入 Internet 需要 MODEM 一样，ADSL 接入 Internet 也需要特殊的硬件。通常情况下，ADSL 用户需要自备 ADSL MODEM 或 ADSL 路由器，ADSL 分离器一般由局方提供给用户。ADSL MODEM 和 ADSL 路由器充当计算机或局域网与 Internet 的接口，ADSL 分离器用于分离数据和语音信号，避免电话与 ADSL MODEM 在 4kHz 频率的边缘产生的干扰。通过 ADSL MODEM 接入 Internet 的示意图如图 7.28 所示。

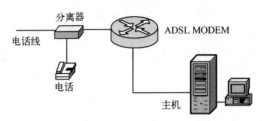

图 7.28　通过 ADSL 接入 Internet

7.8.4　通过有线电视网接入 Internet

在中国，广电部门在有线电视（CATV）网上开发的宽带接入技术已经成熟并进入市场。CATV 网的覆盖范围广，入网户数多（截止 2013 年底，全国有线电视用户达 2.24 亿户）；网络频谱范围宽，起点高，大多数新建的 CATV 网都采用光纤同轴混合（HFC）网络，使用 550MHz 以上频宽的传输系统，极适合提供宽带业务。HFC 特点是能够充分利用现有资源，为用户提供较高的接入速率，将用户高速接入 Internet。HFC 的建设成本低、接入带宽高，最低接入带宽一般为 10Mbps，因此能够实现高速数据传输及多媒体应用。

线缆调制解调器（Cable MODEM）技术就是基于 CATV（或 HFC）网的 Internet 接入技术。Cable MODEM 与以往的 MODEM 在原理上都是将数据信号进行调制后在 Cable（电缆）的一个频率范围内传输，接收时进行解调，传输机理与普通 MODEM 相同，不同之处在于它是通过有线电视 CATV 的某个传输频带进行调制解调的。而普通 MODEM 的传输介质在用户与交换机之间是独立的，即用户独享通信介质。Cable MODEM 属于共享介质系统，其他空闲频段仍然可用于有线电视信号的传输。

Cable MODEM 彻底解决了由于声音、图像的传输而引起的阻塞，其速率已达 10Mbps 以上。而传统的 MODEM 虽然速率已经达到 56Kbps，但其理论传输极限为 64Kbps，再想提高已不大可能。

在混合光纤同轴网（HFC）中传输数据就需要使用 CableMODEM。事实上 Cable MODEM 本身不单纯是调制解调器，它集 MODEM、调谐器、加/解密设备、桥接器、网络接口卡、SNMP 代理和以太网集线器的功能于一身。它无须拨号上网，不占用电话线，可永久连接。ISP 服务商的设备同用户的 MODEM 之间建立了一个 VLAN（虚拟专网）连接。大多数的 MODEM 提供一个标准的 10BASE-T 以太网接口，同用户的计算机或局域网集线器相连。Cable MODEM 也是一种上、下行带宽不对称的技术。其中，提供因特网接入业务可以采用 "HFC+Cable MODEM+以太网/ATM" 的方式。

采用这种方式，家庭用户的计算机通过以太网卡与 Cable MODEM 的以太网接口相连，Cable MODEM 通过同轴电缆接入 HFC，在 HFC 前端配置一台或多台 Cable MODEM 终端系统设备（CMTS），这些 CMTS 设备通过快速以太网端口接入 Internet。通过 Cable MODEM 接入 Internet 的示意图如图 7.29 所示。

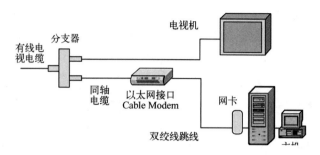

图 7.29　通过 Cable MODEM 接入 Internet

7.8.5　因特网的其他接入方式

除了以上介绍的 Internet 接入方式以外，还有多种可供选择的 Internet 接入方式，如光缆接入、DDN（数字数据网）接入、STB 机顶盒接入、无线网络接入和卫星接入等。其中，光缆接入和 DDN 接入适用于对传输稳定性和安全性有较高要求的 Internet 接入，STB 机顶盒接入不需要电脑，只要有电视就行。无线网络接入和卫星接入则适用于不太容易布线的 Internet 接入。

本 章 小 结

协议（Protocol）在计算机网络中一般是指相互通信的双方或多方对如何进行信息交换一致同意的一套规则。计算机通信网采用分层的协议体系结构。

TCP/IP 协议是一个协议簇（组），TCP 协议和 IP 协议是其中两个最重要的协议。IP 协议称为网际协议，用来给各种不同的局域网和通信子网提供一个统一的互连平台。TCP 协议称为传输控制协议，用来为应用程序提供端到端的通信和控制功能。

在 TCP/协议中，依据其提供的功能和服务，将其分成 4 个层次：网络访问层、网络层、传输层和应用层。

网络访问层主要包括了网络物理连接部分，提供物理的网络连接以及提供服务给网络层使用。

网络层包含的协议主要有 4 个：IP 协议（网际协议、网间网协议）、ICMP 协议（网络控制信息协议）、ARP 协议（地址解析协议）和 RARP 协议（反向地址解析协议）。

传输层主要包括两种协议：传输控制协议（TCP，Transmission Control Protocol）和用户数据报协议（UDP，User Datagram Protocol）。TCP 传输控制协议主要提供面向连接的可靠的数据流式的传输服务。UDP 用户数据报协议主要提供非连接的不可靠的数据传输服务。

应用层负责提供各种应用程序协议给用户使用，而这些程序或协议必须以 TCP 或 UDP 协议为基础。较常用的应用程序协议有文件传输协议（FTP）、简单电子邮件传送协议（SMTP）、远程登录协议（Telnet）、普通文件传输协议（FTP）、简单网络管理协议（SNMP）以及域名服务器（DNS）等。

IP 地址是一个 4 字节（32bit）的数字，这个数字代表了网络和主机的地址。根据网络规模的不同 IP 地址可以分成三个等级（或者三类）：分别是 A 类地址、B 类地址和 C 类地址。

DNS 的功能就是通过名称数据库将主机名称（即域名）转换为 IP 地址（也可反向转换），将 IP 地址转换为主机名称，使我们不必再去记忆那些难记的 IP 地址。

因特网是一个网络的网络（a network of network）。它是一个以 TCP/IP 协议为基础的各种不同类型、不同规模、位于不同地理位置的物理网络连接而成的一个整体，是一个网络的网络。

Internet 提供的基本服务有 WWW 服务、电子邮件服务、远程登录服务、文件传输服务、网络新闻服务、网络公告牌服务等。除此之外，Internet 还提供诸如网络电话、实时聊天、网络寻呼等一些新兴的服务。

习　题　7

一、填空题

7.1　所谓 TCP/IP 协议，实际上是一个协议簇（组），TCP 协议和 IP 协议是其中两个最重要的协议。IP 协议称为_____协议，用来给各种不同的局域网和通信子网提供一个统一的互连平台。TCP 协议称为_____协议，用来为应用程序提供端到端的通信和控制功能。

7.2　IP 协议实现两个基本功能：_____和_____。它有两个很重要的特性：_____性和_____性。

7.3　不可靠性是指 IP 协议没有提供对数据流在传输时的_____控制。它是一种不可靠的"尽力传送"的_____类型协议。但是利用_____协议所提供的错误信息再配合更上层的_____协议，则可以提供对数据传输的可靠性控制。

7.4　IP 地址是由一个_____地址和一个_____地址组合而成的_____位的地址，而且每个主机上的 IP 地址必须是唯一的。全球 IP 地址的分配由_____负责。

7.5　C 类地址的前_____位组成网络地址，其中前两位为 11，剩余 22 位，所以应该有 2^{22}=4194304 个 C 类网络。但是在 C 类地址的前 4 位中，1110 保留给_____，1111 保留给_____，所以真正可用的 C 类网络地址数为应有的网络地址数减保留的地址数，即_____个网络地址。C 类地址的后 8 位是主机地址，应有 2^8=256 个主机地址，但是需要扣除_____地址（1 个）和_____地址（1 个），所以真正可用的 C 类网络的主机地址，最多可以有_____个。

7.6　ICMP 是_____的缩写。它是 TCP/IP 协议簇的一个子协议，用于在 IP 主机、路由器之间传递_____消息。

7.7　所谓"地址解析"就是主机在发送帧前将_____地址转换成_____地址的过程。

7.8　TCP 协议的主要功能用一句话概括就是_____服务。

7.9　DNS 的功能，简单地说，就是通过名称数据库将_____转换为_____。

7.10　电子邮件在发送与接收过程中都要遵循 SMTP、POP3 等协议，这些协议确保了电子邮件在各种不同系统之间的传输，其中，负责电子邮件的发送，而_____则用于接收 Internet 上的电子邮件。

7.11　因特网是一个网络的网络（a network of network）。它以_____网络协议将各种不同类型、不同规模、位于不同地理位置的物理网络连接成一个整体。

7.12　Internet 采用了目前最流行的_____工作模式。

7.13　现在在 Internet 上最热门的服务就是_____服务，已经成为很多人在网上查找、浏览信息的主要手段。

7.14　按 Internet 接入的带宽来分，因特网的接入有两种方式：_____接入和_____接入。

二、选择题

7.15　TCP/IP 协议对（　　）做了详细的约定。

A．主机寻址方式、主机命名机制、信息传输规则、各种服务功能

B．各种服务功能、网络结构方式、网络管理方式、主机命名方式

    C．网络结构方式、网络管理方式、主机命名方式、信息传输规则

    D．各种服务功能、网络结构方式、网络管理方式、信息传输规则

7.16　IP 地址的格式是（　　）个用点号分隔开来的十进制数字。

    A．1　　　　　　　B．2　　　　　　　C．3　　　　　　　D．4

7.17　IP 地址是由一组（　　）比特的二进制数字组成的。

    A．8　　　　　　　B．16　　　　　　　C．32　　　　　　　D．64

7.18　IP 地址中，关于 C 类 IP 地址的说法正确的是（　　）。

    A．可用于中型规模的网络

    B．在一个网络中最多只能连接 256 台设备

    C．此类 IP 地址用于多目的地址传送

    D．此类地址保留为今后使用

7.19　下面的四个 IP 地址，属于 D 类地址的是（　　）。

    A．10.10.5.168　　　　　　　　　　　B．168.10.0.1

    C．224.0.0.2　　　　　　　　　　　　D．202.119.130.80

7.20　IPv4 版本的因特网总共可以有（　　）个 A 类地址网络。

    A．65000　　　　　B．200 万　　　　　C．126　　　　　　D．128

7.21　在 IP 协议中用来进行组播的 IP 地址是（　　）地址。

    A．A 类　　　　　　B．C 类　　　　　　C．D 类　　　　　　D．E 类

7.22　（　　）既标识了一个网络，又标识了该网络上的一台特定主机。

    A．主机名　　　　B．MAC 地址　　　C．IP 地址　　　　D．物理地址

7.23　要构建一个可连接 10 个主机的网络，如果该网络采用划分子网的方法，则子网掩码为（　　）。

    A．255.255.255.0　　　　　　　　　　B．255.255.248.0

    C．255.255.255.240　　　　　　　　　D．255.255.224.0

7.24　如果子网掩码是 255.255.192.0，那么下列哪个主机必须通过路由器才能与主机 129.23.144.16 通信？（　　）

    A．129.23.191.21　　　　　　　　　　B．129.23.127.222

    C．129.23.130.33　　　　　　　　　　D．129.23.148.127

7.25　因特网的主要组成部分包括（　　）。

    A．通信线路、路由器、服务器和客户机信息资源

    B．客户机与服务器、信息资源、电话线路、卫星通信

    C．卫星通信、电话线路、客户机与服务器、路由器

    D．通信线路、路由器、TCP/IP 协议、客户机与服务器

7.26　从因特网使用者的角度看，因特网是一个（　　）。

    A．信息资源网

    B．网际网

    C．网络设计者搞的计算机互连网络的一个实例

    D．网络黑客利用计算机网络大展身手的舞台

7.27　域名服务是使用下面的（　　）协议。

    A．SMTP　　　　　B．FTP　　　　　　C．DNS　　　　　　D．TELNET

7.28 Internet 的域名中，顶级域名 gov 代表（　　　）。

　　A．教育机构　　　　　B．商业机构　　　　　　C．政府部门　　　　D．军事部门

7.29 WWW 的超链接中定位信息所在位置使用的是（　　　）。

　　A．超文本（Hypertext）技术

　　B．统一资源定位器（URL，Uniform Resource Locators）

　　C．超媒体（Hypermedia）技术

　　D．超文本标记语言 HTML

7.30 连接河南工业大学的主页 WWW.Haut.edu.cn，下面的（　　　）操作不对。

　　A．在地址栏中输入 WWW.Haut.edu.cn

　　B．在地址栏中输入 http://www.Haut.edu.cn

　　C．在"开始"→"运行"中输入 http://www.Haut.edu.cn

　　D．在地址栏中输入 gopher://www.Haut.edu.cn

7.31 访问 WWW 网时，使用的应用层协议为（　　　）。

　　A．HTML　　　　　　　B．HTTP　　　　　　　C．FTP　　　　　　D．SMTP

7.32 某用户在域名为 wuyouschool.com.cn 的邮件服务器上申请了一个账号，账号名为 huang，则该用户的电子邮件地址是（　　　）。

　　A．wuyouschool.com.cn@huang

　　B．huang@wuyousch001.com.cn

　　C．huang%wuyousch001.com.cn

　　D．wuyouschool.com.cn%huang

7.33 ISDN 是一种开放型的网络，但提供的服务不包括（　　　）。

　　A．端到端的连接　　　　　　　　B．传输声音和非声音的数据

　　C．支持线路交换　　　　　　　　D．支持模拟传输

7.34 接入网技术复杂、实施困难、影响面广。以下选项中（　　　）技术不是典型的宽带网络接入技术。

　　A．数字用户线路接入　　　　　　B．光纤/同轴电缆混合接入

　　C．电话交换网　　　　　　　　　D．光纤网络

三、判断题（正确的打√，错误的打×）

7.35 TCP/IP 协议是传输控制协议和网际协议的简称，它是一组国际网协议，用于实现不同的硬件体系结构和各种操作系统的互连。（　　　）

7.36 TCP 协议用于在应用程序之间传送数据，IP 协议用于在程序、主机之间传送数据。（　　　）

7.37 无论是什么网络，其网络协议都是 TCP/IP 协议。（　　　）

7.38 通过 IP、域名 DN、域名系统 DNS，每一台主机在 Internet 都被赋予了不同地址。（　　　）

7.39 IP 地址包括网络号和主机号，所有的 IP 地址都是 24 位的唯一编码。（　　　）

7.40 与电话号码一样，IP 地址是由 Inetrnet 网络中心统一分配的。（　　　）

7.41 子网掩码可用于判断两个 IP 地址是否属于同一网络。（　　　）

7.42 有一个主机的 IP 地址是 192.168.300.203。（　　　）

7.43 使用 UDP 协议进行数据传输具有非连接性和不可靠性。（　　　）

7.44 测试 TCP/IP 协议配置的工具是 ipconfig。（　　　）

7.45 Internet 是当今世界上最大的网络，更确切地说，是网络的网络。(   )

7.46 因特网就是所说的万维网。(   )

7.47 域名（DN）即为连接到因特网上的计算机所指定的名字。(   )

7.48 WWW 是利用超文本和超媒体技术组织和管理信息、浏览或信息检索的系统。(   )

7.49 由于因特网上的 IP 地址是唯一的，所以人只能有一个 Email 账号。(   )

7.50 远程登录，就是允许你用自己的计算机通 Internet 连接到很远的另一台计算机上，利用你的键盘操作别人的计算机。别人的计算机可以限制你使用的权限。(   )

7.51 FTP 服务是遵守文件模式的服务。(   )

7.52 OutLook Express 安装完毕后就能收发电子邮件。(   )

7.53 我们既可以从因特网上下载文件，也可以上传文件到因特网。(   )

7.54 局域网只有通过代理服务器才能连接 Internet。(   )

第8章　计算机网络相关技术及物联网

内容提要

本章主要介绍了计算机网络的管理技术、安全技术、Intranet 技术及物联网技术等，其中物联网构成了新一代信息技术的重要组成部分。

8.1　计算机网络管理技术

与传统的小型局域网相比，现代企业网（Intranet）呈现出更大的复杂性和开放性。随着网络规模的日益扩大和网络结构的日益复杂，网络失效、性能欠缺、配置不当、安全性差等问题随之出现，因此迫切需要有效而完整的网络管理机制来监测、控制和管理网络的资源和服务。从某种意义上说，网络系统整体运作的有效性很大程度上取决于网络管理的有效性，而网络管理策略和网络管理技术是影响网络管理有效性的两个重要方面。

8.1.1　网络管理的基本概念

网络管理就是通过规划、配置、监测、分析、扩充和控制计算机网络来保证网络服务的有效实现。典型的网络管理系统主要包括管理站、管理节点、管理信息和管理协议 4 大要素，如图 8.1 所示。

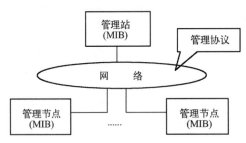

图 8.1　网络管理系统的基本模型

管理站完成相应的管理工作，它实际上是一台运行特殊管理软件的普通计算机。管理站可以自动或按照用户的规定去轮询（polling-only）被管理设备中的相关信息，或向被管理设备发出管理指令，以达到对被管理设备进行监测和控制的目的。管理节点可以是主机、路由器、网桥等，是可与外界交流状态信息的任何设备。管理节点运行管理代理软件，其功能是负责收集被管理设备的信息、响应管理站发来的轮询指令以及执行管理站发来的管理操作指令，还可以根据用户设定的变量阈值在被管理设备出现问题时产生自陷（即 trap，指被管理设备在发生某些严重错误时，由其管理代理主动向管理站发送的通知）。

从被管理设备中收集状态信息还有一种基于中断（interrupt-based）的方法。因为方法的主要缺陷在于获得信息的实时性差，尤其是错误信息的实时性差。如果轮询时间间隔太小，那么将产生太多不必要的通信量，从而降低网络管理的效率；如果轮询间隔太大，并且在轮询时顺序不对，那么关于一些大的灾难性的事件的通知又会太慢，这就违背了积极主动的网络管理原则。当有异常事件发生时，基于中断的方法可以立即通知网络管理工作站，然而，这种方法也不是没有缺陷的。首先，产生错误或自陷需要系统资源，如果自陷必须发送大量的信息，那么被管理设备可能不得不消耗更多的时间和系统资源来产生自陷，从而影响了它对其他功能的执行；其次，如果几个同类型的自陷事件接连发生，那么大量网络带宽可能将被相同的自陷信息所占用，尤其当如果自陷是关于网络拥挤问题的时候，事情就会变得特别糟糕。

将以上两种方法结合起来，面向自陷的轮询方法（trap-directed polling）可能是执行网络管理最有效的方法了。一般来说，网络管理工作站通过轮询在被管理设备中的代理来收集数据，并且在管理站的控制台上用数字或图形的表示方法来显示这些数据。被管理设备中的代理可以在任何时候向网络管理工作站报告错误情况，而并不需要等到管理工作站为获得这些错误情况而轮询它的时候才会报告。

网络中每个被管理的设备都具有一个或多个变量来描述其状态，这些变量被存放在一个叫管理信息库 MIB（Management Information Base）的数据结构中。从概念上说，一个网络的管理系统只能有一个管理信息库，但管理信息库可以是集中存储的，也可以分布存储在各个网络设备中。网络管理员只要查询有关的管理信息库，即可获得有关网络设备的工作状态和工作参数。

8.1.2　网络管理的功能域

OSI 网络管理标准对开放系统的网络管理定义了 5 个基本的功能域：故障（Fault）管理、配置（Configuration）管理、记账（Accounting）管理、性能（Performance）管理、安全（Security）管理。它们只是网络管理最基本的功能。这些功能都需要通过与其他开放系统交换管理信息来实现。

1. 配置管理

网络配置是指网络中每个设备的功能、相互间的连接关系和工作参数。它反映了网络的状态。

网络的配置管理功能主要包括：网络资源及其活动状态、网络资源之间的关系、新资源的引入与旧资源的删除。从管理控制的角度看，网络资源可以分为 3 个状态：可用的、不可用的与正在测试的。从网络运行的角度看，网络资源又可以分为两个状态：活动的与不活动的。

在 OSI 网络管理标准中，配置管理部分可以说是最基本的内容。配置管理是网络中对管理对象的变化进行动态管理的核心。当配置管理软件接到网络管理员或其他网络管理功能设施的配置变更请求时，配置管理服务首先确定管理对象的当前状态并给出变更合法性的确认，然后对管理对象进行变更操作，最后要验证变更确实已经完成。

2．故障管理

故障管理是用来维持网络的正常运行的。网络故障管理包括及时发现网络中发生的故障，找出网络产生故障的原因，必要时启动控制功能来排除故障。故障管理的控制活动包括故障设备的诊断测试活动、故障修复或恢复活动、启动备用设备等。

故障管理是网络管理功能中与设备故障的检测、设备故障的诊断、故障设备的恢复和排除有关的网络管理功能，其目的是保证网络能够提供连续、可靠的服务。

3．性能管理

网络性能管理是连续地评测网络运行中的主要性能指标，以检验网络服务是否达到了预定的水平，找出已经发生或潜在的瓶颈，报告网络性能的变化趋势，为网络管理决策提供依据。

典型的网络性能管理可以分为两部分：性能监测与网络控制。性能监测是指网络工作状态信息的收集和整理；而网络控制则是为改善网络设备的性能而采取的动作和措施。

4．安全管理

安全管理功能是用来保护网络资源的安全。安全管理活动能够利用各种层次的安全防卫机制，阻止非法入侵等不安全事件的发生。安全管理功能能够快速检测出未授权的资源使用，并查处侵入点，对非法侵入活动进行审查与追踪，能够使网络管理人员恢复部分受破坏的文件。

非法侵入活动包括未授权的用户企图修改其他合法用户的文件，修改硬盘或软件配置，修改访问优先权，关闭正在工作的用户，以及任何其他对敏感数据的访问企图。安全管理系统搜集有关数据并产生报告，由网络管理中心的安全事物处理程序进行分析、记录、存档，并根据情况采取相应的措施，如给入侵者以警告信息，取消其使用网络的权利等。

5．计账管理

对于公用分组交换网与各种网络信息服务系统来说，用户必须为使用网络的服务而交费。网络管理系统则需要对用户使用网络资源的情况进行记录并核算费用。

用户使用网络资源的费用有许多不同的计算方法，例如主叫付费、被叫付费与主被叫分担费用等。

在大多数企业内部网中，内部用户使用网络资源并不需要交费，但是记账功能可以用来记录用户对网络的使用时间、统计网络的利用率与资源使用情况等内容。因此，记账管理功能在企业内部网中也是非常有用的。

8.1.3　网络管理系统的体系结构

网络管理系统的体系结构是决定网络管理性能的重要因素之一，通常可以分为集中式和非集中式两类体系结构。

（1）集中式网络管理体系结构采用单一的网络管理系统监控整个网络，是目前大多数中小型网络普遍采用的方案。整个网络系统由一个中央管理系统（管理工作站）负责监控，通常由一个管理站和多个管理节点组成，如图 9.1 所示。目前，集中式网管体系结构通常把单一的管理方分成两部分：管理平台和管理应用。管理平台主要用来收集管理节点的状态信息并进行简单的计算，而管理应用则利用管理平台提供的信息进行决策和执行更高级的功能。集中式网络管理在特定的环境下可以发挥出较大的功效，但是这种结构也存在着许多不足，尤其是用于管理大型的异构网络时更是如此，如网管系统难以适应网络的规模和复杂度，为传递网管数据占用网络带宽过大且有效性差等，其中最明显的缺陷是网络管理站一旦失效，整个系统就会崩溃，管理节点因必须等待管理站指令而难以恢复正常。

（2）非集中方式的网络管理体系结构包括层次方式和分布式。层次方式采用管理方的管理方 MOM（manager of manager）的概念，以域为单位，每个域有一个管理方，它们之间的通信通过上层的 MOM 进行，不直接通信。层次方式相对来说具有一定的伸缩性，通过增加一级 MOM，层次可进一步加深。分布式是端对端（peer to peer）的体系结构，整个系统有多个管理方，多个对等的管理方同时运行于网络中，每个管理方负责管理系统中一个特定部分（域），管理方之间可以相互通信或通过高级管理方进行协调。将管理方分布在网络的几个工作站上，增加了管理的可靠性和健壮性，同时通信方面的要求也降低了。

对于选择集中式还是非集中式网管体系结构，其粗略的度量指标如图 8.2 所示。

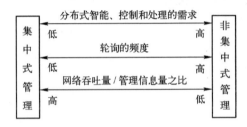

图 8.2　集中式/非集中式选择度量指标

8.1.4　网络管理协议

网络管理协议一般为应用层级协议，它定义了网络管理信息的类别及其相应的确切格式，并提供网络管理站和网络管理节点间进行通信的标准或规则。目前使用的网络管理协议主要有基于 TCP/IP 的简单网络管理协议 SNMP、基于 OSI 的公共管理信息协议 CMIP 及桌面管理接口 DMI。SNMP 是 Internet 组织为适应 Internet 的发展而制定的网络管理协议，它提供的管理操作简单而实用，采用"取/存"的运作机制进行操作。管理者可以通过"取"操作从被管理对象获取所需的管理信息，也可以通过"存"操作对被管理对象的值进行修改和设置，从而达到对被管理对象进行监视和控制的目的。目前的 SNMP 在完成一般网络管理工作的基础上，朝着进一步提高安全性和进行层次化管理的方向发展，新版本的 SNMP（SNMPV3）已经能够满足一般网络管理在内容和安全性上的要求。

SNMP 推出后便以其简单和易于实现而取得了巨大的成功，使得这一原本"暂时"的网络管理解决方案成为事实上的工业标准。

CMIP 是 ISO 制定的公共管理信息协议，主要针对 OSI7 层协议参考模型而设计，用来提供标准的公共管理信息服务（CMIS）。

DMI 定义了一种管理模型。该模型由管理应用程序、服务层、管理信息文件（MIF）数据库及被管理软件和硬件组成。新版本的 DMI 通过支持远程过程调用来支持远程管理。

8.1.5　基于 Web 的网络管理模式

随着 Internet 技术的广泛应用，Intranet 也正在悄然取代原有的企业内部局域网。由于异种平台的存在以及网络管理方法和模型的多样性，使得网络管理软件开发和维护的费用很高，培训管理人员的时间很长，因此人们迫切需要寻求高效、方便的网络管理模式来适应网络高速发展的新形势。随着 Web 及其开发工具的迅速发展，基于 Web 的网络管理技术也应运而生。基于 Web 的网络管理解决方案主要有以下几方面的优点：

（1）地理上和系统间的可移动性。系统管理员可以在 Intranet 上的任何站点或 Internet 的远程站点上利用 Web 浏览器透明存取网络管理信息。

（2）统一的 Web 浏览器界面方便了用户的使用和学习，从而可节省培训费用和管理开销。

（3）管理应用程序间的平滑链接。可以通过标准的 HTTP 协议将多个基于 Web 的管理应用程序集成在一起，实现管理应用程序间的平滑链接。

（4）利用 Java 技术能够迅速对管理软件进行升级。Java 是一种跨平台的面向对象的编程语言，特别适合于分布式计算环境。采用 Java 来开发集成管理工具具有以下优点：平台无关、高度集成化、安全性和协议无关性。

8.1.6　常见的网络管理平台

网络管理平台是实现网络管理功能的一种软件产品，它运行于一定的计算机平台上，组成一个网络管理系统（NMS）。

目前，典型的网络管理软件主要有 HP 公司的 Open View、IBM 公司的 Net View、SUN 公司的 SunNet Manager、Cabletron 公司的 Spectrum 与 DEC 公司的 PloyCenter 等。它们在支持本公司网络管理方案的同时，都可以通过 SNMP 对网络设备进行管理。

8.2　计算机网络安全技术

近年来，Internet 技术广泛用于各行各业，形成各自的 Intranet 或 Extranet 网络，为资源共享、信息交换和分布处理提供了良好的环境。Internet 与 Intranet 的主要区别在于允许谁访问信息。在 Intranet 网络上只允许授权的雇员访问，当允许商业伙伴或用户在不涉及安全性的前提下从外界访问网络时，称为 Extranet；而在 Internet 网络上，允许任何人从外界访问。

网络的性能、可靠性、可用性及信息安全等是组建、运行网络不可忽视的问题。这些问题通常都由网络管理系统负责处理，它借助于相应的软、硬件实现对网络活动和资源的规划、组织、监视、记账和控制。国际标准化组织 ISO 把网络管理划分为 5 个领域，包括故障、性能、配置、记账和安全管理，其中安全管理是网络管理的一项重要工作，它负责控制网络访问，包括防止未授权者访问网络资源及网络管理系统。这一节我们就来讨论网络安全管理的基本概念、网络所面临的基本安全问题和网络安全系统应能提供的基本服务。

8.2.1　网络安全概述

网络安全是指借助于网络管理，使网络环境中信息的机密性、完整性及可使用性受到保护，其主要目标是确保经网络传输的信息到达目的计算机时没有任何改变或丢失。因此，必须确保只有被授权者才可以访问网络。机密性定义了哪些信息不能被窥探、哪些网络资源不能被未授权者访问。完整性是指系统资源或信息不能被未授权者替换或破坏。可用性意味着一个网络资源在每当用户需要时就可以使用。信息安全就是指如何防止信息的偶然泄露或恶意泄露，防止信息被未授权者修改、破坏，或防止信息无法处理等方面的技术。为此，需要对整个网络及有关资源进行保护，需要提供适当的机制，便于发送者和接收者对发送的信息进行认证，防止从外界干涉整个网络环境。

任何信息系统的安全性都可以从以下 4 个方面进行衡量：

（1）用户身份认证，是指在用户访问网络前，验证其身份是否合法。

（2）授权，是指允许用户以什么方式访问网络资源，即用户访问网络的权限。

（3）责任，根据经数据检查跟踪得到的事件记录，作为证据判别访问者责任。

（4）保证，是指系统达到什么级别的可靠程度。

为了实现上述 4 个方面的安全措施，我们可以分别采用物理的（确保系统资源和信息物理上的安全性）、程序性的（为用户如何访问网络提供明确的方法）和逻辑的（使用软件机制实现安全措施）方法实现信息和系统的安全性。从可用性角度考虑，网络需要提供退回、恢复到原来状态和意外事故处理服务。保密性、完整性通过提供专门的安全服务实现。

安全不仅是技术问题，更重要的是管理问题。这意味着通常需要制定一个组织内部使用的有效的安全管理规定和策略，要有相应的管理委员会和组织机构去执行。

8.2.2 网络安全的基本问题

研究网络安全问题，首先要研究对网络安全构成威胁的主要因素。我们将对网络安全构成威胁的因素大致归纳为以下 6 个方面。

1．网络防攻击问题

要保证运行在网络环境中的信息系统的安全，首先要保证网络自身能够正常工作。也就是说首先要解决如何防止网络被攻击；或者网络虽然被攻击了，但是由于预先采取了攻击防范措施，仍然能够保持正常工作状态。

在 Internet 中，对网络的攻击可以分为服务攻击与非服务攻击。服务攻击是指对网络中提供某种服务的服务器发起攻击，造成该网络服务器的"拒绝服务"，网络工作不正常。例如，攻击者可能会设法使一个网络的 WWW 服务器瘫痪，或修改它的主页，使得该网站的WWW 服务失效或不能正常工作。非服务攻击是指攻击者可能使用各种方法对网络通信设备（如路由器、交换机）发起攻击，使得网络通信设备工作严重阻塞或瘫痪。

研究网络可能遭到哪些人的攻击，攻击类型和手段可能有哪些，如何及时检测并报告网络被攻击，建立相应的网络安全策略与防护体系，是网络防攻击技术要解决的主要问题。

2．网络安全漏洞与对策问题

网络信息系统的运行涉及计算机硬件与操作系统、网络硬件与网络软件、数据库管理系统、应用软件以及网络通信协议等。这些硬件与软件资源都会存在一定的安全问题，它们不可能百分之百没有缺陷和漏洞。用户开发的各种应用软件可能会出现更多能被攻击者利用的漏洞。这些缺陷和漏洞在产品的研制与测试阶段大部分会被发现和解决，但总是会遗留下一些问题，这些问题只能在使用过程中不断被发现。

网络攻击者通过研究这些安全漏洞，然后把这些安全漏洞作为攻击网络的首选目标。这就要求网络安全人员主动去了解各种网络资源可能存在的安全问题，利用各种软件与测试工具主动检测网络可能存在的各种安全隐患，并及时提出解决对策与措施。

3. 网络中的信息安全保密问题

网络中的信息安全保密主要包括信息存储安全与信息传输安全两个方面。

（1）信息存储安全是指如何保证静态存储在连网计算机中的信息不会被未授权的网络用户非法使用的问题。网络中的非法用户可以通过猜测用户口令或窃取口令的办法，或者设法绕过网络安全认证系统，冒充合法用户，非法查看、下载、修改、删除未授权访问的信息，使用未授权的网络服务。信息存储安全通常采用用户访问权限设置、用户口令加密、用户身份认证、数据加密与节点地址过滤等方法。

（2）信息传输安全是指如何保证信息在网络传输过程中不被泄露与不被攻击。信息在从信息源传输到信息目的节点的过程中，可能会遇到4种可能的攻击类型：

① 信息被截获。信息从信息源节点传输出来，中途被攻击者非法截获，信息的目的节点没有收到应该收到的信息，因而造成信息的丢失。

② 信息被窃听。信息从源节点传输到了信息目的节点，但中途被攻击者非法窃听。

③ 信息被篡改。信息从信息源节点传输到信息目的节点中途被攻击者非法截获，攻击者在截获的信息中进行修改或插入欺骗性信息，然后将篡改后的错误信息发送给信息目的节点。

④ 信息被伪造。信息源节点并没有信息要传送到信息目的节点，攻击者冒充信息源节点用户，将伪造的信息发送给信息目的节点，信息目的节点收到的是伪造的信息。

保证网络系统中的信息安全的主要技术是数据加密和解密。目前，人们通过加密和解密算法、身份认证、数字签名等方法，来实现信息存储与传输的安全性。

4. 网络内部安全防范问题

除了以上列出的几种可能对网络安全构成威胁的因素外，对网络安全的威胁也可能来自网络内部。

一个问题是如何防止信息源节点用户对所发送的信息事后不承认，或者是信息目的节点接收到信息之后不认账，即出现抵赖问题。"防抵赖"是对网络中的信息传输安全进行保障的重要内容之一。如何"防抵赖"也是电子商务应用中必须要解决的一个重要问题。

另一个问题是如何防止内部具有合法身份的用户有意或无意地做出对网络和信息安全有害的行为。如有意或无意泄露管理员口令，私自和外部网络连接，越权查看、修改和删除有关文件，越权修改网络配置，私自将带有病毒的软盘或游戏盘在网络中使用等。这类问题会经常出现，并且危害性极大。

解决来自网络内部的不安全因素必须从技术与管理两个方面入手。一是通过网络管理软件随时监控网络运行状态与用户工作状态；二是对重要资源使用状态进行记录与审记。同时，制定和不断完善网络使用和管理制度，加强用户培训和管理。

5. 网络防病毒问题

网络病毒的危害是人们不可忽视的现实。网络防病毒是保护网络与信息安全的重要问题之一。它需要从工作站与服务器两个方面的防病毒技术与用户管理技术来着手解决。

6. 网络数据备份与恢复、灾难恢复问题

在实际的网络运行环境中,如果出现网络故障造成数据丢失,数据能不能恢复?这是在网络信息系统安全设计中必须注意的问题。一个实用的网络信息系统的设计中必须有网络数据备份、恢复手段和灾难恢复策略与实现方法的内容,这也是网络安全研究的一个重要内容。

8.2.3 主要的网络安全服务

完整地考虑网络安全应该包括 3 个方面的内容:安全攻击、安全机制与安全服务。

安全攻击是指所有有损于网络信息安全的操作。安全机制是指用于检测、预防攻击,以及在受到攻击后进行恢复的机制。安全服务则是指提高数据传输安全性的服务。

网络安全服务应该提供以下基本的服务功能。

1. 保密性

保密性服务是为了防止被攻击而对网络传输的信息进行保护。根据所传送信息的安全要求不同,选择不同的保密级别。最广泛的服务是保护两个用户在一段时间内传送的所有用户数据,同时也可以对某个信息中的特定域进行保护。

保密性的另一个方面是防止信息在传输中数据流被截获与分析。这就要求采取必要的措施,使攻击者无法检测到网络中传输信息的源地址、目的地址、长度及其他特性。

2. 认证

认证服务是用来确定网络中信息传送的源节点用户与目的节点用户的身份是真实的,不出现假冒、伪装等现象,保证信息的真实性。在网络中两个用户开始通信时,要确认对方是合法用户,还应保证不会有第三方在通信过程中干扰与攻击信息交换的过程,以保证网络中信息传输的安全性。

3. 数据完整性

数据完整性服务可以保护信息流、单个信息或信息中指定的字段,保证接收方所接收的信息与发送方所发送的信息是一致的。在传送过程中没有被复制、插入、删除等对信息进行破坏的行为。

数据完整性服务又可以分为有恢复和无恢复两类。因为数据完整性服务与信息受到主动攻击相关,因此数据完整性服务与预防攻击相比更注重信息一致性的检测。如果安全系统检测到数据完整性遭到破坏,可以只报告攻击事件发生,也可以通过软件或人工干预的方式进行恢复。

4. 防抵赖

防抵赖是用来保证收发双方不能对已发送或已接收的信息予以否认。一旦出现发送方对发送信息的过程予以否认,或接收方对已接收的信息予以否认时,防抵赖服务可以提供记录,说明否认方是错误的。防抵赖服务对电子商务活动是非常有用的。

5. 访问控制

访问控制服务是指控制与限定网络用户对网络资源的访问。常用的访问控制服务可以通过用户身份认证与访问权限设置来实现。更高安全级别的访问控制服务，可以通过用户口令的加密存储与传输，以及使用一次性口令、智能卡、个人特殊性标识（指纹、视网膜、声音）等方法提高身份认证的可靠性。

8.2.4　网络防火墙技术

目前，常用的保障计算机网络安全的方法主要包括主动防御和被动防御两个方面。主动防御是指如何保证在网络上传输的信息的安全性，防止信息被非法窃取、篡改和伪造等；被动防御是指如何限制网络用户（或程序）的访问权限，防止非法用户（或程序）的侵入。主动防御解决方案的核心技术是信息加密技术，而被动防御解决方案则大多基于网络防火墙技术。

网络防火墙是一种访问控制技术，在某个机构的网络（内部网络）和外部网络之间设置屏障，用于阻止对内部网络信息资源的非法访问。换句话说，防火墙是一道门槛，控制进/出内部网络两个方向的通信。防火墙主要用来保护内部网络免受来自外部网络的入侵。内部网络可能是企业的内部网络，也可以是某个政府机构的内部网络，外部网络可以是因特网。但防火墙不是只用于某个网络与因特网的隔离，它也用于企业内部网络中的部门网络之间的隔离，如财务部与销售部子网络间的隔离。

防火墙是一种非常有效的网络安全模型，一般可基于 OSI/RM7 层协议中的 5 层（应用层、传输层、网络层、数据链路层和物理层）设置，如图 8.3 所示。

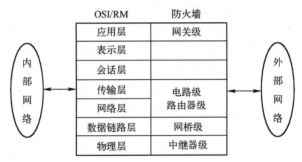

图 8.3　防火墙模型

在逻辑上，防火墙是一个过滤器、限制器和分析器；在物理上，防火墙通常是一组配备了相应软件的硬件设备（如路由器、计算机等）的组合。一个理想的防火墙系统主要有以下特性：

（1）所有进、出被保护网络的数据包都要经过防火墙。

（2）只有防火墙安全策略允许的数据包才可以通过防火墙。

（3）防火墙本身具有较强抵御入侵的能力。

1. 防火墙技术的分类

防火墙系统通常采用的典型技术主要有包过滤、应用网关、代理服务、数据包检查和自适应代理技术等。

（1）包过滤（Packet Filtering）。包过滤通常用在内部网络和外部网络之间。过滤一般由屏蔽路由器（Screened router，一种可以根据过滤规则对数据包进行过滤和转发的路由器）来实现，也可由一台主机通过运行相应的过滤软件来实现。包过滤通常工作在网络层和传输层（如 IP 层和 TCP 层），过滤机制通过检查包头信息来实现。数据包的过滤按一定的安全策略设置若干过滤规则来进行，过滤规则依一定的次序排列，过滤时找到匹配的规则后就不再向下应用其他的规则。过滤过程中如果找到一个匹配的规则，且过滤规则允许该数据包，那么该数据包就会按照路由表中的路由信息被转发；如果找到一个匹配的规则，并且过滤规则拒绝该数据包，那么该数据包就会被丢弃；如果无匹配规则，所配置的防火墙默认参数将决定此包是被转发还是被舍弃。包过滤技术最大的优点是过滤效率高，支持用户的透明访问（用户感觉不到防火墙的存在）等，其缺点主要是对高层协议适应能力差，过滤规则集的制定过于复杂且难以验证其正确性等。

（2）应用网关。应用网关是在应用层上实现过滤和转发功能，它针对特定的网络应用协议制定数据过滤规则，可在过滤的同时对数据包分析的结果及采取的措施进行登记和统计，并形成报告。在实际应用中，应用网关通常用一台计算机来实现。该技术的特点是工作于应用层，因此具有高层应用数据或协议的适应能力。该技术的实现通常需要专门的用户程序或各种用户接口的支持。事实上，这种方法只是支持最重要的一些服务。

（3）代理服务。代理服务对一些标准的网络服务提供代理。代理服务器接收客户请求后会检查并验证其合法性。若合法，它将像一台客户机一样向真正的服务器发出请求并取回所需的信息，最后再转发给客户。代理服务器只允许被代理的服务通过，而其他所有服务都将完全被封锁住。代理服务器可将内部网络与外界完全隔离开来，是防火墙技术中颇受欢迎的一种。它的优点在于可以将被保护网络的内部结构屏蔽起来，从而极大地增强了网络的安全性，同时代理服务还可以用于实施较强的数据流监控、过滤、记录和报告等。使用代理服务技术的主要缺点在于需要为每种网络服务提供专门的代理服务软件及相应的监控、审计等功能，并且由于代理服务具有相当的工作量，因此需要用专门的计算机来承担此项工作。

（4）数据包检查。这种方法不仅对数据包进行过滤，而且检查各协议层数据包报头的内容。在这种类型的防火墙中存在着一种包检查软件，它可以应用于所有协议，可以检查从网络层到应用层报头的内容。这种方法比只访问特定协议层的防火墙技术更先进，因为应用网关只访问应用层，屏蔽路由器只访问网络层和传输层，而包检查技术把所有层的信息结合在一起并对这些信息进行综合性检查。

（5）自适应代理技术。这是一种较新的防火墙技术，在一定程度上反映了目前防火墙技术的发展动态。该技术可以根据用户定义的安全策略，动态地适应传送中的分组流量。

除上述典型技术外，防火墙系统还可以采用其他一些技术，如电路层网关、状态检测、NAT（网络地址转换器）等。在实际应用中为加强防火墙系统的有效性，往往将上述一些技术组合起来使用，构建所谓复合型防火墙系统，如在一个防火墙系统中同时运用了包过滤技术和代理服务技术等。

总体说来，防火墙的性能及特点主要由以下两方面决定：其工作的网络协议层次及所采用的根本工作机制（过滤或是代理）。首先，工作的协议层次是决定防火墙效率及安全性的主要因素：一般而言，工作层次越低，则效率越高，而安全性越低；反之，工作层次越高，则效率越低，而安全性越高。其次，安全性还与防火墙所采用的工作机制有着密切关系：如果采用代理机制，安全性相对要高些；如果采用过滤机制，则安全性要低些。

2．防火墙的结构

防火墙可以被设置成许多不同的结构，不同结构的防火墙所能提供的安全级别及其相应的维护运行费用也不尽相同。下面，将对一些较典型和常见的防火墙结构做一讨论。

（1）双重宿主主机。双重宿主主机是多重宿主主机（拥有多个网络接口，每一个接口都连在不同的网段上，各个网段在物理上和逻辑上都是分离的）中最常见的例子。一个双重宿主主机通常是一台安装了两块网络接口卡的主机系统，作为网关分别连接外部网络和被保护网络。这种防火墙的最大特点是网络层（如 IP 层）的通信是被阻止的，数据包的传输必须通过应用层。两个网络之间的通信可通过应用层代理服务或应用层数据共享来完成。

（2）被屏蔽主机。这种防火墙强迫所有的外部主机与一个位于内部网络的堡垒主机相连接。为了实现这个目的，需要在内、外网间设置一个过滤路由器，通过它使所有外部到内部的连接均须通过堡垒主机。而堡垒主机是一种被强化的可以防御外部进攻的计算机，是进入内部网络的一个检查点。在堡垒主机上，通常可以运行各种各样的代理服务器。

（3）被屏蔽子网。被屏蔽子网在本质上和被屏蔽主机是一样的，但是增加了一层保护体系，即周边网络。堡垒主机位于周边网络上，周边网络和内部网络被内部屏蔽路由器分开，如图 8.4 所示。

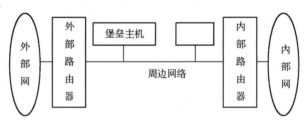

图 8.4　屏蔽子网体系结构

上面讨论了 3 种基本的防火墙结构。在具体的应用过程中，一般还可以根据实际应用需要形成、组合基于上述 3 种基本结构的种种变体，以满足各种网络的不同安全需求。

3．进行防火墙设计应考虑的几个基本问题

防火墙设计的安全目标取决于具体的网络安全需求及所具备的人力、物力条件。在进行具体的防火墙构建时，一些基本点和出发点值得引起注意。

（1）防火墙设计的基本安全原则。在防火墙设计过程中，一般均以下两种基本安全原则中的一种作为其安全策略设计的基点。

① 除非明确允许，否则将禁止某种服务。

② 除非明确不允许，否则允许某种服务。

分别基于上述两种安全原则设计的防火墙各有其优点和缺点，应根据具体的应用及安全需求斟酌选用。一般而言，前者的优点是安全性高，但其灵活性相对较差；而后者的优点则

是服务环境灵活，但其安全性不高。

（2）机构的整体安全策略。机构整体安全策略定义了安全防御的方方面面。防火墙只是机构整体安全策略的不可分割的一个组成部分。如果一个机构没有一套较完备的整体安全策略，将会使大多数精心设计的防火墙形同虚设，导致整个网络将面临许多安全漏洞和隐患。

4．防火墙存在的优点和不足

防火墙之所以能成为实现网络安全策略的最有效的工具之一，并被广泛地应用到因特网上，是因为使用防火墙具有许多优点，对保护内部网络的安全能起到重要作用。防火墙所具有的优点主要包括以下几个方面：

（1）集中化的安全管理。

（2）能够对透过防火墙的网络服务进行必要的限制。

（3）可控制对特殊站点的访问。

（4）方便地监视网络的安全性并产生报警。

（5）如果防火墙系统采用网络地址翻译器（NAT）技术，还可极大地缓和网络地址空间的不足。

使用防火墙虽可以带来许多优点和便利，但就目前的防火墙技术水平而言还存在一些缺陷和不足，主要表现在以下几个方面：防火墙极有可能封锁掉用户所需的某些服务；防火墙无法防范绕过它的外来攻击，比如允许内部用户直接拨号上网就会使得精心设计的防火墙系统失效；防火墙不能防范来自内部的安全威胁；防火墙不能防止传送已感染病毒的软件或文件等。

目前典型的防火墙技术最大缺陷是对来自内部的安全威胁不具备防范能力，而要真正解决好内部网的安全问题，须在现有防火墙技术的基础上进一步结合网络安全的一些最新技术和成果如身份认证技术、端对端的数据流加密技术、内容检测技术、攻击检测技术等，最终形成一套一体化的解决方案，这同时也是防火墙技术未来发展的主要方向。

8.3 Intranet 技术

8.3.1 Intranet 的基本概念

Intranet 是在 Internet 网络的基础上逐渐发展起来的一种网络技术，它是指企业内部的 Internet。Intranet 不仅是一种组网技术，而且还可以提供与 Internet 相同的 WWW、E-mail、FTP 等服务。这方面 Intranet 与 Internet 是有共同之处的。

但是，Intranet 与 Internet 也存在着不同之处，主要表现在 Intranet 更注意网络资源的安全性问题。因为 Internet 的服务对象是面向全球的 Internet 用户，而 Intranet 的服务对象则更着重于某一企业内部的员工。为达到信息安全的目的，在建立 Intranet 时要采取加密技术、安全认证、防火墙技术等措施。

Intranet 是利用 Internet 技术建立的企业内部信息网络。Intranet 与 Internet 的联系与区别主要表现在以下几点：

（1）Intranet 是一种企业内部的计算机信息网络，而 Internet 是一种向全世界用户开放的公共信息网络，这是二者在功能上的主要区别之一。

（2）Intranet 是利用 Internet 技术开发的计算机信息网络，它所使用的 Internet 技术主要有 WWW、E-mail、FTP 与 Telnet 等，这是 Intranet 与 Internet 的相同点。

（3）Internet 采用浏览器技术开发用户端软件，对于 Intranet 用户来说，面对的用户界面与普通 Internet 的用户界面相同，因此 Intranet 用户可以方便地访问 Internet，而 Internet 用户也能够方便地访问 Intranet。

（4）Intranet 内部的信息分为企业内部的保密信息与需要公开发布的企业产品信息两类，防火墙就是用来解决 Intranet 与 Internet 互连安全性的重要手段。

（5）Intranet 只有与 Internet 互连才能真正发挥作用。Internet 的应用给企业带来了巨大的经济效益，使得几乎所有的企业都希望加入 Internet。正是这种需求导致了 Intranet 的出现。Intranet 已成为当前网络信息系统的基本模式，因此也影响着网络系统集成技术的变化。

8.3.2　Intranet 的基本结构

Internet 是一种公众信息网，它允许任何人从任何地方访问它的资源。Intranet 是一种企业内部网，其中的内部信息必须严格加以保护，只有那些有访问权限的人才能访问它。因此，Intranet 必须通过防火墙与 Internet 连接起来。如图 8.5 所示给出了 Intranet 的逻辑结构。一般说来，Intranet 由以下 4 部分组成：服务器、客户机、物理网络与防火墙。

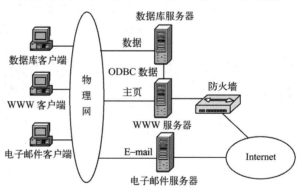

图 8.5　Intranet 的逻辑结构

Intranet 的基本服务器主要有以下几种：WWW 服务器、数据库服务器与电子邮件服务器。数据库服务器（Database Server）是 Intranet 的重要组成部分。目前，WWW 服务器一般通过开放数据库互连（Open Data Base Connectivity，ODBC）与数据库连接。开放数据库接口 ODBC 是微软公司制定的一种数据库接口标准，目前已被大多数数据库厂家所采用。无论是大型数据库（如 Oracle、Informix、Windows NT SQL Server），还是小型数据库（如 dbase、Access、Visual FoxPro），它们都提供了相应的 ODBC 接口。各种常见的数据库都可以通过 Web 页的形式显示。Web 页制作人员通过在 WWW 主页中嵌入 SQL 语句，用户可以直接通过 Web 页访问数据库文件。

在如图 8.5 示的 Intranet 结构中，WWW 服务器与电子邮件服务器都要与 Internet 相连。WWW 服务器一般是通过防火墙与 Internet 连接。电子邮件服务器可以通过防火墙与 Internet

连接，也可以直接与 Internet 连接。数据库服务器一般是不与 Internet 连接的，它只能被 Intranet 中的用户访问。

8.3.3 Intranet 的主要技术

Intranet 是利用 Internet 的标准与技术构建的企业内部网络，是 Internet 的 Web 模式和单位内部网模式的完美结合。它通过 HTML 将多种信息有机地组合起来，形成多种媒体合一的 Web 页面，将原来的 Client/Server（C/S）模式升级为多层次、交互式的 Browser/Server（B/S）模式。B/S 模式具有开放性、实时性、通用性和简单易用的特点。通过 Intranet 技术在单位内部网建设中的应用，可以改善业务人员的工作环境和工作方式，又能为用户提供快捷、准确的数据操作。

Intranet 有许多新技术，是以往的企业内部网开发中没遇到的，主要有以下 4 点。

1．ODBC 技术（Open DataBASE Connectivity，开放数据库互连）

在 Internet 上我们访问的数据库资源非常丰富，种类也是各种各样的，它们运行在不同的操作平台下，具有不同的结构体系，因此需要一种统一的方法来实现对各种数据库的访问，ODBC 的出现解决了这个问题。ODBC 是一组规范，该规范为应用程序提供了一组对数据库访问的标准和基于动态链接库的运行支持环境。利用 ODBC 接口我们可以创建与数据库系统进行交互的应用程序，应用程序调用标准的 ODBC 函数和 SQL 语句，把要执行的操作提交给数据库驱动程序，来实现对数据的各种操作。对用户而言，ODBC 的驱动程序屏蔽了不同数据库系统间的差异，使得用 ODBC 编写的数据库应用程序可以运行在不同的数据库环境下。这样应用程序就具有很好的可移植性和适应性，从而彻底克服了传统数据库的缺陷。

2．ASP 技术（Active Server Pages，动态服务器页面）

ASP 是 Mircosoft 在其 Web Server IIS3.0 及其以上版本中增加的一个部件。利用 ASP 技术编写的网页后缀名为．asp，它实际上是 HTML 文件的扩展。在．asp 文件中可以嵌入脚本语言（主要是指 VBScript 和 JScript），这些脚本语言编写的小程序（在．asp 文件中为"<%"和"%>"之间的程序段）在服务器上被执行，具有强大的交互能力，可以访问数据库，创建动态和交互的 Web 网页。

3．利用 ADO 和 ASP 访问 Web 数据库技术

ADO（ActiveX Data Object）是一种 Microsoft 提供的数据库访问接口，具有较强的数据库访问功能。把 ADO 技术与 ASP 技术结合起来访问 Web 数据库是一种理想的解决方案。通过这项技术，我们可以建立提供数据库信息的 Web 页面，在 Web 页面中执行 SQL 指令，对数据库进行操作。当用户端的浏览器填好表单所要求输入的资料并按下"Submit"（提交）按钮后，经过因特网、内联网传送 HTTP 请求到 Web 服务器。该请求在 Web 服务器执行表单所指定的 ASP 程序，ASP 程序是后缀名为．asp 的文档，IIS 3.0/4.0 Web 服务器执行 ASP 文档，通过 ODBC 驱动程序，连接到支持 ODBC 的数据库上，执行 ASP 文档所指定的 SQL 指令，最后将执行的结果以 HTML 的格式传送给用户浏览器。

4．Dynamic HTML（动态 HTML）技术

动态 HTML 就是当网页从 Web 服务器下载后无须再经过服务器的处理，而在浏览器中直接动态地更新网页的内容、排版样式、动画，产生动人的效果。比如，当鼠标移至文章段落中，段落能够变成蓝色，或者当你单击一个超级链接后会自动生成一个下拉式的子超级链接目录，这就是动态 HTML。它是各种技术综合发展的结果，是近年来网络技术飞速发展进程中具有实用性的创新技术之一。

8.3.4　Intranet 的技术特点

Intranet 的技术特点具体表现在以下几个方面。

1．具有很好的可维护性

Intranet 技术可以自主地进行信息维护和授权，不必设立一个专门机构进行信息维护。客户端只有一个浏览器，无需任何程序代码，不必维护。

2．通用性强、扩展性好

客户端只有一个浏览器，无须安装其他工具软件，因此通用性强、扩展性好。

3．安全性好

数据库系统采用了大型数据库，具有完善的 C/S 结构，保证了系统的安全性。系统根据用户的身份划分不同的权限，有效地阻止了非授权用户的侵入，保证了数据的安全性。

4．查询数据的简单性、高效性

Intranet 利用 SQL 进行数据查询。SQL（Structured Query Language）是对数据进行组织、管理和检索的一种高效的、标准的工具。它可以连接多种数据库，如 SQL Server、Oracle、Sybase、Access 等。SQL 作为一种数据库的标准语言工具，查询数据时无须涉及数据的物理位置，无须规定查找和索引策略，服务器确定查找所需数据的最有效的方法。

5．容易开发

用 VBScript 或 JavaScript 等简单易懂的脚本语言，结合 HTML 代码，可快速地实现网站的应用开发。这使得网站的开发与维护更容易、更方便。

8.3.5　实际的 Intranet 的基本结构

如图 8.6 所示给出了实际的 Intranet 结构示意图。在这个网络系统中，物理网络采用的是10/100Mbps 以太网交换机与 10/100Mbps 集线器构成的两级结构。WWW 服务器采用的是Windows NT Server 操作系统与 Internet Information Server 软件；电子邮件服务器采用的是Windows NT Server 操作系统与 Exchange Server 软件；数据库服务器采用的是 Windows NT Server 操作系统与 SQL Server 软件；客户端计算机采用的是 Windows 98 与 Internet Explorer 浏览器；防火墙采用的是 Proxy Server。

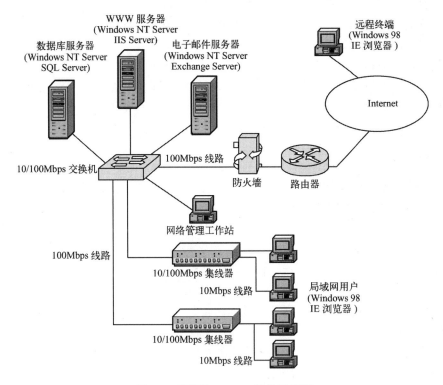

图 8.6 实际的 Intranet 结构示意图

8.4 物联网

8.4.1 物联网概述

轻触一下电脑或者手机的按钮，即使千里之外，你也能了解到某件物品的状况、某个人的活动情况。发一个短信，你就能打开风扇；如果有人非法入侵你的住宅，你还会收到自动电话报警。如此智能的场景，已不是好莱坞科幻大片中才有的情形了，物联网正在走进我们的生活。

1. 物联网定义

物联网是新一代信息技术的重要组成部分。其英文名称是"The Internet of things"。顾名思义，"物联网就是物物相连的互联网"。有两层意思：第一，物联网的核心和基础仍然是互联网，是在互联网基础上的延伸和扩展的网络；第二，其用户端延伸和扩展到了任何物品与物品之间，进行信息交换和通信。在这个网络中，物品能够彼此进行"交流"，而无需人的干预。物联网中广泛应用了智能感知、识别技术与云计算技术，是继计算机、互联网之后世界信息产业发展的第三次浪潮。

物联网这个概念，在中国早在 1999 年就提出来了，当时叫传感网。其定义是：通过射频识别（RFID）、红外感应器、全球定位系统、激光扫描器等信息传感设备，按约定的协议，把任何物品与互联网相连接，进行信息交换和通信，以实现智能化识别、定位、跟踪、监控和管理的一种网络概念。"物联网概念"是在"互联网概念"的基础上，将其用户端延伸和扩展到任何物品与物品之间，进行信息交换和通信的一种网络概念。即互联网是物联网的基础，物联网是互联网发展的延伸。

根据国际电信联盟的报告，物联网意味着世界上所有的物体，从轮胎到牙齿，从房屋到纸巾都可以通过互联网主动进行"交流"。如果说原来我们所说的信息化主要指的是人类行为的话，那么物联网时代的信息化，则将人和物都包括进去了，地球上的人与人、人与物、物与物的沟通与管理，全部将纳入物联网的世界里。

2．物联网需求分析

物联网是为了打破地域限制，实现物物之间按需进行的信息获取、传递、存储、融合、使用等服务的网络。因此，物联网应该具备如下三个能力：全面感知、可靠传递、智能处理。

（1）全面感知：利用 RFID、传感器、二维码等随时随地获取物体的信息，包括用户位置、周边环境、个体喜好、身体状况、情绪、环境温度、湿度，以及用户业务感受、网络状态等。

（2）可靠传输：通过各种网络融合、业务融合、终端融合、运营管理融合，将物体的信息实时准确地传递出去。

（3）智能处理：利用云计算、模糊识别等各种智能计算技术，对海量数据和信息进行分析和处理，对物体进行实时智能化控制。

3．物联网基本架构

目前物联网大致被公认为有三个层次，底层是用来感知数据的感知层，第二层是数据传输的网络层，最上面则是应用层，如图8.7所示。

（1）感知层。是物联网的皮肤和五官——识别物体，采集信息。感知层包括二维码标签和识读器、RFID 标签和读写器、摄像头、GPS 等感知终端，主要作用是识别物体，采集信息，与人体结构中皮肤和五官的作用相似。感知层一般包括数据采集和数据短距离采集两部分。

（2）网络层。是物联网的神经中枢和大脑——信息传递和处理。网络层包括通信与互联网的融合网络、网络管理中心和信息处理中心等。网络层将感知层获取的信息进行传递和处理，类似于人体结构中的神经中枢和大脑。网络层主要承担着数据传输的功能。

（3）应用层。是物联网的"社会分工"——与行业需求结合，实现广泛智能化。应用层是物联网与行业专业技术的深度融合，与行业需求结合，实现行业智能化，这类似于人的社会分工，最终构成人类社会。应用层将感知和传输来的信息进行分析和处理，做出正确的控制和决策，实现智能化的管理、应用和服务。

4．物联网核心技术

（1）RFID。射频识别技术，也称电子标签，在物联网中起重要的"使能"作用。

（2）传感网。借助于各种传感器，探测和集成包括温度、湿度、压力、速度等物理现象的网络。

（3）M2M（Machine to Machine）。侧重于末端设备的互连和集控管理，也称 X-Internet，

中国三大通信运营商目前在推广 M2M 这个理念。

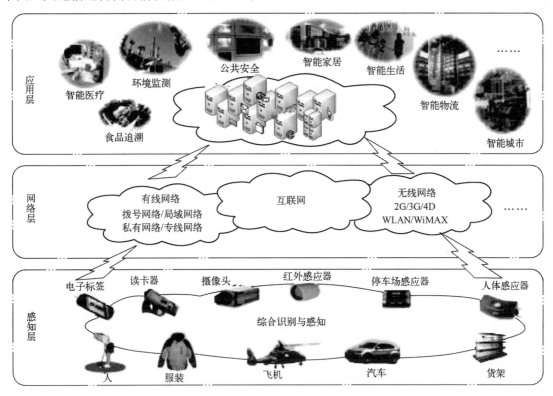

图 8.7　物联网体系架构示意图

（4）两化融合。工业信息化也是物联网产业主要推动力之一，自动化和控制行业是主力，但目前来自这个行业的声音相对较少。

物联网是未来的信息通信技术的发展趋势，也是各国战略布局中的重要组成部分。根据初步测算，我国未来十年在物联网重点应用领域的投资可达 4 万亿元，产出是 8 万亿元。而根据数据，2010 我国整体市场规模还只有 2000 亿元。由此可见，目前物联网产业在我国的发展尚处在产业大爆发的前夜。

8.4.2　物联网关键技术

物联网的关键技术是通过射频识别、红外感应器、全球定位系统、激光扫描器等信息传感设备，按约定的协议，将物品与互联网相连接，进行信息交换和通信，以实现智能化识别、定位、追踪、监控和管理。

1．射频识别技术概述

RFID 是 Radio Frequency Identification 的缩写，即射频识别，常称为感应式电子晶片或近接卡、感应卡、非接触卡、电子标签、电子条码等，它是 20 世纪 90 年代开始兴起的一种自动识别技术，它利用射频信号通过空间电磁耦合实现无接触信息传递并通过所传递的信息实现物体识别。

射频识别技术一般由 RFID 标签、标签读写器和后端数据库构成。

（1）RFID 标签（Tag）。由耦合元件及芯片组成，标签含有内置天线，用于和射频天线间进行通信。电子标签中一般保存有唯一的约定格式的电子编码，附着在物体上标识目标对象，也称卡片。RFID 标签有两种：有源标签和无源标签，或称主动标签和被动标签。它们之间的比较如表 8.1 所示。

表 8.1　有源标签和无源标签的性能比较

规　　格	主动标签（有源）	被动标签（无源）
能量来源	电池供电，可持续	
工作距离	可达 100m	可达 3～5m，一般 20～40cm
存储容量	16KB 以上	通常小于 128B
信号强度要求	低	高
价格	高	低
工作寿命	2～4 年	更长

（2）读写器（Reader）。是一种负责读取或改写电子标签信息的设备，也称读卡器，或读头等。它一般与天线（Antenna）整合在一起，成为手持设备或大型固定设备。

（3）后端数据库。可以是运行于任意硬件平台的数据库系统，通常具有强大的计算和存储能力，同时它包含所有 Tag 的信息。

RFID 技术的工作原理：首先电子标签进入读写器产生的磁场后，读写器发出射频信号，然后凭借感应电流所获得的能量发送出存储在芯片中的产品信息（被动标签），或者主动发送某一频率的信号（主动标签），最后读写器读取信息并解码后，送至后端数据库进行数据处理。

RFID 技术所具备的独特优越性是其他识别技术如传统条形码识别技术无法比拟的。主要体现在以下几个方面：读取方便快捷；识别速度快；数据容量大；使用寿命长，应用范围广；标签数据可动态更改；安全性更高；动态实时通信。

近年来，RFID 技术已经在物流、零售、制造业、服装业、医疗、身份识别、防伪、资产管理、食品、动物识别、图书馆、汽车、航空、军事等众多领域开始应用，对改善人们的生活质量、提高企业经济效益、加强公共安全以及提高社会信息化水平产生了重要的影响。我国已经将 RFID 技术应用于铁路列车车号识别、身份证和票证管理、动物标识、特种设备与危险品管理、公共交通以及生产过程管理等多个领域。

在未来的几年中，RFID 技术将继续保持高速发展的势头。电子标签、读写器、系统集成软件、公共服务体系、标准化等方面都将取得新的进展。随着关键技术的不断进步，RFID产品的种类将越来越丰富，应用和衍生的增值服务也将越来越广泛。

2．无线传感器网络概述

无线传感器网络（WSN）是由部署在监测区域内的大量微型传感器节点组成、节点之间通过无线通信方式形成的多跳自组织网络系统。

无线传感器网络已经从单纯的感知环境，发展到越来越与互联网相结合。完整的基于标准通信协议栈的出现，能够使微型无线设备组成一个可靠的通信网，协议运行在这个通信网上能够实现端到端的 IP 互通性。

无线传感器网络系统通常包括传感器节点（Sensor Node）、汇聚节点（Sink Node）和管理节点，如图 8.8 所示。

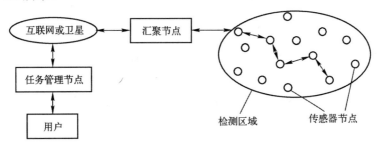

图 8.8　无线传感器网络系统结构图

无线传感器网络（WSN）的基本功能是将一系列空间分散的传感器单元通过自组织的无线网络进行连接，从而将各自采集的数据通过无线网络进行传输汇总，以实现对空间分散范围内的物理或环境状况的协作监控，并根据这些信息进行相应的分析和处理。

无线传感器网络有以下特点：

（1）动态性网络。

（2）硬件资源有限。

（3）能量受限。

（4）以数据为中心。

（5）无人值守。

（6）易受物理环境影响。

无线传感器网络使传感器形成局部物联网，实时地交换和获得信息，并最终汇聚到物联网，形成物联网重要的信息来源和基础应用。它是物联网的基本组成部分，改变了人与自然的交互方式，具有广阔应用前景。

3．移动通信网络概述

物联网的终端都需要以某种方式连接起来，发送或者接收数据。移动通信网是适合物联网组网特点的通信和联网方式，其中移动通信网络将是物联网主要的接入手段

移动通信网为人与人之间的通信、人与网络之间的通信、物与物之间的通信提供服务，它由无线接入网、核心网和骨干网三部分组成。无线接入网主要为移动终端提供接入网络服务，核心网和骨干网主要为各种业务提供交换和传输服务，如图 8.9 所示。

（1）早期移动通信发展历程。

1897 年，马可尼在陆地和一艘拖船上完成无线通信实验，标志着无线通信的开始。

1928 年，美国警用车辆的车载无线电系统，标志着移动通信开始应用于城市交通。

1946 年，Bell 实验室建立第一个公用汽车电话网，上世纪 60 年代，实现了无线频道自动选择域公用电话网自动拨号连接。

1974 年，Bell 实验室提出蜂窝移动通信的概念。蜂窝通信具有小覆盖、小发射功率和资源重用等优点，决定了它在现代移动通信中的重要作用。

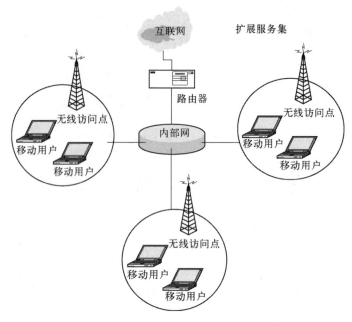

图 8.9　移动通信网结构图

（2）现代移动通信发展历程。

第一代移动通信系统。这个阶段是模拟蜂窝移动通信网，时间是 20 世纪 70 年代中期至 80 年代中期。它以模拟调频、频分多址为主体技术，包括以蜂窝网系统为代表的公共移动通信系统、以集群系统为代表的专用移动通信系统以及无绳电话。

第二代移动通信系统（2G）。是以 GSM 和 IS-95 为代表的第二代移动通信系统，始于 20 世纪 80 年代。以后为了解决中速数据传输问题，又出现了 2.5G 移动通信系统，如 GPRS，它是以数字传输、时分多址或码分多址为主体技术，简称数字移动通信，包括数字蜂窝系统、数字无绳电话系统和数字集群系统等。

第三代移动通信系统（3G）。3G 的概念是国际电联（ITU）早在 1985 年就提出的，当时称为未来公共陆地移动通信系统，1996 年更名为 IMT-2000。在第二代移动通信技术基础上进一步演进的以宽带 CDMA 技术为主，并能同时提供话音和数据业务的移动通信系统，亦即未来移动通信系统。第三代移动通信系统一个突出特色就是，要在未来移动通信系统中实现个人终端用户能够在全球范围内的任何时间、任何地点、与任何人、用任意方式、高质量地完成任何信息之间的移动通信与传输。可见，第三代移动通信十分重视个人在通信系统中的自主因素，突出了个人在通信系统中的主要地位，所以又称为未来个人通信系统。它以世界范围内的个人通信为目标，实现任何人在任何时候任何地方进行任何类型信息的交换。目前最具代表性的有美国提出的 MC-CDMA（CDMA2000），欧洲和日本提出的 W-CDMA 和中国提出的 TD-CDMA。

4．M2M 技术概述

人们预测，未来用于人与人通信的手机可能仅占整个无线移动终端设备数量的 1/3，而更大量的通信是以机器到机器（M2M）终端的方式，通过移动通信网、无线局域网、无线个人区域网来实现的。

M2M 是 Machine to Machine/Man 的简称，是一种以机器终端智能交互为核心的、网络化的应用与服务。它通过在机器内部嵌入无线通信模块，以无线通信等为接入手段，为客户提供综合的信息化解决方案，以满足客户对监控、指挥调度、数据采集和测量等方面的信息化需求。

M2M 根据其应用服务对象可以分为个人、家庭、行业三大类。M2M 技术的目标就是使所有机器设备都具备连网和通信能力，其核心理念就是网络一切（Network Everything）。M2M 系统结构如图 8.10 所示。

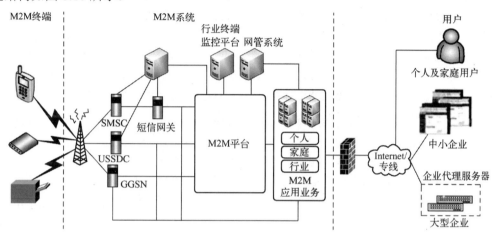

图 8.10　M2M 系统结构

M2M 中所说的"机器"（Machine）有两种含义：一种是指传统意义上的机器；另一种含义是指物联网中的智能终端设备、汽车上的传感器、智能机器人，甚至是软件等，只要这些硬件或者软件配置有能够执行 M2M 通信协议的接口模块，就可以构成 M2M 终端。

M2M 通信可以提供三种基本的工作模式：机器对机器、机器对移动电话（如用户远程监视）、以及移动电话对机器（如用户远程控制）。通过这些工作模式，可以实现远程信息采集、参数设置和指令发送，同时可以提供接入设备身份认证与数据加密传输服务。

M2M 是现阶段物联网最普遍的应用形式，是实现物联网的第一步。

未来的物联网将由无数个 M2M 系统构成，不同的 M2M 系统会负责不同的功能处理，通过中央处理单元协同运作，最终组成智能化的社会系统。

目前，M2M 技术已经开始应用于大型设备远程监控与维修、桥梁与铁路远程监控、环境监控、手机移动支付、物品位置跟踪、自动售货机状态监控、物流监控、移动 POS 监控、大楼与物业监控、重点防范场地与家庭安全监控之中，今后将广泛应用于智能电网、智能交通、智能家居、智能医疗、智能物流、智能农业、智能环境等领域。

8.4.3　物联网的安全问题

1. 网络安全基础

网络安全是指网络系统的硬件、软件及其系统中的数据受到保护，不因偶然的或者恶意的原因而遭受到破坏、更改、泄露，系统连续可靠正常地运行，网络服务不中断。

网络安全从其本质上来讲就是网络上的信息安全。从广义来说，凡是涉及到网络上信息的保密性、完整性、可用性、可控性和不可否认性的相关技术和理论都是网络安全的研究领域。网络安全的要素有以下几个：

（1）保密性。确保信息不暴露给未经授权的人或应用进程。

（2）完整性。只有得到允许的人或应用程序才能修改数据，并且能够判别出数据是否已被更改。

（3）可用性。系统必须及时地工作，不能拒绝向授权用户提供服务。

（4）可控性。能够对授权范围内的信息流向和行为方式进行控制

（5）可审查性。当网络出现安全问题时，能够提供调查的依据和手段。可审查性也称为"不可否认性"。

网络安全面临着诸多威胁：一般入侵；网络攻击；扫描技术；拒绝服务；缓冲区溢出；后门技术；Sniffer 技术；病毒木马；系统漏洞利用；非授权访问；内部人员误操作等等。

针对这一系列的网络安全威胁，如下网络安全技术显得尤为重要：

（1）密码。信息安全的核心和关键，主要包括密码算法、密码协议的设计与分析、密钥管理和密钥托管等技术。

（2）防火墙。用来加强网络之间访问控制，防止外部网络用户以非法手段通过外部网络进入内部网络来访问内部网络资源，保护内部网络操作环境的特殊网络互连设备。

（3）入侵检测。用于检测损害或企图损害系统的机密性、完整性或可用性等行为的一类安全技术。

（4）访问控制。按用户身份及其所归属的某预定义组来限制用户对某些信息的访问。

（5）认证技术。用于确定合法对象的身份，防止假冒攻击。其基本思想是通过验证被认证对象的属性来达到确认被认证对象是否真实有效。如图 8.11 所示。

（a）密码认证　　　　　　　　　（b）指纹认证

图 8.11　常见认证技术

2．无线传感器网络安全

（1）无线传感器网络安全目标。解决网络的可用性、机密性、完整性等问题，抵抗各种恶意的攻击。

（2）无线传感器网络安全问题。

① 有限的存储、运行空间和计算能力，有限的能量。一个普通的传感器节点拥有 16bit、8MHz 的 RISC CPU，但它只有 10KB 的 RAM、48KB 的程序内存和 1024KB 的闪存。一旦传感器节点部署到传感器网络中去，由于成本太高，是无法随意更换和充电的。

② 通信的不可靠性。无线传输信道的不稳定性以及节点的并发通信冲突可能导致数据包的丢失或损坏，迫使软件开发者需要投入额外的资源进行错误处理。多跳路由和网络拥塞可能造成很大延迟

③ 节点的物理安全无法保证。传感器节点所处的环境易受到天气等物理因素的影响。传感器网络的远程管理使我们在进行安全设计时必须考虑节点的检测、维护等问题，同时还要将节点导致的安全隐患扩散限制在最小范围内。

3．RFID 安全

（1）RFID 系统中的安全问题。

① RFID 技术应用于对信息有保密要求或其他特殊要求领域，将面临着信息安全威胁。

② 标签和读写器间的无线信道通信方式存在许多安全隐患，攻击者可以进行物理攻击、偷听攻击、重发攻击、追踪攻击等。

（2）RFID 安全机制。实现 RFID 安全性机制采用的方法主要有两类：物理安全机制和基于密码技术的软件安全机制。其中物理安全机制主要用于一些低成本的 Tag 中，列如，

① Kill 命令机制。采用从物理上销毁 RFID 标签的方法，一旦对标签实施了销毁（Kill）命令，标签将不再可用。

② 静电屏蔽机制。静电屏蔽的工作原理是使用 Faraday Cage 来屏蔽标签，使之不能接收来自任何读写器的信号，以此来保护消费者个人隐私。

③ 主动干扰。主动干扰的基本原理是使用一个设备持续不断地发送干扰信号，以干扰任何靠近标签的读写器所发出的信号。

④ Blocker Tag 阻塞标签法。Blocker Tag 是一种特殊的标签，与一般用来识别物品的标签不同，Blocker Tag 是一种被动式的干扰器。

由于 RFID 中所采用的物理安全机制存在种种缺点，人们提出了许多基于密码技术的安全机制，即软件安全机制。其主要研究内容是在有限的标签资源条件下，利用各种成熟的密码方案和机制，设计和实现高效、实用的 RFID 安全协议。RFID 安全搜索协议是在一组标签中，准确地判断某一特定标签是否存在，而攻击者得不到任何有价值信息的协议。其安全需求有隐私保护、不可追踪、防窃听攻击、防干扰攻击等，其中隐私保护要求标签中的秘密数据只能被授权读写器读取，并且没有通过认证的读写器不能识别一个特定的标签。

4．物联网安全的新挑战

物联网由其复杂性、安全管理、可伸缩性、灵活性等不断带来新的挑战，其中物联网的主要安全问题有：

（1）节点的安全。由于物联网的应用可以取代人来完成一些复杂、危险和机械的工作，所以物联网机器/感知节点多数部署在无人监控的场景中，那么攻击者就可以轻易地接触到这些设备，从而对他们造成破坏，甚至通过本地操作更换节点的软硬件。

（2）信号的干扰。个人通过物联网能够有效地管理自己的生活，尤其是可以智能化地处理一些突发事件，而不需要人为的干涉。但是，如果安置物品上的传感设备信号受到恶意干扰，很容易造成重要物品损失。

而且，如果国家一些重要机构依赖物联网，也存在信号被干扰时重要信息被篡改丢失的隐患。例如，银行等金融机构是国家的重要部门，涉及很多关系国家和个人经济方面的重要信息，在这种机构中装有 RFID 等装置，虽然对信息的监控有很大帮助，但也给不法分子提供了窃取信息的途径。不法分子通过信号干扰，窃取、篡改金融机构中的重要文件信息，会给个人和国家造成重大的损失。

（3）隐私的泄露。物联网中，射频识别技术是一个很重要的技术。在射频识别系统中，标签有可能预先被嵌入任何物品中，如人们的日常生活物品中，但由于该物品（例如衣物）的拥有者，不一定能够觉察该物品预先已嵌入有电子标签以及自身可能不受控制地被扫描、定位和追踪，这势必会使个人的隐私受到侵犯。因此，如何确保标签物的拥有者个人隐私不受侵犯便成为射频识别技术以至物联网推广的关键问题，这不仅仅是一个技术问题，还涉及到政治和法律问题。

（4）恶意的入侵。物联网建立在互联网的基础上，对互联网的依赖性很高，在互联网中存在的危害信息安全的因素在一定程度上同样也会造成对物联网的危害。

在物联网环境中互联网上传播的病毒、黑客、恶意软件如果绕过了相关安全技术的防范（如防火墙），对物联网的授权管理进行恶意操作，掌握和控制他人的物品，就会造成对物品的侵害，进而对用户隐私权造成侵犯。更让人担忧的是，类似于银行卡、信用卡、身份证等敏感物品，如果被其他人掌控，后果会十分严重，不仅造成个人损失，还对整个社会的安全构成威胁。

（5）通信的安全。物联网中节点数量庞大，且以集群方式存在，会导致在数据传播时，由于大量机器的数据发送使网络拥塞，产生拒绝服务攻击。此外，现有通信网络的安全架构都是从人通信的角度设计的，并不适用于机器的通信，使用现有的安全机制会割裂物联网机器间的逻辑关系。

本 章 小 结

本章主要介绍了计算机网络相关技术和物联网。

网络管理就是通过规划、配置、监测、分析、扩充和控制计算机网络来保证网络服务的有效实现。典型的网络管理系统主要包括管理站、管理节点、管理信息和管理协议 4 大要素。

网络安全是指借助于网络管理，使网络环境中信息的机密性、完整性及可使用性受到保护，其主要目标是确保经网络传输的信息到达目的计算机时没有任何改变或丢失。因此，必须确保只有被授权者才可以访问网络。安全不仅是技术问题，更重要的是管理问题。这意味着通常需要制定一个组织内部使用的有效的安全管理规定和策略，要有相应的管理委员会和组织机构去执行。

Intranet 是在 Internet 网络的基础上逐渐发展起来的一种网络技术，它是指企业内部的 Internet。Intranet 不仅是一种组网技术，而且还可以提供与 Internet 相同的 WWW、E-mail、FTP 等服务。

物联网是新一代信息技术的重要组成部分，物联网就是物物相连的互联网。物联网是为了打破地域限制，实现物物之间按需进行的信息获取、传递、存储、融合、使用等服务的网络。物联网具备三个能力：全面感知、可靠传递、智能处理。可分为三个层次：底层是用来感知数据的感知层，第二层是数据传输的网络层，最上面则是应用层。物联网的关键技术是通过射频识别、红外感应器、全球定位系统、激光扫描器等信息传感设备，按约定的协议，将物品与互联网相连接，进行信息交换和通信，以实现智能化识别、定位、追踪、监控和管理。

习 题 8

一、填空题

8.1 典型的网络管理系统主要包括_____、_____、_____和_____4大要素。

8.2 网络管理系统的体系结构是决定网络管理性能的重要因素之一，通常可以分为_____式和_____式两类体系结构。

8.3 完整地考虑网络安全应该包括3个方面的内容：_____、_____与_____。

8.4 网络防火墙是一种_____技术，在某个机构的网络（即内部网络）和外部网络之间设置_____，用于阻止对_____资源的非法访问。

8.5 在 Internet 中，对网络的攻击可以分为服务攻击与非服务攻击。服务攻击是指对网络中提供某种服务的服务器发起攻击，造成该网络服务器_____，网络工作不正常。非服务攻击是指攻击者可能使用各种方法对_____发起攻击，使得网络严重阻塞或瘫痪。

8.6 Intranet 是一种_____网，其中的内部信息必须严格加以保护，只有那些有访问权限的人才能访问它。因此，Intranet 必须通过_____与 Internet 连接起来。

8.7 一般说来，Intranet 由 4 部分组成：_____、_____、_____与_____。

8.8 物联网是为了打破_____限制，实现_____之间按需进行的信息获取、传递、存储、融合、使用等服务的网络。

8.9 RFID 技术是利用_____信号通过_____实现无接触信息传递并通过所传递的信息实现物体识别。

8.10 M2M 是 Machine to Machine/Man 的简称，是一种以_____为核心的、网络化的应用与服务。

二、选择题

8.11 网络管理的功能有（   ）。

　　A．性能分析和故障检测　　　　　　B．安全性管理和计费管理

　　C．网络规划和配置管理　　　　　　D．以上都是

8.12 下列选项中是网络管理协议的是（   ）。

　　A．DES　　　　　B．UNIX　　　　　C．SNMP　　　　　D．RSA

8.13 下列关于计费管理的说法错误的是（   ）。

　　A．计费管理能够根据具体情况更好地为用户提供所需资源

　　B．在非商业化的网络中不需要计费管理功能

　　C．计费管理能够统计网络用户使用网络资源的情况

　　D．使用户能够查询计费情况

8.14 在网络管理中，一般采用的管理模型是（   ）。

　　A．管理者/代理　　　　　　　　　　B．客户机/服务器

　　C．网站/浏览器　　　　　　　　　　D．CSMA/CD

8.15 网络的不安全性因素有（   ）。

　　A．非授权用户的非法存取和电子窃听　　B．计算机病毒的入侵

　　C．网络黑客　　　　　　　　　　　　D．以上都是

8.16 计算机病毒是指能够侵入计算机系统并在计算机系统中潜伏、传播、破坏系统正常工作的一种具有繁殖能力的（　　）。

    A．指令　　　　　　B．程序　　　　　　C．设备　　　　　　D．文件

8.17 下面关于网络信息安全的一些叙述中，不正确的是（　　）。

    A．网络环境下的信息系统比较复杂，信息安全问题也更加难以得到保障

    B．电子邮件是个人之间的通信手段，有私密性，不使用软盘，一般不会传染计算机病毒

    C．防火墙是保障单位内部网络不受外部攻击的有效措施之一

    D．网络安全的核心是操作系统的安全性，它涉及信息在存储和处理状态下的保护问题

8.18 防火墙一般由分组过滤路由器和（　　）两部分组成。

    A．应用网关　　　B．网桥　　　　　　C．杀毒软件　　　　D．防病毒卡

8.19 网络防火墙的作用是（　　）。

    A．建立内部信息和功能与外部信息和功能之间的屏障

    B．防止系统感染病毒与非法访问

    C．防止黑客访问

    D．防止内部信息外泄

8.20 企业内部网又称为（　　）。

    A．Internet　　　　B．Intranet　　　　C．Wan　　　　　　D．Lan

8.21 目前物联网大致被公认为有三个层次，即，

    A．物理层、数据链路层、网络层　　　　　　B．感知层、传输层、网络层

    C．感知层、网络层、应用层　　　　　　　　D．感知层、传输层、应用层

三、判断题（正确的打√，错误的打×）

8.22 网络集成系统的思想是实用、好用、够用。（　　）

8.23 用结构化建设网络集成系统可减少资金开支。（　　）

8.24 在 OSI 网络管理标准中，性能管理是最基本的内容。（　　）

8.25 网络管理就是对网络中各层的资源进行管理。（　　）

8.26 当发送电子邮件时，有可能被感染计算机病毒。（　　）

8.27 认证服务是用来确定网络中信息传送的源节点用户和目的节点用户的身份是真实的,保证信息的真实性。（　　）

8.28 主动防御的核心技术是信息加密技术。（　　）

8.29 通过代理服务器，用户可以连接到任何网络。（　　）

8.30 在淘宝等购物网站购物属于电子商务的应用。（　　）

8.31 公开密匙用于对信息的加密，私有密匙则用于对加密信息的解密。（　　）

第9章 计算机网络新技术

内容提要

本章主要介绍下一代网络 NGN、IPv6、移动 IP 技术的基本概念，同时也介绍了目前比较前沿的云计算和 4G 网络技术。

9.1 计算机网络的发展趋势——下一代网络

2002 年，全世界网上传送的数据业务量已经超过语音业务，同时全球移动用户数也超过了固定用户数。这两个超过表明，随着时代与技术的进步，人类对移动性和信息的需求呈急剧上升的趋势。当前的网络，不管是电话网，还是因特网和移动网，都不能适应未来的发展趋势，一定要走向下一代。因此，NGN（下一代网络）是网络界为了描述未来网络共同使用的一个新概念，它涵盖了固定网、因特网、移动网、核心网、城域网、接入网、用户驻地网络、家庭网络等许多内容。从目前的情况来看，在传输基础设施方面，指全光智能网（ASON）；在 IP 网络方面指 IPv6；在移动网络方面指超 3G；在业务网络方面指软交换（Soft Switch）等。

9.1.1 NGN 的定义及特点

NGN（Next Generation Network）是下一代网络的简称，泛指以 IP 为核心，可以支持语音、数据和多媒体业务融合的全业务网络。2004 年年初国际电联 NGN 会议上，经过激烈辩论，给出了 NGN 的定义：NGN 是基于分组的网络，能够提供电信业务，利用多种宽带能力和 QoS 保证的传送技术，其业务相关功能与其传送技术相独立，NGN 使用户可以自由接入到不同的业务提供商，NGN 支持通用移动性。

NGN 是可以同时提供话音、数据、多媒体等多种业务的综合性的、全开放的网络平台体系，它的特点为：

（1）支持业务的多样化。包括语音、数据和多媒体业务，支持实时/非时实的业务，同时应支持业务的个性化、业务的移动性。NGN 将提供更加开放的业务平台，为开发新的业务提供技术上的可能性，通过各种标准接口可以方便地由第三方来完成业务的提供。在传送层上提供更好的服务质量，根据不同的用户需求来提供差异化的服务。

（2）NGN 应是以 IP 为基础的分组交换网络。业务承载网和业务网相分离，网络结构是分层结构，各层之间具有开放的标准接口。传送网为高带宽的光传送网，该网络支持广泛的移动性等。

（3）网络具有服务质量保证和安全保证。它是一个安全的网络，一个可信任、可维护、可管理的网络，可提供高度信任和安全机制。

（4）网络融合是发展方向。现在的电信网和因特网不能很好地满足业务和应用的发展需要，所以需要有新的技术来支持新业务和新应用（主要是数据和多媒体业务）。当前，因特网、广电网、电信网三网融合已是不可阻挡的趋势，这代表了网络未来发展的潮流和趋势。许多电信的业务已经可以通过基于因特网技术的网络来完成，电信网 IP 化和 IP 网的电信化说明了两网的融合趋势。NGN 在网络融合方面集中反映了电信与 Internet 的融合以及固定和移动的融合。下一代网络将以统一的 IP 骨干网来承载语音、数据和多媒体业务。基于 IP 技术发展的下一代网络将不断完善，最终达到可管理、可控制，并满足绝大多数用户的需要。融合，是网络技术和业务发展的趋势，在此过程中，多个网络会长期并存，现有的多架构模式不能立刻消亡，统一的网络平台是一个长期演进的目标。

9.1.2　NGN 的分层结构

NGN 是以软交换技术为核心的开放性网络，采用软交换技术，将传统交换机的功能模块分离为独立网络部件，各部件按相应功能进行划分，独立发展，即业务功能与呼叫控制功能分离、呼叫控制功能与承载功能分离，实现开放的分布式网络结构。下一代网络采用全开放的完全分层的体系结构，如图 9.1 所示，共分为 4 层：接入层、传送层、控制层和业务层。其中，业务与控制分离，控制与承载分离，承载与接入分离。

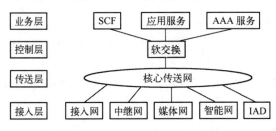

图 9.1　NGN 的分层结构

1. 接入层

在用户端支持多种业务的接入，接入设备应能向上连接高速传输线路，向下支持多种业务的接口。接入层包括各种接入网关、中继网关、媒体网关、智能终端以及综合接入设备（IAD）。

2. 传送层

面向用户端支持透明的 TDM 线路的接入，在网络核心提供大带宽的数据。传输能力，构建灵活和可重用的长途传输网络，一般指全光网。传送层包括提供 IP 包转发的各种承载网功能实体。NGN 采用高速分组化核心承载，不论话音、数据还是视频，一律数字化，采用高速包交换分组网络，实现电信网、计算机网和有线电视网三网融合，同时支持语音、数据、视频等业务。

3. 控制层

主要指网络为完成端到端的数据传输进行的路由转发功能，它是网络交换的核心，目的是在传送层的基础上构建端到端的通信过程。控制层主要包括软交换设备，软交换设备是呼叫控制的核心，完成呼叫连接的建立和释放，以及媒体网关接入、媒体网关资源管理、带宽管理、选路、信令互通和安全管理等功能。

4．业务层

一个开放、综合的业务接入平台，在电信网络环境中，智能地接入各种业务，提供各种增值服务。业务层主要包括 SCF、应用服务器、AAA 服务器等功能。

9.1.3　NGN 的主要技术

目前，全球支撑 NGN 的主要技术有 IPv6、宽带接入、智能光网、软交换、IP 终端、网络安全技术。软交换技术作为业务/控制与传送/接入分离思想的体现，是 NGN 体系结构中的核心技术。IPv6 技术是 Internet、传统电话网和有线电视三网融合的关键技术，IP 与光融合是下一代网络的主要发展方向。软交换、光交换是下一代网络的基石。

1．IPv6

当前，解决 IP 地址匮乏主要采用 NAT（Network Address Translator）技术，但 IP 地址协议必然要从 IPv4 向 IPv6 转换。作为网络协议，NGN 将基于 IPv6。

2．宽带接入

相对于支持窄带的电路交换网而言，支持 2Mbps 以上的业务和应用，并支持电路模式和分组模式的接入即为宽带接入网。NGN 必须要有宽带接入技术的支持。常见的宽带接入技术如下：

（1）x DSL 的典型技术。除了大家熟悉的 ADSL、HDSL、VDSL 外，还包括了一些其他的数字用户环路技术，例如 IDSL（ISDN DSL）、BADSL（速率自适应 DSL）、SDSL（对称 DSL）、UDSL（单向 DSL 接入）、CDSL（用户 DSL）、EDSL（以太网 DSL）等。

（2）光纤接入技术。如 FTTR（光纤到远端接点）、FTTB（光纤到大楼）、FTTC（光纤到路边）、FTTZ（光纤到小区）以及 FTTH（光纤到用户）等。

此外，还有以太网接入、Cable MODEM、HFC 双向接入网和无线局域网接入等技术，其中光纤到户、无线接入是今后宽带接入网的发展方向。

3．智能光网

现阶段计算机网络最理想的传送媒介仍然是光纤。光纤高速传输技术正沿着扩大单一波长传输容量、超长距离传输和密集波分复用 3 个方向发展。组网技术现正从具有分插复用和交叉连接功能的光联网向利用光交换机构成的智能光网络发展。智能光网络在容量灵活性、成本有效性、网络可扩展性、业务提供灵活性、用户自助性、覆盖性和可靠性等方面比点到点传输系统和光联网带来更多的好处。

4．软交换

软交换被认为是下一代网络的核心部分。通过软交换来逐渐地替代现有的电路交换网和通过软交换来提供新的业务增长点。软交换在下一代分组网络分层结构中位于控制层面，它与承载层、信令网、各种接入网关、中继网关等通过相应的协议互通来提供各种服务。通过软交换技术把控制功能与传送功能完全分开，通过各种接口协议，使业务提供者可以非常灵活地将业务传送和控制协议结合起来，实现业务融合和业务转移，非常适用于不同网络并存互通的需要，也适用于从语音网向多业务多媒体网络的演进。

5. IP 终端

随着互联网的普及及端到端连接功能的恢复，政府上网、企业上网、个人上网、汽车上网、设备上网、家电上网等等的普及，必须要开发相应的 IP 终端来与之适配。

6. 网络安全技术

现在，常用的安全技术有：防火墙、代理服务器、用户证书、授权、访问控制、数据加密、安全审计和故障恢复等。今后还要采取更多的措施来加强网络的安全。例如，采用增强安全性的网络协议（特别是 IPv6），对关键的网元、网站、数据中心设置真正的冗余、分集和保护，实时全面观察了解整个网络的运行状况。

9.1.4 NGN 能提供的新业务

NGN 在原有的 PSTN、ISDN、智能网等业务的基础上又增加了许多自己特有的业务，具体有：

（1）入口业务：主要是针对用户的终端环境，为其提供监控、协调等功能，并能为用户提供个性化的业务环境。它是 VHE 的基本功能组成部分。

（2）增强型多媒体会话业务：保持多方会话，不会因为有会话方的加入或离开，以及会话方终端的变换而终止会话。

（3）可视电话：能建立在移动/固定，移动/移动，固定/固定电话之间的可视呼叫。

（4）Click to Dial：能在个人业务环境或 Web 会话中提供 Click to Dial 的业务直接对在线用户或服务器发出呼叫。

（5）Web 会议业务：能通过 WEB Browser 来组织多方的多媒体会议。

（6）增强型会话等待：允许用户处理实时的呼叫。

（7）语音识别业务：能自动识别语音并相应地做出标准的或事先由用户设定的操作。

时代在呼唤下一代网络。NGN 是未来通信网络的发展方向，是当前电信界和计算机界共同的研究热点。NGN 在发展过程中必然会遇到这样和那样的问题，但 NGN 终将在不断探索、不断创新、不断演进的过程中成长起来。

9.2 NGN 的核心技术——IPv6

现有使用的 IPv44 协议是 20 世纪 70 年代制定的，随着因特网规模的迅速发展，IPv4 定义的有限地址空间将被耗尽，而且安全性路由选择效率不高，服务质量缺乏保证，移动性支持不强等。为克服 IPv4 的这些不足，IETF 在 1992 年 6 月提出要制定下一代的 IP 协议，也就是我们所说的 IPv6 协议，并经过多次改进后确定。现在的 IPv6 是在 1995 年由 Cisco 公司和 Nokia 公司起草并定稿的，即 RFC2460。在 1998 奶娘 IETF 对 RFC2460 进行了较大的改进，形成了现有的 RFC 2460（1998 版），后来经过多年的工作已经制定了 90 多项有关 IPv6 的 RFC。

9.2.1 IPv6 的主要特点

IPv6 相对 IPv4 的改进主要有以下几个方面。

1．IP 地址空间扩大

IPv6 的地址空间由 IPv4 的 32bit 扩大到 128bit，IP 地址不再紧缺。在可预见的很长时间内，它能够为所有可以想象出的网络应用设备提供一个全球唯一的地址。IPv6 地址含有 64bit 网络前缀（决定 Internet 路由）和 64bit 主机地址（含静态地址或动态地址）。其中，网络前缀又分成多个层次的网络，包括 13bit 的顶级聚类标识（TLA-ID），24bit 的次级聚类标识（NLA-ID）和 16bit 的网点级聚类标识（SLA-ID）。全局网络号由 Internet 地址分配机构（IANA）分配给 ISP，用户的全局网络地址 ISP 地址空间的子集，从 ISP 获得 IP 地址。

2．通信高速化

简化了头部格式，将头部长度变为固定的 40B，取消了头部的检验和字段，从而使得通信能以更高的速度进行。而且不检查传输错误，不需要每一个路由器都进行分片处理。

3．即插即用功能

计算机接入 Internet 时可自动获取 IP 地址的地址自动配置功能。在 IPv6 中端点设备可以将路由器发来的网络前缀和本身的链路地址（网卡地址）综合，自动生成自己的 IP 地址。用户不需要任何专业知识，只要将设备接入互联网即可接受服务。

4．任播功能

任播是指向提供同一服务的所有服务器都能识别的通用地址（任播地址）发送 IP 分组，路由控制系统将该分组送至最近的服务器。利用任播可以访问离用户最近的 DNS 服务器。

5．QoS 功能

利用 IPv6 头标中的 8bit 业务量和 20bit 的流标记域可以确保宽带，提供高质量的音、视频服务。

6．安全性提高

IETF 在 IPv6 中提出了全新的网络安全体系结构标准 IPSec。IPSec 不但实现了数据包来源认证、数据加密、数据完整性、抗数据重发攻击等，而且定义了封装安全性载荷协议（ESP）、验证头协议（AH）和密钥交换协议（IKE）等。IPv6 加强了对数据包的加密和认证，克服了 IPv4 协议在源路由攻击、IP 地址假冒、网络窃听、多次重发等方面的不足。

7．流标记的应用

在 IPv6 协议中，标题中包含一个流标志域，对于开始地址和结束地址与流标志一致的一系列包，希望在路由器中进行特别的处理。所谓特别的处理，是指为了确保网络的容量或者保证延迟时间等与通信质量有关的处理。

9.2.2　IPv6 的基本格式

IPv6 分组包括一个 40 字节的基本首部（Base Header），有零个或多个扩展首部和数据。每个 IPv6 分组都从基本首部开始，而且 IPv6 基本首部的部分字段可以和 IPv4 首部中的字段直接对应。其基本首部的格式如图 9.2 所示。

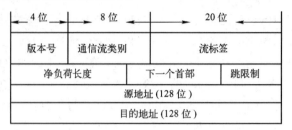

图 9.2　IPv6 基本首部的格式

IPv6 基本首部中的各字段意义如下：

（1）版本号。该字段规定了 IP 协议的版本，其值为 6，长度占了 4bit。

（2）通信流类别。该字段功能和 IPv4 中的服务类型功能相似，表示 IPv6 数据包的类或优先级，长度为 8 位。优先级用来设定不同数据的优先权。

（3）流标签。该字段长度为 20 位，它用来表示这个数据包属于源节点和目标节点之间的一个特定数据包序列，它需要由中间 IPv6 路由器进行特殊处理。

（4）净负荷长度。它指明 IPv6 数据分组除基本头部以外的字节数，扩展头部都算在净负荷之内，数据分组的最大长度为 64KB。该字段长度为 16bit。

（5）下一个首部。该字段占 8bit，紧接着 IPv6 首部的扩展首部的类型，它表明在基本首部后面紧接着的一个首部的类型，相当于 IPv4 的协议字段或可选字段。

（6）跳限制。该字段定义了 IP 数据包所能经过的最大跳数。每经过一个路由器，该数值减 1，当该字段值为 0 时，数据包将被丢弃。该字段长度为 8bit。

（7）源地址。该字段占 128bit，是分组的发送方 IP 地址。

（8）目的地址。该字段占 128bit，是此分组的接收站 IP 地址。

IPv6 地址使用冒号十六进制记法，它把每个 16 位的值用十六进制值表示，各值之间用冒号分隔。例如，980：0：0：0：8：800：200C：417。

9.2.3　IPv4 向 IPv6 的转换

由于目前网络中使用 IPv4 协议的路由器的数量太多，因此，IPv4 到 IPv6 的过渡只能是一个逐步推进的方法，同时要求新安装的 IPv6 系统能够向后兼容，能够接收、路由选择和转发 IP 分组。

目前解决过渡问题的基本技术主要有三种：双协议栈（RFC 2893）、隧道技术（RFC 2893）和网络地址转换技术——NAT-PT（RFC 2766）。

1．双协议栈

采用该技术的节点上同时运行 IPv4 和 IPv6 两套协议栈。这是使 IPv6 节点保持与纯 IPv4 节点兼容最直接的方式，针对的对象是通信端节点（包括主机、路由器）。这种方式的节点让需要 IPv4 地址，因而无法解决地址资源的问题，而且需要双路由基础设施，反而增加了网络的复杂度，因此不适合广泛采用。

2．隧道技术

隧适技术提供了一种以现有 IPv4 路由体系来传递 IPv6 数据的方法，即在必要的时候将 IPv6 的分组作为无结构意义的数据，封装在 IPv4 数据报中，由 IPv4 网络传输。隧道技术巧妙地利用了现有的 IPv4 网络，提供了一种使 IPv6 的节点之间能够在过渡期间通信的方法，但它并不能实现 IPv6 主机与 IPv4 主机之间相互通信的问题。

3．网络地址转换技术

网络转换 NAT-PT 技术是通过 SIIT 协议转换技术和 IPv4 网络中动态地址翻译技术（NAT）相结合的一种技术。转换网关在 IPv4 与 IPv6 的网络边缘进行 IPv4 和 IPv6 地址的转换和实现协议翻译功能。转换网关作为通信的中间设备，可在 IPv4 和 IPv6 网络之间转换 IP 报头的地址，同时能够根据协议的不同对分组做相应的语义翻译，从而可以解决 IPv4 主机和 IPv6 主机之间的透明通信问题。

9.3 移动 IP 技术

随着移动通信和个人通信的发展，对移动数据通信的需求日益增加，各种移动通信终端如笔记本电脑、膝上型电脑的增长率远远超过 PC 的增长率。同时，各种移动电话也开始开发或已经具有网络功能。新技术和新需求的发展迫切要求 Internet 对移动性的支持。移动终端用户也希望可以和其他桌上型电脑用户一样能够自由地接入 Internet，共享同样的资源和服务。所有这些都需要 Internet 能够支持移动终端漫游，当它们从一个地方移动到另一个地方，可以很方便地断开原来的连接，建立新的连接。为了满足新业务的发展需要，IETF 设计了 Internet 新标准草案——移动 IP。它具有极大的实用性，可以提供对移动终端的无缝连接，使移动节点在 IP 网络上的移动接入成为可能。

9.3.1 移动 IP 技术的基本原理

1．移动 IP 技术的功能实体

移动 IP 定义了三个功能实体：归属代理、拜访代理和移动节点。

（1）移动节点。当接入点从一条链路切换到另一条链路上时，所有正在进行通信的移动主机仍能保持通信。它有两个 IP 地址：一个是归属地址（Home Address），用来标识 TCP 连接的永久地址；另一个是转交地址（COA，Care Of Address），是当移动节点漫游到其他子网时所获得的供 IP 包选路使用的临时地址。转交地址可以由外地代理提供，也可以由外地网络的 DHCP 服务器分配。

（2）归属代理。指移动节点本地网络上的路由器。其作用是负责维护移动节点当前的位置信息，并且把送往移动节点归属地址的数据包通过隧道发往移动节点的转交地址。

（3）拜访代理。指移动节点当前连接到的拜访网络上的路由器。其作用是为移动节点提供路由服务，并且对经归属代理封装后发给移动节点的数据包进行解封装，然后转发给移动

节点。

2．移动 IP 技术的工作机制

（1）归属代理和拜访代理周期性地发组播或广播报文，以此来向它们所在的网络中的节点宣告它们的存在。

（2）移动节点收到广播报文后，通过检查报文的内容来判断它所连接的是归属网络还是拜访网络。当连在归属网络上时，采用传统的 IP 通信方式而不使用移动 IP 的功能。

（3）当移动节点移动到拜访网络时，它可以从当前网络的拜访代理发出的代理广播消息中获得转交地址，或者通过 DHCP 服务器获得，但在目前的移动 IPv6 中一般采用拜访代理转交地址。

（4）移动节点通过拜访代理向归属代理注册转交地址，注册可以通过移动 IP 中定义的注册消息来完成。

（5）归属代理对移动节点的注册请求进行鉴权、认证，认证通过后归属代理转发注册成功消息到拜访代理，拜访代理收到消息后再转发给移动节点。

（6）此后所有发往移动节点的数据会先发往移动节点的归属网络，然后由归属代理通过 IP in IP 隧道封装，发往移动节点注册的转交地址。

（7）拜访代理收到数据包后先解封装，再转发给移动节点。而移动节点发往与它通信的其他主机的数据会直接经过外地代理转发到相应主机。这就形成了一个"三角路由"，如图 9.3 所示。

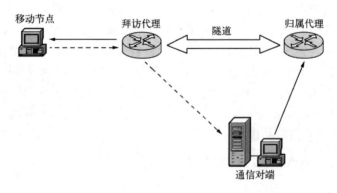

图 9.3　三角路由示意图

3．移动 IP 技术中的几项关键技术

在实现上述 IP 工作机制的过程中，与一般 IP 协议相比，主要使用了下列几个关键技术：

（1）隧道技术。隧道技术把原先发往归属地址的数据包封装在发向转交地址的数据包中，并在拜访代理中解包，然后传向移动节点。通过该技术，避免了从归属链路到外部链路上所有路由器的路由信息改动。当其他节点向移动节点发送数据包时，归属代理截获该数据包，将使用隧道技术把数据包向拜访代理发送，这是通过 IP in IP 封装来实现的，如图 9.4 所示。

（2）代理搜索。代理搜索通过两种消息来实现：代理请求消息和代理广播消息。代理搜索基于 ICMP 协议。代理请求消息是在移动节点没有耐心等待代理广播消息时发送的，它的目的是为了让链路上的所有代理发送一个代理广播消息，该消息比较简单。代理广播消息用来实现代理搜索的所有功能。

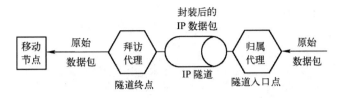

图 9.4　隧道技术

（3）注册。当移动节点发现它的网络接入点从一条链路切换到另一条链路上时，它就要进行注册。注册过程如下：

① 移动节点可以通过注册得到外部链路上的拜访代理的路由服务。

② 移动节点可以通知归属代理它的转交地址。

③ 可以使一个要过期的注册重新生效。

④ 在先前不知道归属代理的情况下，移动节点可以通过注册动态地得到一个可能的归属代理的地址。

9.3.2　移动 IP 技术的应用

就目前的电信业务发展而言，数据业务是新兴的增长点，特别是 20 世 90 年代后，以 Internet 为代表，数据通信的业务量一直在爆炸性地增长。因此，IP 技术成为发展最为迅猛的网络技术。与此同时，能与 Internet 的发展相提并论的只有移动通信。移动通信技术的发展首先改变了人们传统的通信方式，进入了个人通信的时代。IP 技术和移动通信技术的完美结合，正使得数据通信发生重大的变革，它将创造人类个人通信的美好未来，即实现在任何时间、任何地点、可以用任何一种媒体与任何一个人进行通信的梦想。

在 3G 时代，融合将成为最重要的特征，数据与语音之间、移动与 Internet 之间将实现充分的互动与结合。网络将由独立、纵向走向横向的融合，移动网、固定网、Internet 将建立在同一个 IP 核心网络之上，以保证实时业务对网络的需求。

移动通信走向 IP 正在成为一种方向。随着宽带设备的继续扩展，移动通信网络已被认为是更经济的发送 IP 数据的手段。移动通信与 Internet 的互动正在一点点加快。移动 IP 技术为移动节点提供了一个高质量的实现技术，可应用于用户需要经常移动的所有领域。如通过无线上网，使用手提电脑，用户可以随时随地上网，通过 IP 技术还可以与公司的专用网相连；扩展移动 IP 技术还可以使一个网络移动，即把移动节点改成移动网络。它的实现可以认为是把原先的移动节点所做的工作改成移动网络中的路由器所做的工作。

9.4　云计算

在互联网带来的"大"问题压力下，我们需要全新的思想，通过"积木化"的改变，来重新定义计算资源的使用方式、服务的提供方式，以及社会化大生产的协作过程。云计算带来了这种思想的落实机制，这种机制使我们可以组织资源以服务，组织技术以实现，组织流程以应变。而且，云计算扩大了我们对服务的定义，并带来了一个全新的计算资源管理思路，一种信息技术的系统工程理念和一次信息社会的工业化革命。

9.4.1 云计算概述及特点

云计算（Cloud Computing）是由分布式计算（Distributed Computing）、并行处理（Parallel Computing）、网格计算（Grid Computing）发展来的，是一种新兴的商业计算模型。目前，人们普遍接受的定义是由 NIST（美国国家标准技术研究所）所阐述的（2009 年）：云计算是一种模型，人们可以使用它来方便地按需要通过网络访问一个可配置的计算资源（如网络、服务器、存储、应用和服务等）的共享池，只需最小化的管理工作量或服务提供商干预就可以快速地开通和释放资源。

云计算的特点体现在以下几个方面。

（1）超大规模。很多大型的企业和数据中心都拥有数以万计的服务器，例如，Google、Amazon、IBM、微软、Yahoo 等。云计算带来了空前的计算力量。

（2）虚拟化。用户只需在自己的终端上操作，访问云的体验就如同在访问浏览器，用户所需要的应用都运行在这个云之上，用户只需关心自己的需求，而无需担心到底是哪里在运行自己的应用。与其说虚拟化是云计算的特点，不如说虚拟化是云计算的基础，虚拟化技术支撑着云计算的基础架构。

（3）高可靠性。云计算的高可靠性是指云数据的可靠性，云计算应用了多副本容错机制，即使在数据丢失时，仍可以通过恢复数据来尽量减少在大型计算中数据的安全访问，使用户在应用中体验出云计算的可靠性。

（4）通用性。云计算支撑着数以万计的应用，而不是只为单一的一种应用而生。不管是商业上的应用，教学上的应用，还是军事化的应用，云计算都扮演着重要的角色。

（5）高可扩展性。云计算的集群随时可以因为计算量的增大，而无限动态扩充，以满足用户以及应用的实时需要。

（6）按需服务。"云"是一个庞大的资源池，用户可以按需购买，根据用户的使用量计费，无需任何软硬件和设施等方面的前期投入。

（7）极其廉价。云计算数据备份容错机制降低了集群节点设备的高配置要求，使云计算的数据中心节点可以由普通的服务器组成，而非超级计算机。云计算的自动化管理使云计算管理的成本降低，云计算的通用性使一次云计算搭建后所能处理的任务是多样的，从而减低了云计算的成本，同时用户对于使用云计算所付出的代价是极低的，这些都可从云计算的按需服务特点中得出。

（8）自动化。在云计算中，不论是应用、服务和资源的部署，还是软件的管理，主要通过自动化的方式执行和管理，也极大地降低了整个云计算中心的人力成本。

（9）完善的运维机制。在"云"的另一端，有全世界最专业的团队来帮用户管理信息，有全世界最先进的数据中心来帮用户保存数据。同时，严格的权限管理策略可以保证这些数据的安全。

9.4.2 云计算的架构及部署模式

对于单纯的云计算服务提供商，云计算架构主要体现为服务和管理两部分，如图 9.5 所示。在服务方面，主要以提供用户基于云计算的各种服务为主，共包含 3 个层次：SaaS（Software as a Service，软件即服务）、PaaS（Platform as a Service，平台即服务）、IaaS（Infrastructure as a Service，基础设施即服务）。为了适应用户的不同需求，云计算被分成了 4 种部署模式：公有云、私有云、混合云和行业云。

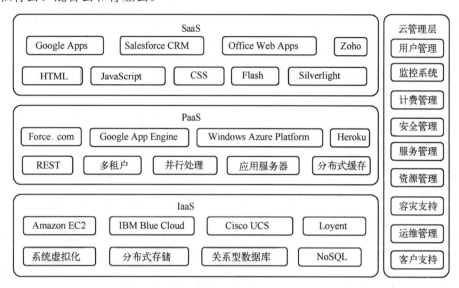

图 9.5　云计算的架构

1. 云计算的三个典型服务模式

（1）SaaS。SaaS 是基于互联网提供软件服务的软件应用模式。SaaS 的供应商将应用软件统一部署在服务器上，使用户依据自己对应用的使用要求，通过 Internet 向服务厂商购买应用软件服务，用户可直接使用自己的终端对信息化所需要的系统和应用进行访问。

（2）PaaS。PaaS 是提供以服务器平台和开发环境为服务的商业模型。PaaS 将开发的软件平台当成一类服务，并应用 SaaS 的模式交付给用户进行使用。PaaS 应用了一些简单的技术对操作系统或平台进行必要的配置，同时允许用户在平台上加载一些服务，用户拥有的是一个标准的可配置环境，并提供了二次开发接口的接口级别服务。

（3）IaaS。是 SaaS 和 PaaS 的基础，是提供处理、存储、网络和其他基本设施资源服务的商业模式，用户能够在其上部署和运行任意软件，包括操作系统和应用程序。

2. 云管理层

云管理层对云服务的可用性、可靠性和安全性提供保障。云管理包括服务质量（QoS，quality of service）保证和安全管理等。除了 QoS 保证、安全管理外，服务管理层还包括计费管理、资源监控等管理内容，这些管理措施对云计算的稳定运行同样起到重要作用。

3. 云计算的 4 种部署模式

（1）公有云。公有云是一种对公众开放的云服务，能支持数目庞大的请求，而且因为规模的优势，其成本偏低。公有云由云提供商运行，为最终用户提供各种各样的 IT 资源。

（2）私有云。私有云主要为企业内部提供云服务，不对公众开放，在企业的防火墙内工作，并且企业 IT 人员能对其数据、安全性和服务质量进行有效的控制。

（3）混合云。混合云是把公有云和私有云结合到一起的方式，即它是让用户在私有云的私密性和公有云的低廉性之间做一定权衡的模式。

（4）行业云。行业云虽然较少提及，但是有一定的潜力，主要指的是专门为某个行业的业务设计的云，并且开放给多个同属于这个行业的企业。

9.4.3　云计算的关键技术

云计算作为一种新的超级计算方式和服务模式，以数据为中心，是一种数据密集型的超级计算。它运用了多种计算机技术，其中以编程模型、数据管理、数据存储、虚拟化和云计算平台管理等技术最为关键。下面分别介绍云计算的这些关键技术。

1．编程模型

云编程模型用来计算云上的大量数据，为用户提供并行的程序编写平台。Google 采用 MapReduce 关键技术来实现并行编程实现，MapReduce 也是目前所有云计算采用的编程模型。

MapReduce 模式的思想通过"Map（映射）"和"Reduce（化简）"这样两个简单的概念来构成运算基本单元，先通过 Map 程序将数据切割成不相关的区块，分配（调度）给大量计算机处理，达到分布式运算的效果，再通过 Reduce 程序将结果输出，即可并行处理海量数据。图 9.6 所示是 MapReduce 的执行过程。简单地说，云计算是一种更加灵活、高效、低成本、节能的信息运作的全新方式，通过其编程模型可以发现云计算技术是通过网络将庞大的计算处理程序自动拆分成无数个较小的子程序，再由多部服务器所组成的庞大系统搜索、计算分析之后将处理结果回传给用户。通过这项技术，远程的服务供应商可以在数秒之内，达成处理数以千万计甚至亿计的信息，达到和"超级电脑"同样强大性能的网络服务。

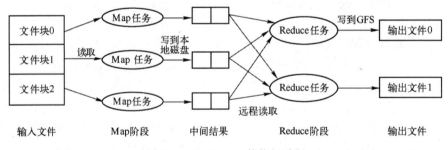

图 9.6　MapReduce 的执行过程

2．海量数据分布存储技术

云计算平台为了能同时满足大量用户的需求，需要具有存储超级容量的数据并且提供高吞吐率和高传输率的访问机制。云计算系统采用分布式存储的方式存储数据，用冗余存储的方式保证数据的可靠性。云计算系统中广泛使用的数据存储系统是 Google 的 GFS 和 Hadoop 团队开发的 GFS 的开源实现 HDFS（Hadoop Distributed File System）。

GFS 即 Google 文件系统（Google File System），是一个可扩展的分布式文件系统，用于大型的、分布式的、对大量数据进行访问的应用。一个 GFS 集群由一个主服务器（master）和大量的块服务器（chunk server）构成，并被许多客户（client）访问。主服务器存储文件系统所有的元数据（描述数据的数据），包括名字空间、访问控制信息、从文件到块的映射以及块的当前位置。它还控制系统活动范围，如块租约（lease）管理，孤立块的垃圾收集，块服务器间的块迁移。主服务器定期通过心跳（HeartBeat）消息与每一个块服务器通信，并收集它们的状态信息。图 9.7 所示展示了 GFS 的执行流程。

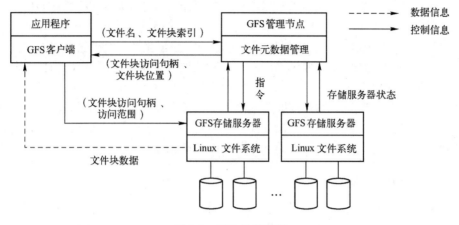

图 9.7　GFS 执行流程

3．海量数据管理技术

海量数据管理是指对大规模数据的计算、分析和处理。以互联网为计算平台的云计算能够对分布的、海量的数据进行有效可靠地处理和分析。因此，数据管理技术必须能够高效地管理大量的数据，通常数据规模达 TB 甚至 PB 级。云计算系统中的数据管理技术主要是 Google 的 BT（BigTable）数据管理技术，以及 Hadoop 团队开发的开源数据管理模块 HBase 和 Hive。

BT 是一个分布式多维映射表，表中的数据通过一个行关键字（Row Key）、一个列关键字（Column Key）以及一个时间戳（Time Stamp）进行索引。BigTable 对存储在其中的数据不做任何解析，一律看做字符串，具体数据结构的实现需要用户自行处理。BigTable 的存储逻辑可以表示为：（row:string，column:string，time:int64）→string。BigTable 数据的存储格式如图 9.8 所示。

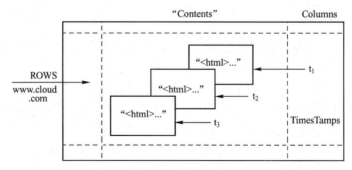

图 9.8　BigTable 的数据模型

4．虚拟化技术

虚拟化（virtualization）技术是云计算系统的核心组成部分之一，是将各种计算及存储资源充分整合和高效利用的关键技术。通过虚拟化技术，云计算中每一个应用部署的环境和物理平台是没有关系的，通过虚拟平台进行管理、扩展、迁移、备份，种种操作都通过虚拟化层次完成。虚拟化技术实质是实现软件应用与底层硬件相隔离，把物理资源转变为逻辑可管理资源。目前云计算中虚拟化技术主要包括将单个资源划分成多个虚拟资源的分化模式，也包括将多个资源整合成一个虚拟资源的聚合模式。虚拟化技术根据对象可分成存储虚拟化、计算虚拟化、网络虚拟化等，计算虚拟化又分为系统级虚拟化、应用级虚拟化和桌面虚拟化。

虚拟化是一个接口封装和标准化的过程，封装的过程根据不同的硬件会有不同，通过封装和标准化，为在虚拟容器里运行的程序提供适合的运行环境。这样，通过虚拟化技术，可以屏蔽不同硬件平台时间的差异性，屏蔽不同硬件的差异所带来的软件兼容问题，通过虚拟化技术，可以将硬件的资源通过虚拟化软件再重新整合后分配给软件使用。虚拟化技术实现硬件无差别的封装很适合在云计算的大规模应用中作为技术平台。

5．云计算平台管理技术

云计算平台管理系统可以看做是云计算的"指挥中心"。通过云计算系统的平台管理技术能够使大量的服务器协同工作，方便地进行业务部署和开通，快速发现和恢复系统故障，通过自动化、智能化的手段实现大规模系统的可靠运营和管理。

9.4.4　云计算的安全

云计算的按需自服务、宽带接入、虚拟化资源池、快速弹性架构、可测量的服务和多租户等特点，直接影响到了云计算环境的安全威胁和相关的安全保护策略。云计算具备了众多的好处，从规模经济到应用可用性，其绝对能给应用环境带来一些积极的因素。然而，云计算也带来了一些新的安全问题，由于众多用户共享 IT 基础架构，安全的重要性非同小可。

1．云计算安全的概念

云计算本身的安全通常称为云计算安全，主要是针对云计算自身存在的安全隐患，研究相应的安全防护措施和解决方案，如云计算安全体系架构、云计算应用服务安全、云计算环境的数据保护等，云计算安全是云计算健康可持续发展的重要前提。

2．云计算安全的特征

由于云计算资源虚拟化、服务化的特有属性，与传统安全相比，云计算安全具有一些如下的新特征：

（1）传统的安全边界消失。在传统安全中，通过在物理上和逻辑上划分安全域，可以清楚地定义边界，但是由于云计算采用虚拟化技术以及多租户模式，传统的物理边界被打破，基于物理安全边界的防护机制难以在云计算环境中得到有效的应用。

（2）动态性。在云计算环境中，用户的数量和分类不同，变化频率高，具有动态性和移动性强的特点，其安全防护也需要进行相应的动态调整。

（3）服务安全保障。云计算采用服务的交互模式，涉及服务的设计、开发和交付，需要对服务的全生命周期进行保障，确保服务的可用性和机密性。

（4）数据安全保护。在云计算中数据不在当地存储，数据加密、数据完整性保护、数据恢复等数据安全保护手段对于数据的私密性和安全性更加重要。

（5）第三方监管和审计。由于云计算的模式，使得服务提供商的权利巨大，导致用户的权利可能难以保证，如何确保和维护两者之间的平衡，需要有第三方监管和审计。

3. 云计算安全技术

（1）用户认证与授权。在云计算中，组织的信任边界变成了动态的，并且超出 IT 的控制，而组织的网络、系统和应用的边界将进入服务提供商的域中，这些失去的控制将挑战既定的信任治理和控制模型，如果管理不当会导致云服务的非法使用。为了弥补网络控制丢失且加强风险保证，解决身份和访问安全问题，需要采用身份认证与授权的安全手段。用户认证与授权旨在授权合法用户进入系统和访问数据，同时保护这些资产免受非授权用户的访问。传统的认证技术有安全口令 S/K、令牌口令、数字签名、单点登录认证、资源认证等，可使用 Kerberos、DCE 和 Secureshell 等目前比较成熟的分布式安全技术。

（2）数据安全。云计算的数据安全问题及其技术手段见表 9-1。作为云计算的用户，关心的是自己数据的安全性，包括数据的私密性、完整性和可用性等，主要体现在以下方面。

表 9.1　云计算的安全问题及其技术手段

安全性要求	对其他用户	对服务提供商
数据访问的权限控制	权限控制程序	权限控制程序
数据存储的私密性	存储隔离	存储加密、文件系统加固
数据运行时的私密性	虚拟机隔离、操作系统隔离	操作系统隔离
数据在网络上传输的私密性及安全性	传输层加密，如 HTTPS、SSL、VPN 等网络隔离	网络加密
数据完整性	数据检验	
数据持久可用性	数据备份、数据镜像、分布式存储	

① 数据隔离。云计算的一个核心技术是虚拟化，这意味着不同用户的数据可能存放在一个共享的物理存储中。云计算系统对于客户数据的存放可采用两种方式实现：提供统一共享的存储设备或者单独的存储设备。前者需要存储自身的安全措施，例如存储映射等功能可以确保数据的隔离性，它基于共享存储的方式，能够节约存储空间并且统一管理，可以节省相关的管理费用；而后者不但有存储自身的措施，而且从物理层面隔离保护了客户的重要数据，其优点是能有效保护用户数据，缺点是存储无法有效利用。数据隔离如图 9.9 所示。

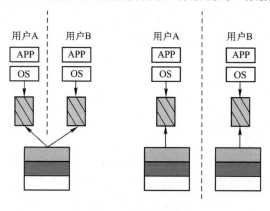

图 9.9　数据隔离

② 数据加密。数据加密的目的主要是防止"内鬼"，即避免服务提供者对数据进行窃取。

数据加密在云计算中的具体应用形式为：数据在用户侧使用密钥进行加密，然后上传至云计算环境中，使用时再实时解密，避免将解密后的数据存放在任何物理介质上。

③ 数据保护。云计算平台的数据保护安全措施能对客户所有的数据和信息——结构化、非结构化和半结构化的数据，提供全面的保护功能。对存放于完全不同的存储格式中的数据进行发现、归类、保护和监控，并提供对关键的知识产权和敏感的企业信息的保护。

④ 数据残留。数据残留是数据在被以某种形式擦除后所残留的物理表现，存储介质被擦除后可能留有一些物理特性使数据能够被重建。在云计算环境中，数据残留更有可能会无意泄露敏感信息。为了处理数据残留，有学者提出要多次擦除，一般 7 次擦除数据就不能恢复，从而不会造成数据泄漏；还有人提出仅对加密的密钥进行擦除，即使数据有残留也不能进行恢复等方法。

（3）网络隔离。针对网络、存储和服务器安全问题，采用网络隔离技术。网络隔离提供数据传输的安全性，这种机制在网络银行、电子支付等金融领域已经运用得比较广泛。

（4）灾难管理。遇到机房失火、地震等极端情况造成的数据丢失和业务停止，云计算平台应该可以切换到其他备用站点以继续提供服务。对于一个云计算服务的用户，可以选择多个云计算服务提供商，选择不同地点的数据中心提供服务，这样即使服务停止甚至服务提供商倒闭，用户也可以保留自己的数据，并继续运行自己的业务。

（5）虚拟化安全。如图 9.10 所示，从云计算平台的角度来看，最基本的单元是虚拟机，虚拟机安全是云计算平台安全的最基本要求。虚拟化安全是云计算需要考虑的特有安全威胁之一。虚拟化安全包括虚拟机间信息流控制、虚拟机监控、虚拟机可信平台、虚拟机隔离、虚拟网络接入控制等。综合起来可以归结为两个方面：一个是虚拟化软件的安全；另一个是客户端或虚拟服务器的安全。

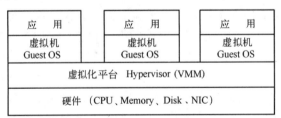

图 9.10　虚拟化角度的云计算平台

① 虚拟化软件安全。该软件层直接部署于裸机上，能够提供创建、运行销毁虚拟服务器等功能。云计算服务提供商应建立必要的安全控制措施，限制对于 Hypervisor 和其他形式的虚拟化层次的物理和逻辑访问控制。

② 虚拟服务器的安全。虚拟服务器或客户端面临许多主机安全威胁，包括接入和管理主机的密钥被盗、攻击未打补丁、在脆弱的服务标准端口侦听、劫持未采取合适安全措施的账户等，需要采取以下措施。

a. 选择具有 TPM（可信计算平台）安全模块的虚拟服务器。

b. 安装时为每台虚拟服务器分配一个独立的硬盘分区，以便进行逻辑隔离。

c. 每台虚拟服务器应通过 VLAN 和不同 IP 网段的方式进行逻辑隔离，对需要通信的虚拟服务器间通过 VPN 进行网络连接。

d. 进行有计划的备份，包括完整、增量或差量备份方式。

9.5　第四代移动通信技术（4G）

通信技术日新月异，给人们生活工作带来极大的便利。随着数据通信与多媒体业务需求的发展，适应移动数据、移动计算及移动多媒体运作需要的第四代移动通信开始兴起，因此有理由期待这种第四代移动通信技术将给人们带来更加美好的未来。另一方面，4G 也因为其拥有的超高数据传输速度，被中国物联网校企联盟誉为机器之间当之无愧的"高速对话"。

9.5.1　4G 的概述及特点

第四代移动通信以及移动通信技术就是所谓的 4G，4G 通信技术是继第三代以后的又一次无线通信技术演进，简单而言，4G 是一种超高速无线网络，一种不需要电缆的信息超级高速公路。4G 通信技术并没有脱离以前的通信技术，而是以传统通信技术为基础，并利用了一些新的通信技术，来不断提高无线通信的网络效率和功能。

2012 年 1 月 18 日，国际电信联盟在 2012 年无线电通信全会全体会议上，正式审议通过将 LTE-Advanced 和 WirelessMAN-Advanced（802.16m）技术规范确立为 IMT-Advanced（俗称 "4G"）国际标准，中国主导制定的 TD-LTE-Advanced 和 FDD-LTE-Advance 同时并列成为 4G 国际标准。

如果说 2G、3G 通信对于人类信息化的发展是微不足道的话，那么未来的 4G 通信却给了人们真正的沟通自由，并将彻底改变人们的生活方式甚至社会形态。4G 的特点体现在以下几个方面。

1．速率高

高速移动用户（250km/h）的速率将达到 2Mbit/s，中速用户（60km/h）将达到 20Mbit/s，低速用户将达到 90Mbit/s。

2．用户容量大

由于 4G 主要为数字宽带技术，且各国大部分选择 2.6GHz 波段，其蜂窝小区比 3G 小很多，这将大大提高系统的用户容量，但也会带来一系列技术难题。

3．实现多业务融合

4G 支持更多的移动业务（如高清图像业务、电视会议、虚拟业务等），将个人通信、信息系统、广播电视、游戏娱乐等结合起来，为各类用户提供了更广泛的应用和服务。

4．实现多类型用户共存

由于 4G 系统自适应处理能力强，能应对动态网络和变化信道的条件变化，因此多速率用户间的共存、互通不成问题。

5．具有良好的兼容性

4G 标准比 3G 标准更加完善，运营商可为用户提供更周到的服务，使用户能真正实现在任何地点、任何时间都能完成通信。

6．较强的灵活性

智能技术将使其更好地分配资源，并能对变化的业务流实时进行相应处理，智能信号处理技术将保障各种环境条件下信号的发送与接收。

7．采用了许多先进通信技术

主要有时空编码技术、智能天线（SA）技术、高效调制解调技术、链路增强技术、高性能收发技术、多用户检测技术及高度自组织自适应网络技术等。

9.5.2　4G 系统的网络结构

4G 移动系统网络结构可分为三层：物理网络层、中间环境层、应用网络层。物理网络层提供接入和路由选择功能，它们由无线和核心网的结合格式完成。中间环境层的功能有服务质量（QoS）映射、地址变换和完全性管理等。物理网络层与中间环境层及其应用环境之间的接口是开放的，它使发展和提供新的应用及服务变得更为容易，提供无缝高数据率的无线服务，并运行于多个频带。这一服务能自适应多个无线标准及多模终端能力，跨越多个运营者和服务，提供大范围服务。

9.5.3　4G 的核心技术——OFDM

在 3G/4G 网络演进的过程中，OFDM 是 4G 网络的核心技术，可以结合分集、时空编码、干扰和信道间干扰抑制以及智能天线技术，最大限度地提高通信网络系统性能。

1．OFDM 的基本原理

第四代移动通信系统主要是以 OFDM 为核心技术，OFDM 技术实际上是多载波技术（MCM）的一种。多载波技术使用频分复用（FDM），简单地把有用带宽分成互不重叠的若干子信道，为了减少邻信道干扰，在子信道之间设置了保护带，但是这严重地降低了频谱效率。为了提高频谱利用率，OFDM 技术把传输带宽划分成多个相互重叠的子信道，每个子信道的载波是相互正交的，将高速数据信号转换成并行的低速子数据流，调制在每个子信道上进行传输。由于子载波间的正交性，在多个子载波间并行传输信息而不会产生相互干扰，这样就有效地利用了宝贵的频率资源。实践中常选择足够大的子载波数，使得每个子信道上的信号带宽小于信道的相干带宽，因此每个子信道可以看成平坦性衰落，从而有效地消除了频率选择性衰落。由于每个子信道的带宽仅仅是原信道带宽的一小部分，信道均衡变得相对容易。图 9.11 所示给出了传统的多载波技术和 OFDM 的比较。

加循环前缀（保护时间）是 OFDM 的重要特点。为了基本上完全消除符号间干扰（ISI），在每个 OFDM 符号中引入了保护时间。保护时间选的比估计的时延扩展要大些，这样一个符号的多径部分就不会和下一个符号发生干扰。另外，OFDM 系统利用信道编码和交织技术来减低系统误码率。交织技术使在低信噪比子载波上传输的信息流分散，从而提高了信道编码的纠错能力。在 OFDM 系统中，均衡可以通过一个简单的乘法器来实现，这将大大地减小 OFDM 系统的复杂度。

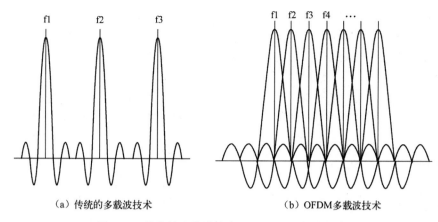

（a）传统的多载波技术　　　　　　　　（b）OFDM多载波技术

图 9.11　传统的多载波技术和 OFDM 多载波技术

一个典型的 OFDM 系统如图 9.12 所示。信息数据经过信道编码、交织和星座图映射后进行串-并转换，接着进行 IFFT 变换，变换后的数据经过并-串转换变成串行数据，然后加上循环前缀作为保护间隔，加窗后再经过 D/A 变换将数字信号变换成模拟信号，最后经天线发射出去。在接收端，接收信号首先经过下变频后变成低通信号，经过 A/D 变换采样后，进行同步操作，除去循环前缀，再进行 FFT 变换、信道估计，最后通过解调，去交织和信道译码后恢复出信息数据。

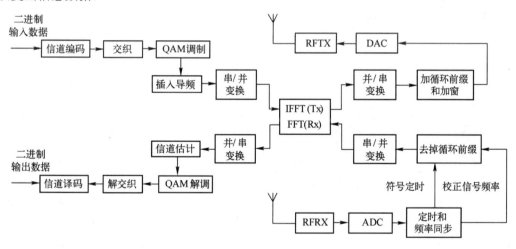

图 9.12　OFDM 系统框图

2．OFDM 技术的优缺点

（1）OFDM 技术的优点。

① 频谱利用率高。频谱效率比串行系统高近一倍。OFDM 信号的相邻子载波相互重叠，其频谱利用率可以接近 Nyquist 极限。

② 抗衰落能力强。OFDM 把用户信息通过多个子载波传输，这样在每个子载波上的信号时间就相应地比同速率的单载波系统上的信号时间长很多倍，从而使 OFDM 对脉冲噪声和信道快衰落的抵抗力更强。

③ 适合高速数据传输。OFDM 自适应调制机制使不同的子载波可以按照信道情况和噪

声背景的不同使用不同的调制方式。当信道条件好的时候，应采用效率高的调制方式；而当信道条件差的时候，则应采用抗干扰能力强的调制方式。再有，OFDM 加载算法的采用，使得系统可以把更多的数据集中放在条件好的信道上以高速率进行传送。因此，OFDM 技术非常适合高速数据传输。

④ 抗码间干扰（ISI）能力强。码间干扰是数字通信系统中除噪声干扰之外最主要的干扰，它与加性的干扰不同，是一种乘性干扰。造成码间干扰的原因有很多，实际上，只要传输信道的频带是有限的，就会造成一定的码间干扰。OFDM 由于采用了循环前缀，故对抗码间干扰的能力很强。

（2）OFDM 的缺点。

①对频率偏移和相位噪声非常敏感。由于 OFDM 信号的子载波频谱是相互重叠的，解调是通过 FFT 变换来实现的，只有严格保证它们之间的正交性，才能解调得到每一路数据。但是，通常收、发信机的晶振之间都存在频率偏差，而且无线信号在传输过程中存在多普勒频移，这些都会破坏载波间的正交性，引起载波间的干扰，使解调性能迅速下降。同时，在设计基于 OFDM 的通信系统时，相位噪声是必须仔细考虑的，否则会造成信号相位旋转和产生额外的加性噪声。

② 有相对较大的峰平比（峰值平均功率比），这会降低射频放大器的功率效率。由于 OFDM 系统的输出信号是多个子载波的叠加，如果这些信号的相位一致，所得到的信号的瞬时功率就会远远大于信号的平均功率，导致出现较大的峰值平均功率比（PAPR）。这样就对发射机内放大器的线性特性提出很高的要求，如果信号的瞬时功率超出了放大器的线性范围，信号就会发生畸变，使信号的频谱发生变化，从而导致子载波之间的干扰。

3. OFDM 的同步

OFDM 传输系统中需要解决的关键技术之一就是同步技术。接收端必须获得正确的定时信息，以减弱符号间干扰（Inter symbol interference，ISI）和载波间干扰（Inter Carrier interference，ICI）。OFDM 系统中的同步技术主要包括 4 个方面：载波同步（Carrier synchronization）；采样频率同步（sampling synchronization）；符号同步（Symbol synchronization）和帧同步（frame synchronization）。

（1）载波同步。载波频率不同步会破坏子载波之间的正交性，不仅造成解调后输出的信号幅度衰减以及信号的相位旋转，更严重的是带来子载波间的干扰 ICI；同时载波不同步还会影响到符号定时和帧同步的性能。载波频率的同步分为捕获和跟踪阶段。在捕获阶段，系统需要对抗的载波频偏大，要求频偏估计算法可估计频偏范围大，估计精度高；在跟踪阶段由于只需对抗由于多普勒频移或者载频晶振微小变化带来的载波频率较小的偏差，则跟踪估计算法重点要求估计精度高，可估计范围相对较小。

（2）采样频率同步。采样频率的同步是指发射端的 D/A 变换器和接收端的 A/D 变换器的工作频率保持一致。一般地，两个变换器之间的偏差较小，相对于载波频偏的影响来说也较小。考虑在实际系统中，上万个数据才有可能偏一个，而一帧的数据如果不太长的话，只要保证了帧同步的情况下，可以忽略采样时钟不同步时造成的漏采样或多采样，而只需在一帧数据中补偿由于采样频率偏移造成的相位噪声。

（3）符号同步。在接收数据流中寻找 OFDM 符号的分界是符号定时的任务。理想的符号同步就是选择最佳的 FFT 窗，使子载波保持正交，且 ISI（符号间干扰）被完全消除或者降至最小。使用了循环前缀技术后，OFDM 系统能够容忍一定的符号定时误差而不受到性能上的损失。所以 OFDM 系统对定时偏差不像对频率偏差那么敏感

（4）帧同步。帧同步是要在 OFDM 符号流中找出帧的开始位置，在 802.11a 这样的突发性通信系统中就是我们常说的数据帧头检测，在帧头被检测到的基础上，接收机根据帧结构的定义，以不同的方式处理一帧中具有不同作用的符号。

9.5.4 4G 的关键技术——MIMO

多入多出（Multiple Input and Multiple Output，MIMO）技术是无线移动通信领域的重大突破。MIMO 技术的本质是引入了空间维度进行通信，从而能在不增加带宽和天线主要发射功率的情况下，成倍地提高系统的频谱利用率。MIMO 技术被认为是新一代宽带无线通信系统中的革命性技术。

1．MIMO 技术概述

MIMO 技术是指在发射端和接收端分别设置多副发射天线和接收天线，其出发点是将多发送天线与多接收天线相结合以改善每个用户的通信质量（如差错率）或提高通信效率（如数据速率）。MIMO 技术实质上是为系统提供空间复用增益和空间分集增益，空间复用技术可以大大提高信道容量，而空间分集则可以提高信道的可靠性，降低信道误码率。

MIMO 技术有效地利用随机衰落和可能存在的多径传播来成倍地提高业务传输速率，在不增加带宽和天线发送功率的情况下，频谱利用率和无线信道容量也可以成倍地提高，使无线通信的性能有明显改善。理想的 MIMO 系统中，信道容量随着天线数量的增加而线性增加，这为利用 MIMO 通道成倍地提高无线通信系统容量提供了可能性。

2．MIMO 系统模型

MIMO 系统的基本结构非常简单：任何一个无线通信系统，只要其发射端或接收端采用多个天线或者是矩阵式阵列天线，便可构成一套无线 MIMO 系统。并行的数据流由多个发射天线发射到空中，而接收端的多个天线分别接收到无线信号后对其做译码合成处理。图 9.13所示为 MIMO 系统原理图。由于各发射信号占用同一带宽，多个数据链路同时进行，因而未增加带宽，并同时将数据传输性能提高数倍。

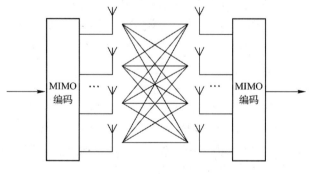

图 9.13　MIMO 系统原理图

3．典型的 MIMO 技术

MIMO 技术的核心是空时信号处理，即利用空间中分布的多个天线将时间域和空间域结合起来进行信号处理，这也是实现空间分集增益和空间复用增益的必要措施。MIMO 技术给系统带来的增益大体上可以分为三类：空间复用带来的传输速率增强、空间分集带来的可靠性提升和智能天线带来的赋形增益。

（1）空间复用技术。空间复用就是在接收端和发射端使用多副天线，充分利用空间传播中的多径分量，在同一频带上使用多个数据通道（MIMO 子信道）发射信号，从而使得容量随着天线数量的增加而线性增加。这种信道容量的增加不需要占用额外的带宽，也不需要消耗额外的发射功率，因此是提高信道和系统容量一种非常有效的手段。空间复用的实现如图 9.14 所示，首先将需要传送的信号经过串并转换，转换成几个平行的信号流，并且在同一频带上使用各自的天线同时传送，由于多径传播，每一副发射天线针对接收端产生一个不同的空间信号，接收方利用信号不同来区分各自的数据流。实现空间复用必须要求发射天线和接收天线之间的间距大于一定的距离，这样才能保证收、发端各个子信道是独立衰落的信道。

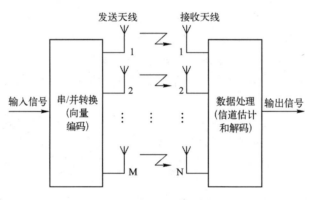

图 9.14　空间复用示意图

（2）空间分集技术。无线信号在复杂的无线信道中传播产生 Rayleigh 衰落，在不同空间位置上其衰落特性不同。如果两个位置间距大于天线之间的相关距离（通常相隔十个信号波长以上），就认为两处的信号完全不相关，这样就可以实现信号空间分集接收。空间分集一般用两副或者多副大于相关距离的天线同时接收信号，然后在基带处理中将多路信号合并。空间分集技术通过空间域与时间（或频率）域的空时/频编码，将数据在不同的空时/频单元发送。其本质为分集发送技术，因此可得到很高的空间分集增益，在对抗天线间的空间相关性上具有很好的效果，对信道环境有着很好的鲁棒性。然而，由于分集发送，该技术不能获得完全的空间复用增益，因此其频谱利用率相对较低。

（3）智能天线技术。智能天线采用了空时多址（SDMA）的技术，利用信号在传输方向上的差别，将同频率或同时隙、同码道的信号进行区分，动态改变信号的覆盖区域，将主波束对准用户方向，旁瓣或零陷对准干扰信号方向，并能够自动跟踪用户和监测环境变化，为每个用户提供优质的上行链路和下行链路信号，从而达到抑制干扰、准确提取有效信号的目的。这种技术具有抑制信号干扰、自动跟踪及数字波束等功能，被认为是未来移动通信的关键技术。

9.5.5 MIMO-OFDM

1. MIMO-OFDM 系统原理

MIMO-OFDM 技术是结合 MIMO 和 OFDM 而得到的一种新技术。它利用了时间、频率和空间三种分集技术，使无线系统对噪声干扰、多径干扰的容限大大增加。OFDM 将总带宽分割为若干窄带子载波可以有效抵抗频率选择性衰落，同时其多载波之间的相互正交性，又有效地利用了频谱资源，但 OFDM 提高系统容量的能力毕竟有限。而 MIMO 系统利用空间复用技术在理论上可无限提高系统容量，利用空间分集技术可以抗多径衰落，但 MIMO 系统对于频率选择性衰落无能为力，因此将两者结合起来成为 4G 的必然趋势。

2. MIMO-OFDM 系统模型

MIMO-OFDM 系统模型的发射端原理图如图 9.15 所示。即发送比特流经串并转换后形成若干路并行比特流，各路比特流都分别经过编码、交织后进行相应的星座图映射（QAM，QPSK），随后插入抗信道间干扰的保护间隔，然后进行 OFDM 调制（IFFT），再加上抗时延扩展的循环前缀（CP），最后由相应的天线发射出去。

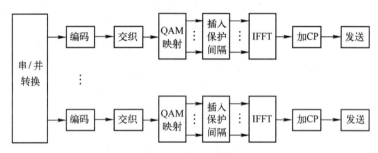

图 9.15　MIMO-OFDM 发射端原理图

MIMO-OFDM 系统模型的接收端原理图如图 9.16 所示。即各个接收天线收到相应的 OFDM 符号后，先进行时频同步处理，然后去掉相应的 CP，接着进行 OFDM 解调（FFT），最后根据信道估计的结果进行检测解码，恢复出接收比特流。

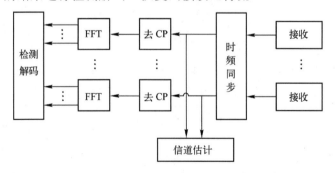

图 9.16　MIMO-OFDM 接收端原理图

3. MIMO-OFDM 系统性能

MIMO 可以抗多径衰落，但是对于频率选择性深衰落，MIMO 系统依然是无能为力的。而 OFDM 提高频谱利用率的作用毕竟有限，但考虑在 OFDM 的基础上合理开发空间资源，也就是 MIMO-OFDM，则可以提供更高的数据传输速率。另外，ODFM 由于码率低和加入了时间保护间隔，具有极强的抗多径干扰能力。由于多径时延小于保护间隔，所以系统不受码间干扰的困扰，这就允许单频网络（SFN）可以用于宽带 OFDM 系统，依靠多天线来实现，即采用由大量低功率发射机组成的发射机阵列消除阴影效应，来实现完全覆盖。从未来的宽带无线通信系统的要求来看，对抗多径衰落和提高带宽效率无疑是根本的两个目标。OFDM 将频率选择性多径衰落信道在频域内转换为平坦信道，减小了多径衰落的影响，而 MIMO 技术能够在空间中产生独立的并行信道同时传输多路数据流，这样就有效地提高了系统的传输速率，即在不增加系统带宽的情况下增加频谱效率。因此，将 OFDM 和 MIMO 两种技术相结合就能达到以下两种效果：

（1）实现很高的传输速率。

（2）通过分集实现很强的可靠性。

因此，基于 MIMO-OFDM 系统具有更大的系统容量和更好的抗衰落特性，它作为 4G 网络的核心技术具有明显优势。

9.5.6　4G 中的其他先进技术

1．无线链路增强技术

可以提高容量和覆盖的无线链路增强技术有：分集技术，如通过空间分集、时间分集（信道编码）、频率分集和极化分集等方法来获得最好的分集性能；多天线技术，如采用 2 或 4 天线来实现发射分集，或采用多输入多输出（MIMO）技术来实现发射和接收分集。

2．软件无线电（SDR）技术

软件无线电强调以开放性最简硬件为通用平台，尽可能地用可升级、可重配置的不同应用软件来实现各种无线电功能的设计新思路。其中心思想是：构造一个具有开放性、标准化、模块化的通用硬件平台，将工作频段、调制解调类型、数据格式、加密模式、通信协议等各种功能用软件来完成，并使宽带 A/D 和 D/A 转换器尽可能靠近天线，目前，已研制出具有高度灵活性、开放性的新一代无线通信系统。在 4G 众多关键技术中，软件无线电技术是通向未来 4G 的桥梁。

3．多用户检测技术

4G 系统的终端和基站将用到多用户检测技术以提高系统的容量。多用户检测技术的基本思想是：把同时占用某个信道的所有用户或部分用户的信号都当做有用信号，而不是作为噪声处理，利用多个用户的码元、时间、信号幅度以及相位等信息联合检测单个用户的信号，即综合利用各种信息及信号处理手段，对接收信号进行处理，从而达到对多用户信号的最佳联合检测。它在传统的检测技术的基础上，充分利用造成多址干扰的所有用户的信号进行检测，具有良好的抗干扰和抗远近效应性能，降低了系统对功率控制精度的要求，可以更加有效地利用链路频谱资源，显著提高系统容量。

4．IPv6 技术

4G 通信系统选择了采用基于 IP 的全分组方式传送数据流，因此 IPv6 技术将成为下一代网络的核心协议。选择 IPv6 协议主要基于以下几点考虑：

（1）巨大的地址空间。在一段可预见的时期内，它能够为所有可以想象出的网络设备提供一个全球唯一的地址。

（2）自动控制。IPv6 还有另一个基本特性就是它支持无状态和有状态两种地址自动配置方式。无状态地址自动配置方式是获得地址的关键。在这种方式下，需要配置地址的节点使用一种邻居节点发现机制来获得一个局部连接地址，一旦得到这个地址之后，它将用另一种即插即用的机制，在没有任何人工干预的情况下，获得一个全球唯一的路由地址。

（3）服务质量。服务质量（QoS）包含几个方面的内容。从协议的角度看，IPv6 与目前的 IPv4 具有相同的 QoS，但是 IPv6 能提供不同的服务，这些优点来自于 IPv6 报头中新增的字段"流标志"。有了这个 20 位长的字段，在传输过程中，节点就可以识别和分开处理任何 IP 地址流。尽管对这个流标志的准确应用还没有制定出有关标准，但将来它无疑将用于基于服务级别的新计费系统。

（4）移动性。移动 IPv6 在新功能和新服务方面可提供更大的灵活性。每个移动设备设有一个固定的家乡地址，这个地址与设备当前接入互联网的位置无关。当设备在家乡以外的地方使用时，通过一个转交地址即可提供移动节点当前的位置信息。移动设备每次改变位置都要将它的转交地址告诉给家乡地址和它所对应的通信节点。

本 章 小 结

NGN 是下一代网络的简称，泛指以 IP 为核心，可以支持语音、数据和多媒体业务融合的全业务网络。下一代网络采用全开放的完全分层的体系结构，共分为 4 层：接入层、传送层、控制层和业务层。支撑 NGN 的主要技术有 IPv6、宽带接入、智能光网、软交换、IP 终端、网络安全技术。NGN 增加了入口业务、增强型多媒体会话业务、可视电话、Click to Dial、Web 会议业务、语音识别业务和增强型会话等待等业务。

IPv6 在通信高速化、QoS、安全性和即插即用功能等方面优于 IPv4。IPv6 分组包括一个 40 字节的基本首部（Base Header），有零个或多个扩展首部和数据。目前解决 IPv4 到 IPv6 过渡问题的基本技术主要有三种：双协议栈（RFC 2893）、隧道技术（RFC 2893）和网络地址转换技术——NAT-PT（RFC 2766）。

移动 IP 定义了三个功能实体：归属代理、拜访代理和移动节点，主要使用了隧道技术、注册和代理搜索等关键技术。

云计算是一种模型，人们可以使用它来方便地按需通过网络访问一个可配置的计算资源（如网络、服务器、存储、应用和服务等）的共享池，只需最小化的管理工作量或服务提供商干预就可以快速地开通和释放资源。

第四代的移动通信以及移动通信技术就是所谓的 4G，4G 通信技术是继第三代通信技术之后的又一次无线通信技术演进，是一种超高速无线网络。

习 题 9

一、填空题

9.1 下一代网络采用全开放的完全分层的体系结构，共分为_____、_____、_____和_____4 层。

9.2 IPv6 地址含有 64bit_____和 64bit_____。

9.3 IPv4 向 IPv6 的过渡技术主要有_____、_____和_____。

9.4 移动 IP 定义了三个功能实体：_____、_____和_____。

9.5 网格体系结构主要有：_____、_____和_____。

9.6 云计算应用了_____机制，即使在数据丢失时，可以通过恢复数据来尽量减少在大型计算中数据的安全访问

9.7 于单纯的云服务提供商，云计算架构主要体现为服务和管理两部分。在服务方面共包含 3 个层次：_____、_____、_____。

9.8 为了适应用户的不同需求，云计算被分成了 4 种部署模式：_____云、_____云、_____和_____云。

9.9 4G 移动系统网络结构可分为三层：_____层、_____层、_____层。

9.10 MIMO 技术的本质是引入了_____进行通信，从而能在不增加带宽和天线主要发射功率的情况下，成倍地提高系统的_____利用率。

二、单项选择题

9.11 NGN 的核心技术是（　　）。

　　A. 软交换　　　　B. IPv6　　　　　C. 光交换　　　　D. 网络安全技术

9.12 IPV6 分组的基本首部长度是（　　）。

　　A. 32 字节　　　B. 40 字节　　　C. 48 字节　　　D. 60 字节

9.13 IPv6 基本首部中可以设定优先级的字段是（　　）。

　　A. 版本号　　　B. 通信流类别　　C. 流标签　　　D. 跳限制

9.14 五层沙漏结构的网格体系结构中负责网络事务处理、通信与授权控制的核心协议属于（　　）。

　　A. 构造层　　　B. 连接层　　　　C. 资源层　　　D. 汇聚层

三、判断题（正确的打√，错误的打×）

9.15 NGN 是基于 IP 的分组交换的网络。（　　）

9.16 IPv6 地址使用点分十进制记法。（　　）

9.17 归属代理收到数据包后先解封装，再转发给移动节点。（　　）

9.18 WSRF 定义为：资源是无状态的，服务是有状态的。（　　）

9.19 云计算作为一种新的超级计算方式和服务模式，以数据为中心，是一种数据密集型的超级计算。（　　）

9.20 在 3G/4G 网络演进的过程中，OFDM 是 4G 网络的核心技术。（　　）

参 考 文 献

[1] 佟震亚等. 计算机网络与通信. 北京：人民邮电出版社，2010.

[2] 满昌勇. 计算机网络基础. 北京：清华大学出版社，2010.

[3] 廉飞宇. 计算机网络与通信. 北京：电子工业出版社，2009.

[4] （美）莱特等. TCP/IP 协议详解. 北京：机械工业出版社，2004.

[5] 汪双顶等. 网络互联技术与实践教程. 北京：清华大学出版社，2010.

[6] Joe Casad. TCP/IP 入门经典. 北京：人民邮电出版社，2009.

[7] 张飞舟等. 物联网技术导论. 北京：电子工业出版社，2010.

[8] 蔡康. 下一代网络（NGN）业务及运营. 北京；人民邮电出版社，2004.

[9] 刘鹏. 云计算. 北京：电子工业出版社，2010.

[10] 孙友伟. 现代移动通信网络技术. 北京；人民邮电出版社，2012.

反侵权盗版声明

电子工业出版社依法对本作品享有专有出版权。任何未经权利人书面许可，复制、销售或通过信息网络传播本作品的行为；歪曲、篡改、剽窃本作品的行为，均违反《中华人民共和国著作权法》，其行为人应承担相应的民事责任和行政责任，构成犯罪的，将被依法追究刑事责任。

为了维护市场秩序，保护权利人的合法权益，本社将依法查处和打击侵权盗版的单位和个人。欢迎社会各界人士积极举报侵权盗版行为，本社将奖励举报有功人员，并保证举报人的信息不被泄露。

举报电话：（010）88254396；（010）88258888

传　　真：（010）88254397

E-mail：dbqq@phei.com.cn

通信地址：北京市海淀区万寿路173信箱

　　　　　电子工业出版社总编办公室

邮　　编：100036